智能制造领域高素质技术技能人才培养系列教材
陕西省“十四五”职业教育规划教材
GZZK2023-1-041

ABB工业机器人操作与编程

主　编　梁盈富
参　编　杨　亮　赵伟博
王　晨　王　谊

机械工业出版社

本书为陕西省“十四五”职业教育规划教材。本书以广泛使用的ABB工业机器人为对象，详细介绍了工业机器人的基础知识、基本操作、I/O通信、编程与调试、编程应用及离线编程技术等内容。

本书可作为高职高专院校工业机器人技术、机电一体化技术等专业用书，也可供相关工程技术人员参考。

为方便教学，本书配有免费电子课件、知识点视频、练习题答案、模拟试卷及答案，供教师参考。凡选用本书作为授课教材的教师，均可登录机械工业出版社教育服务网（www. cmpedu. com）网站，注册、免费下载，或来电（010-88379564）索取。

图书在版编目（CIP）数据

ABB工业机器人操作与编程/梁盈富主编 .—北京：机械工业出版社，2021.5（2025.1重印）

智能制造领域高素质技术技能人才培养系列教材

ISBN 978-7-111-68086-4

Ⅰ.①A… Ⅱ.①梁… Ⅲ.①工业机器人—程序设计—高等职业教育—教材 Ⅳ.①TP242.2

中国版本图书馆CIP数据核字（2021）第078216号

机械工业出版社（北京市百万庄大街22号 邮政编码100037）

策划编辑：冯睿娟 责任编辑：冯睿娟 王 良

责任校对：张 薇 封面设计：鞠 杨

责任印制：郜 敏

北京联兴盛业印刷股份有限公司印刷

2025年1月第1版第9次印刷

184mm×260mm · 12.5印张 · 309千字

标准书号：ISBN 978-7-111-68086-4

定价：45.80元

电话服务	网络服务
客服电话：010-88361066	机 工 官 网：www. cmpbook. com
010-88379833	机 工 官 博：weibo. com/cmp1952
010-68326294	金 书 网：www. golden-book. com
封底无防伪标均为盗版	机工教育服务网：www. cmpedu. com

前　言

随着工业机器人在各行各业的广泛使用，如何培养适合产业发展的高技术技能人才，是高等职业教育面临的新挑战和新机遇。根据国家对高等职业教育发展的要求及工业机器人人才培养需要，为实现加快培养一大批结构合理、素质优良的高技术技能人才的培养目标，结合高职院校的教学要求和办学特色，编写了本书。

本书以广泛使用的 ABB 工业机器人为对象，详细讲述了工业机器人的基本应用、编程操作、程序调试等。本书注重学生实际操作能力和解决实际问题能力的培养，将操作、编程、调试过程按步分解，由易到难、由浅入深，以能力为本位，使学生逐步掌握工业机器人技术的应用，熟练掌握工业机器人的操作，能够进行工业机器人基本编程与调试，应用工业机器人解决实际生产中的问题，逐步提高工业机器人应用水平。本书在使用过程中，应结合专业的实训设备，完成相关任务的操作与实施，使学生深度参与，提高学生学习效率，以达到良好的教学效果。

本书具有以下特点：

1. 本书涵盖工业机器人应用编程“1 + X”职业技能等级证书（初、中级）考核的基本知识与基本技能点，学习完本书的相关内容后能够考取初级证书，经过短期的强化培训后，可考取中级证书。本书将职业技能等级证书要求的安全操作规范、职业素养、专业核心能力等融入教材内容，实现了“课证融通”。

2. 以“固本强基、工学结合、注重实践”为主线，将工业机器人的基础知识、基本操作、编程调试等细化为小的知识点，将操作性较强的知识点，按照操作步骤，设计为图文并茂的操作流程表，同时辅助以微课堂教学，便于学生自主学习和进行练习，在学中做，做中学，学做合一，理实一体。

3. 以典型项目为载体，进行综合任务的实施与训练。以工业生产自动化中常用的搬运、码垛、上下料、焊接等为教学实施对象，重点培养学生实际操作能力和应用技术解决实际问题的能力，开拓思路，帮助学生学会方法，养成良好的职业习惯，在理论学习的基础上，增强动手能力的培养和团队协作意识的培养。

4. 课程内容设置由易到难、有浅入深，遵循学生的认知规律，以能力为本位，充分体现了学生在学习中的主体地位，使学生逐步掌握工业机器人技术的应用，熟练掌握工业机器人的操作，能够进行工业机器人基本编程与调试，可以应用工业机器人解决实际中的问题，为进行更深入的学习打下良好的基础。

本书共分为 6 章。第 1 章工业机器人基础知识，由陕西工业职业技术学院梁盈富编写，主要介绍工业机器人的发展概况、结构与类型，工业机器人常用的驱动装置及检测原理。第 2 章工业机器人基本操作，由陕西工业职业技术学院王晨编写，主要介绍工业机器人的安全操作规范、安装与连接、示教器的基本操作与应用、工件坐标与工具数据参数的设定等。第 3 章工业机器人 I/O 通信，由梁盈富编写，详细介绍了 ABB 工业机器人 I/O 通信的应用，以 ABB 工业机器人常用的标准 I/O 板 DSQC651 为例，介绍了 I/O 板的配置、信号设定、监控、仿真与强制等。第 4 章工业机器人编程与调试，由陕西工业职业技术学院杨亮编写，主要介绍了 ABB 工业机器人的程序结构、常用指令、编程与调试方法等。第 5 章工业机器人编程应用，由陕西工业职业技术学院赵伟博编写，介绍了工业机器人在典型工作站的应用及编程与实现方法。第 6 章工业机器人离线编程，由陕西工业职业技术学院王谊编写，详细介绍了离线编程的概念，以 ABB 工业机器人仿真软件 RobotStudio 为平台，结合实际案例，介绍了工作站的搭建及离线编程的方法。全书由梁盈富负责统稿。

由于编者水平有限，书中难免存在不足之处及疏漏，恳请广大读者批评指正。

编　者

二维码索引

目　录

第1章 工业机器人基础知识

目前，制造业正在向着自动化、集成化、智能化的方向发展，以工业机器人应用为标志的智能制造广泛应用于各行各业，其应用领域不断扩展，对生产和社会的发展起到越来越重要的作用。工业机器人的应用在降低生产成本、提高生产效率、改进产品质量、增强制造柔性等方面有着得天独厚的优势。本章主要介绍工业机器人的基础知识，包括工业机器人发展概况、结构组成、分类及其常用驱动与检测装置的原理等。

1.1 工业机器人概况

机器人是靠自身动力和控制能力来实现各种功能的一种装置。机器人（Robot）一词源于1920年捷克作家卡雷尔·恰佩克所写的科幻小说《罗素姆万能机器人》。1942年，美国科幻作家阿西莫夫在他的科幻小说《我，机器人》中提出了“机器人三定律”。虽然是科幻小说里的定律，但后来成为学术界默认的机器人研发原则，即

第一定律：机器人不得伤害人类个体，或者目睹人类个体将遭受危险而袖手不管。

第二定律：机器人必须服从人给予它的命令，当该命令与第一定律冲突时例外。

第三定律：机器人在不违反第一、第二定律的情况下要尽可能保护自己。

1954年，美国发明家乔治·德沃尔向美国政府提出专利申请，要求生产一种用于工业生产的“重复性作用的机器人”，该专利在1961年通过。之后，美国工程师恩格尔伯格成立美国联合控制公司，将德沃尔的发明投入应用，以生产取代人力劳动的机器人，成为世界上第一家机器人生产公司。

现代的自动化生产线中，工业机器人可随环境的变化需要而完成不同的生产工作，在均衡高效的柔性制造过程中发挥很好的作用。它将人类从单一的、重复性的劳动中解放出来，使一些不适合人类直接从事的工作，如强辐射、强污染工作用机器人来代替，实现增加产量、提高质量、降低成本、减少资源消耗和环境污染的目的。工业机器人集精密化、柔性化、智能化、软件应用开发等先进制造技术于一体，汇集机械工程、电子技术、计算机技术、自动控制技术及人工智能等学科的最新研究成果，是工业自动化水平的最高体现。当今工业机器人技术正逐渐向着具有行走能力、多种感知能力、较强的对作业环境的自适应能力方向发展。

我国的工业机器人发展也越来越受到政府、企业、金融机构及教育部门的重视。“中国制造2025”十大领域中也明确提出：围绕汽车、机械、电子、危险品制造、国防军工、化工、轻工等工业机器人、特种机器人，以及医疗健康、家庭服务、教育娱乐等服务机器人应用需求，积极研发新产品，促进机器人标准化、模块化发展，扩大市场应用。突破机器人本体、减速器、伺服电动机、控制器、传感器与驱动器等关键零部件及系统集成设计制造等技

术瓶颈。可见，工业机器人的使用是实现制造业升级的重要保障，是实施制造强国战略的一个重要方面。

当前，对全球机器人技术的发展最有影响的国家是美国和日本。美国在工业机器人技术的综合研究水平上仍处于领先地位，尤其在特种机器人研究方面处于全球领先。而日本生产的工业机器人在数量、种类方面则居世界首位，全球一度有60%的工业机器人都来自日本。工业机器人技术已逐渐成熟，成为一种标准设备而在各行业广泛应用，形成了一批有影响力的工业机器人公司，如公认的全球四大工业机器人生产商：ABB公司、FANUC公司、Yaskawa公司和KUKA公司，其工业机器人产品遍布全球。欧美等发达工业国家都将机器人作为战略性产业重点发展，以利用机器人技术弥补劳动力不足带来的高成本压力，实现“制造业回归”，保持其高端制造领域的优势地位。因此，机器人技术的发展和应用水平可以代表一个国家科学技术和工业技术的发展水平，成为衡量一个国家科技创新和制造业水平的重要标志。

我国对工业机器人的研究起源于20世纪70年代初期，此时也是世界工业机器人应用的一个高潮，工业机器人在发达国家发展迅速，补充了日益短缺的劳动力。在这种背景下，我国于1972年开始研制工业机器人。20世纪80年代后期，机器人技术的研究与应用得到政府的重视和支持，对工业机器人及其零部件进行攻关，完成了示教再现式工业机器人成套技术的开发，研制出了喷涂、点焊、弧焊和搬运机器人。20世纪90年代开始，实施了一批机器人应用工程，形成了一批机器人产业孵化基地，先后研制出了装配、喷漆、包装、码垛等各种用途机器人，为我国机器人产业的腾飞奠定了基础。进入21世纪，我国的工业机器人进入了产业化阶段，2010年以后，机器人装置总量逐年增加。2016年我国工业机器人销量8.7万台，同比增长26.9%，快于全球增速15.9%，占全球销量的30%。2017年我国工业机器人年销量11.1万台，同比增长27.59%，增速连续三年扩大。2018年我国工业机器人市场累计销售15.6万台，连续6年居世界首位。其中，自主品牌机器人销售4.36万台，销售数量保持稳定增长。

从机械结构看，多关节机器人在我国市场中的销量位居各类型机器人首位，SCARA机器人有较高增速，坐标机器人销量同比下降，并联机器人较前几年实现稳定增长。从应用领域看，搬运和上下料机器人依然是我国市场的首要应用领域，焊接和钎焊机器人同比增长，装配及拆卸机器人同比下降，总体而言，搬运与焊接依然是工业机器人的主要应用领域。从应用行业看，电气电子设备和器材制造连续第三年成为中国市场的首要应用行业，汽车制造仍然是十分重要的应用行业，金属加工业（含机械设备制造业）机器人购置量同比明显下降，应用于食品制造业的机器人销量增长33.1%。

与此同时，受全球工业机器人行业快速发展及国内人口红利逐渐消失两大因素影响，我国工业机器人虽然近几年销量快速增加，但使用密度仍然低于全球平均水平。2016年，我国工业机器人使用密度仅为68台，全球的平均使用密度为74台，韩国、新加坡、德国的密度高达631台、488台、309台，与发达国家相比，我国工业机器人行业未来仍有很大的发展空间。根据最新预测，2020年我国工业机器人销量将达到21万台，按照机器人均价15万元计算，市场规模将超300亿元。预计到2022年，工业机器人市场规模将进一步增长，达到552.3亿元。同时，2018年世界工业机器人出货量42.2万台，比2017年增长6%，年销售额达到165亿美元。预计到2022年，世界机器人出货量有望保持两位数以上的增长。

1.2 工业机器人的组成与分类

1.2.1 工业机器人系统组成

工业机器人系统一般由机械系统、伺服驱动系统、感知系统和控制系统四大部分组成，四个部分密切结合，构成一套闭环控制系统，其组成框图如图 1-1 所示。工业机器人通过示教器或计算机中的指令程序指定机器人期望的工作轨迹、速度等，由控制系统完成相应的计算并发送给伺服驱动系统。控制系统按照输入的程序对伺服驱动系统和执行机构发出指令信号，并进行控制。伺服驱动系统控制机器人系统的运动，使机器人完成相关的工作任务。同时，机器人系统上一般设置有内部传感器，对机器人的位置、速度等信息进行实时反馈，构成闭环控制系统；工作对象中的外部传感器对周围环境（如限位、压力、温度检测等）做出检测，反馈给机器人控制器，以便机器人做出相应的处理。

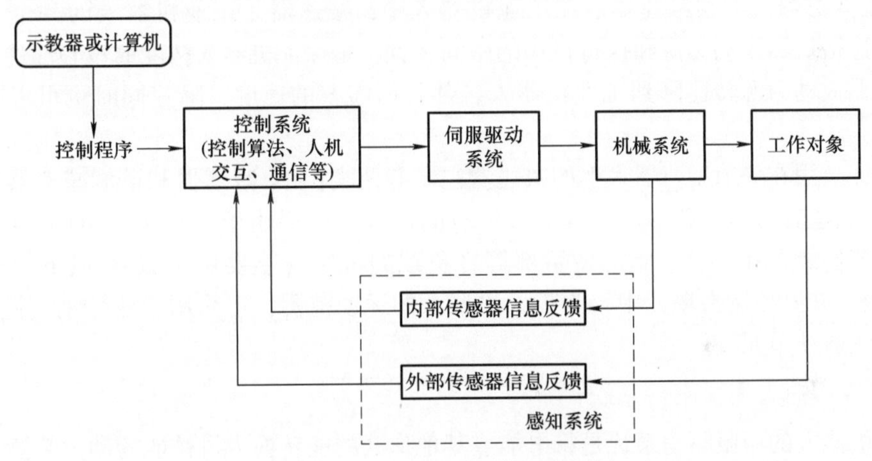

图 1-1　工业机器人系统组成框图

1. 工业机器人机械系统

工业机器人机械系统一般由基座、臂部、腕部、手部（也称为末端执行器）组成，机器人机械系统也称为机器人本体，关节型机器人的机械系统是由关节连接在一起的许多机械连杆的组合体，其一端固定在基座上，一端可以自由移动，可分为基座、腰部、臂部（大臂和小臂）、腕部和手部，如图 1-2 所示。

1）基座。基座起支撑作用，一般有固定式和移动式两种。固定式机座接地安装，机座与机身为一体，机身与臂部相连，支撑臂部；移动式基座可使机器人行走，是机器人的行走机构，除支撑机器人本体外，还可以使机器人按照工作任务的要求运动。

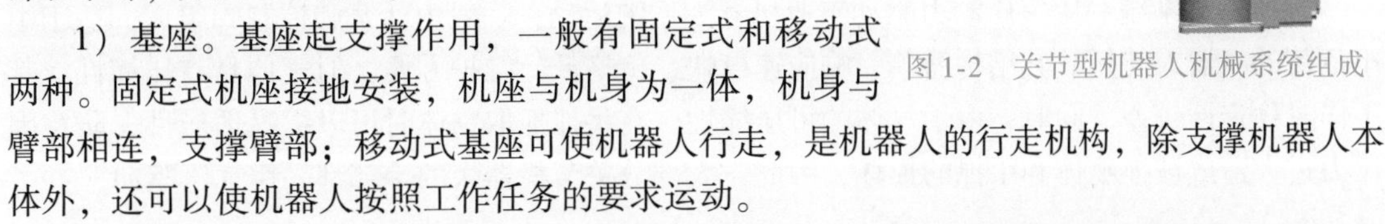

图 1-2　关节型机器人机械系统组成

2）腰部。机器人的腰部是机器人手臂的支撑部分，是连接臂部和基座的部件，其作用是带动臂部做回转运动，与臂部运动相结合，把腕部传递到需要的工作位置。一般要求腰部的机械强度要高、动作范围要大（如 -170° ~ +170°），最大速度相对腕部低。腰部的制造误差、运动精度和平稳性对机器人的定位精度有决定性的影响。其组成部分一般有交流伺服电动机、减速器及结构件等。

3）臂部。机器人的臂部分为大臂和小臂，臂部是机身和手腕连接部分，用以改变手部的空间位置，并将各种载荷传递到基座，是机器人的主要执行部件。机器人的臂部主要包括臂杆以及与其伸缩或自转运动有关的传动装置、导向定位装置、支撑连接组件等。

4）腕部。腕部是连接手部和臂部的部分，主要改变手部的空间方向，起到支撑手部和改变手部姿态的作用，并将作业载荷传递到手臂。为了使手部能处于空间任意方向，要求腕部在空间具有腕摆、俯仰和臂转三个自由度。腕摆是指机器人腕部水平摆动；俯仰是指腕部上下摆动；臂转是指腕部绕着小臂轴线转动。

5）手部。手部又叫工业机器人末端执行器，工业机器人应用中手部根据不同的作业要求有各种不同的末端执行器，在实际工作中可以进行更换。根据手部的结构及其在工作中完成的功能，常见的工业机器人手部一般有机械手抓、吸盘、焊枪、喷枪等。

6）工业机器人中的减速器。在工业机器人中，减速器是工业机器人的一个关键零部件，它是连接机器人动力源和执行机构的中间装置，是保证机器人精度的核心部件。减速器可以将机器人动力源转速降到工业机器人各部位所需要的速度，降速同时也可以提高输出转矩。

目前，应用在关节型机器人上的减速器主要有两类：RV 减速器和谐波减速器。一般将 RV 减速器放置在基座、腰部、大臂等重负载的位置（主要用于 20kg 以上的机器人关节）；将谐波减速器放置在小臂、腕部或手部等轻负载的位置（主要用于 20kg 以下的机器人关节）。此外，在某些制造单元中，为扩大机器人的运动范围，还采用齿轮传动、链条（带）传动、直线运动单元等。

2. 工业机器人伺服驱动系统

工业机器人的伺服驱动系统是将电能或其他形式的能转换为机械能的动力装置。根据驱动源的不同，伺服驱动系统可以分为电气驱动、液压驱动和气压驱动三种。

电气驱动系统是目前工业机器人中普遍采用的驱动形式，它通过减速器减速后驱动运动机构，结构简单紧凑。根据驱动电动机的不同，可以分为步进电动机驱动、直流伺服电动机驱动和交流伺服电动机驱动三种。电气驱动使用方便，噪声较低，控制灵活，其中交流伺服电动机驱动方式是目前关节型机器人上普遍采用的驱动方式。

液压驱动系统动力大，负载能力强，适用于重载搬运和零部件抓取的机器人。这种驱动方式是利用液体的势能驱动工业机器人的运动，主要包括直线位移或活塞式液压伺服系统，但液压系统管路复杂，难清洁，不易于维护。

气压驱动系统利用气压动力驱动工业机器人系统运动，一般由活塞和控制阀组成，适于中小负荷的机器人使用。其结构简单、响应速度快、价格低、维护方便，但气体具有压缩性，其工作时稳定性较差。同时，由于气体的可压缩性，在手抓抓取物体时可以提高适应性，防止因压力过大造成被抓物体和手抓的损坏，因此，大部分关节机器人的手部都采用气压驱动。

3. 工业机器人感知系统

工业机器人感知系统由内部传感器和外部传感器组成，它们将机器人各种内部状态信息及外部环境信息转换为机器人能够识别的数据，提供给控制系统做出决策。机器人的内部传感器一般安装在机器人本体上，主要用于测量和反馈内部变量，如速度传感器、位置传感器、力觉传感器等；外部传感器用于检测机器人周围的环境状态，如视觉传感器、接近程度传感器、触觉传感器、温度传感器等。外部传感器使机器人具有一定自校正能力及适应环境变化的能力，赋予机器人一定的智能。

4. 工业机器人控制系统

工业机器人控制系统是工业机器人的核心装置，是机器人的指挥调度机构。控制系统的主要任务是根据机器人的作业指令程序以及从感知系统反馈回来的信号，控制机器人执行机构完成规定的运动和动作，包括运动中的位置控制、姿态控制、轨迹控制及操作顺序等。

工业机器人控制系统是一个非常复杂的控制系统，要准确无误地描述机器人在空间中的位姿等参数，同时需要在不同的坐标系中去描述，并且随着基准坐标系的不同要做适当的坐标变化，其中存在多种变量的耦合及非线性等因素。因此，机器人控制系统一般应包括以下功能：

1）示教功能。可以进行离线编程，在线示教。

2）记忆功能。存储机器人作业程序及相关参数信息。

3）坐标设置功能。一般可设置基坐标、大地坐标、工具坐标、工件坐标及用户坐标。

4）位置控制。机器人多关节联动、运动控制、速度控制等。

5）通信功能。具有相关的输入输出接口、通信接口等，可以与外部设备之间进行信息交互，完成相关控制功能。

6）传感器接口。可以接收内、外部传感器反馈的检测信息。

7）故障诊断及保护功能。运行时对系统状态监控，故障时可以进行有效的安全保护，避免对人员和设备的损坏。

8）人机交互。包括示教盒、操作面板及显示屏等。

工业机器人控制系统按照控制方式可分为集中控制式、主从式、分散式三种。

集中控制式控制系统是用一台计算机实现全部控制功能，结构简单、成本低，但实时性差，难以扩展，控制系统缺乏灵活性，控制危险容易集中，出现故障将造成整个机器人系统停机，在早期的机器人中采用这种结构。

主从式控制系统采用两级处理器实现系统全部功能，主控制器实现管理、坐标变换、轨迹生成和系统诊断功能等；从控制器实现所有关节的动作控制。主从式结构实时性较好，适用于高速、高精度控制，但其系统扩展性较差。

分散式控制系统是按照系统的性质和控制方式将控制系统分为几个模块，每个模块各有不同的控制任务和控制策略，各模块之间可以是主从关系，也可以是并行关系。这种方式实时性好，能够实现高速、高精度控制，易于扩展，是目前工业机器人系统普遍采用的控制方式，其结构图如图 1-3 所示。

1.2.2 工业机器人的分类

工业机器人按坐标形式可分为直角坐标式（PPP）机器人、圆柱坐标式（PPR）机器人、球坐标式（PRR）机器人、关节坐标式（RRR）机器人及 SCARA 型机器人。实际采用

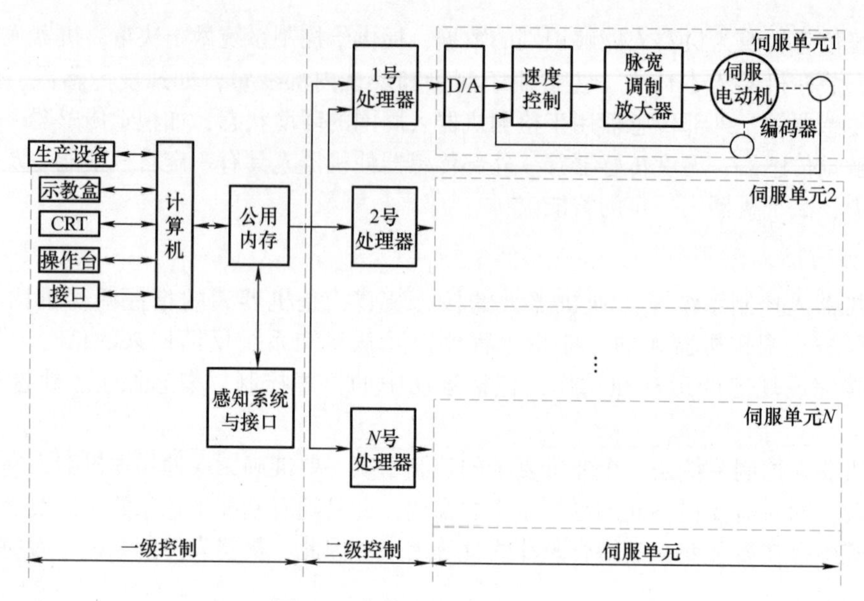

图 1-3　分散式控制系统结构图

哪一种结构形式，可以根据不同的工作任务性质进行移动关节和转动关节的组合。工业机器人的关节为单自由度主运动副，典型的自由度种类及图形符号如图 1-4 所示。

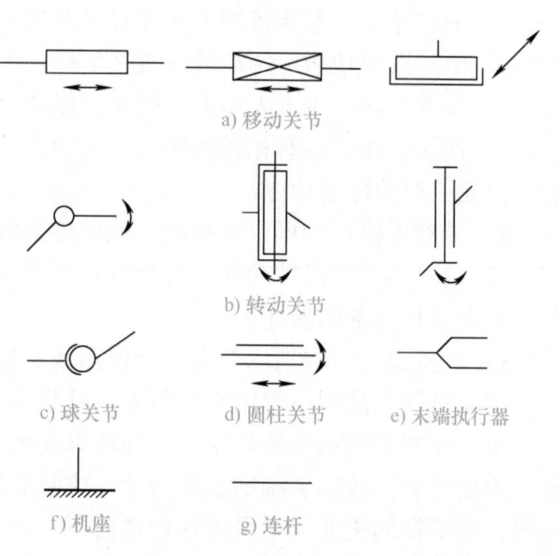

图 1-4　工业机器人典型的自由度种类及其图形符号

1. 直角坐标机器人

直角坐标机器人运动部分由三个相互垂直的直线移动（即 PPP）关节组成，3 个关节均为移动关节，如图 1-5 所示，轴线相互垂直，相当于笛卡儿坐标系的 X 轴、Y 轴和 Z 轴，其工作空间图形为长方形。它在各个轴向的移动距离，可在各个坐标轴上直接读出，直观性强，易于位置和姿态的编程计算，定位精度高，控制无耦合，结构简单，稳定性好，适合大负载的搬运，但机体所占空间体积大，动作范围小，灵活性差，难与其他工业机器人协调工作。

2. 圆柱坐标机器人

圆柱坐标机器人的运动形式是通过 1 个转动关节和 2 个移动关节组成的运动系统来实现的，如图 1-6 所示，其工作空间图形为圆柱形，与直角坐标机器人相比，在相同的工作空间条件下，机体所占体积小，而运动范围大，控制简单，其位置精度仅次于直角坐标机器人，但难与其他工业机器人协调工作且不能抓取靠近机身的物体。

3. 球坐标机器人

球坐标机器人又称极坐标型工业机器人，其手臂的运动由 2 个转动关节和 1 个直线移动

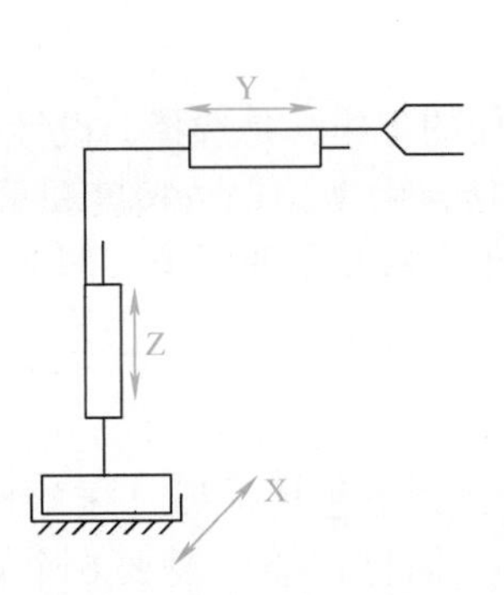

图 1-5 直角坐标机器人

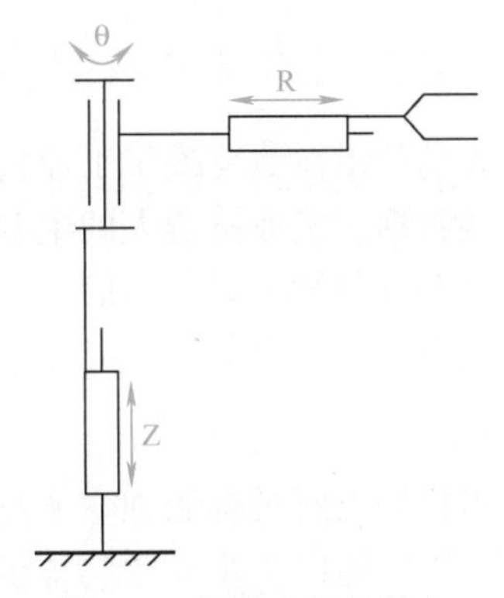

图 1-6 圆柱坐标机器人

关节（一个回转、一个俯仰和一个伸缩运动）组成，如图 1-7 所示，其工作空间图形为一球体。它可以做上下俯仰动作并能抓取地面上或较低位置的工件，其优点是动作灵活、结构紧凑、占地面积小、位置误差与臂长成正比。

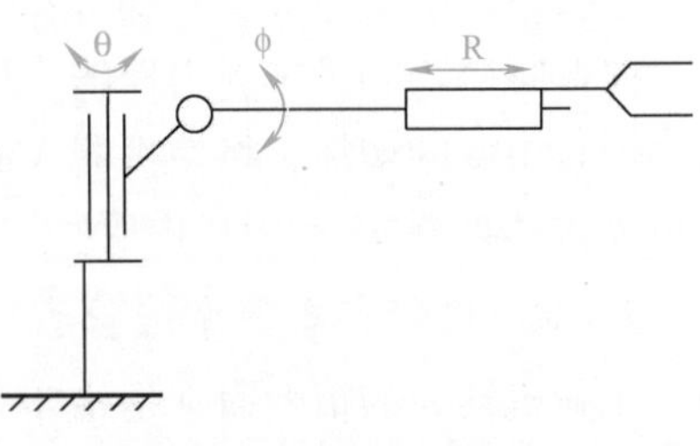

图 1-7 球坐标机器人

4. 关节坐标机器人

关节坐标机器人又称回转坐标型工业机器人，这种工业机器人的手臂与人体上肢类似，有 3 个转动关节，其中 1 个为转动关节，2 个为俯仰关节，如图 1-8 所示。该种工业机器人一般由立柱和大小臂组成，立柱与大臂间形成肩关节，大臂和小臂间形成肘关节，可使大臂做回转运动和俯仰摆动，小臂做仰俯摆动，工作空间图形为球形。其结构紧凑，灵活性大，占地面积小，能与其他工业机器人协调工作，但位置精度较低，有平衡和控制耦合问题，这种工业机器人应用越来越广泛。

5. SCARA 型机器人

SCARA 型机器人采用 1 个移动关节和 3 个转动关节，移动关节实现 Z 方向上下运动，用于完成手抓在垂直平面内的抓取。3 个转动关节轴线相互平行，可在平面内进行定位和定向，如图 1-9 所示，这种形式的工业机器人又称 SCARA（Seletive Compliance Assembly Robot Arm）机器人。其在水平方向具有柔顺性，而在垂直方向则有较大的刚性。SCARA 型机器人结构简单，动作灵活，速度快，定位精度高，多用于装配作业中，特别适合小规格零件的插接装配，如在电子工业的插接、装配工序中应用广泛。

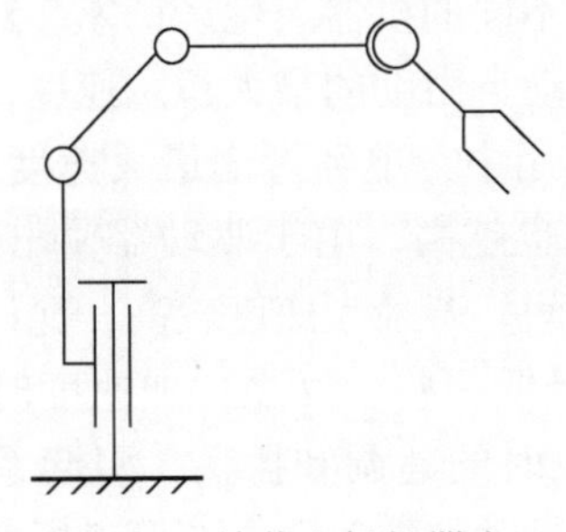
图 1-8 关节坐标机器人

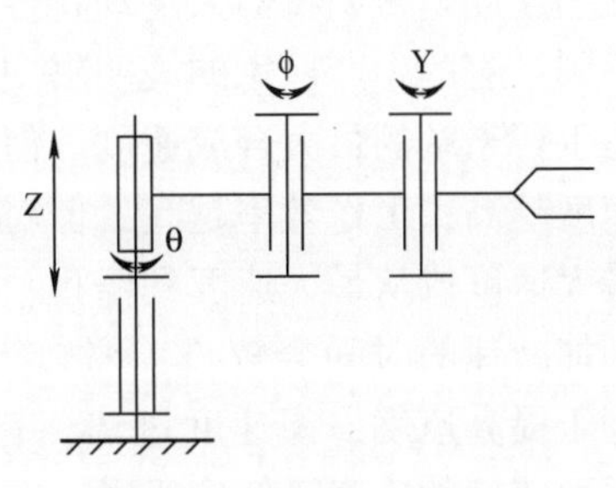

图 1-9 SCARA 型机器人

1.2.3 工业机器人的技术参数

工业机器人的技术参数反映了工业机器人能够胜任的工作，是选择、设计、应用机器人时必须要考虑的数据。工业机器人的主要技术参数包括自由度、定位精度和重复定位精度、工作空间、速度及承载能力等。一般工业机器人的技术参数是工业机器人制造商在产品供货时所提供的技术数据。

1. 自由度

自由度是指机器人所具有的独立坐标轴运动的数目，不包括手抓（末端操作器）的开合自由度。在三维空间中描述一个物体的位置和姿态（简称位姿）需要6个自由度，但在实际中自由度可以根据具体用途而设计，可以小于6个自由度，也可能大于6个自由度，大于6个自由度的机器人，称为冗余自由度机器人。利用冗余自由度可以增加机器人的灵活性，躲避障碍物和改善动力性能。机器人的轴数越多，自由度就越多，机械结构运动就越灵活，但自由度的增加，将使机器人的结构变得复杂，会降低机器人的刚性。目前，大部分工业机器人都具有3~6个自由度。

2. 定位精度和重复定位精度

工业机器人的精度通常是指定位精度和重复定位精度。定位精度是指机器人手部（末端操作器）实际到达的位置与目标位置的差异，由机械误差、控制误差与系统分辨率等组成。重复定位精度是指机器人重复定位其手部于同一目标位置的能力，描述工业机器人在同一环境、同一目标动作、同一命令下连续重复运动若干次，其位置的分散程度，是关于机器人的统计数据。实际应用中要根据工作需要，选择合适的精度参数，有利于提高生产效率，避免盲目购买过于昂贵的机器人，降低成本支出。

3. 工作空间

工作空间表示机器人的工作范围，是指机器人手臂末端或手腕中心所能到达的所有点的集合，也叫工作区域。由于末端操作器的尺寸和形状是多种多样的，为真实反映机器人的特征参数，工作空间是指不安装末端操作器时的工作区域。工作空间的形状和大小对于机器人实际应用非常重要，选择的不合适，有可能出现机器人在执行作业时手部不能达到作业的死区而不能完成工作任务。工作空间形状取决于机器人的自由度数和各运动关节的类型和配置。

4. 速度和加速度

速度和加速度是表明机器人运动特性的主要指标。不同的机器人生产厂家，对工作速度的定义也不同，有的生产厂家的说明书中提供了主要运动自由度的最大稳定速度，而有的厂家提供的是手臂末端的最大合成速度。但是，在实际应用中，单纯考虑最大速度是不够的，一般最大速度越高，工作效率越高，但对加减速的要求也越高。由于驱动器输出功率有限，从起动到最大速度或从最大速度到停止，需要一定的时间。若最大速度较高，允许的极限加速度小，则加减速的时间会较长，那么有效速度就要降低一些。反之，加速度时间就会缩短，这有利于提高速度，但速度过快，有可能引起定位时的超调和振荡，引起系统的不稳定，此时反而使有效速度降低。所以，在考虑机器人的运动特性时，要统筹考虑速度和加速度，使其达到一个合理配合。

5. 承载能力

承载能力是指机器人在工作范围内的任何位姿上所能承受的最大质量。承载能力不仅决定于负载的质量，而且与机器人运行的速度和加速度的大小和方向有关。为了安全起见，承载能力是指高速运行时的承载能力。通常，承载能力除负载外还应包括机器人末端操作器的质量。

1.3 常用的驱动装置

工业机器人中常用的驱动电动机有步进电动机、直流伺服电动机、交流伺服电动机。步进电动机通常用于开环系统，无检测和反馈，控制精度较低，且不适合大负载的工业机器人。直流伺服电动机控制电路简单，价格低，但电动机电刷会有磨损，需要定期维护和更换，影响使用性能，使用中还需要配备专门的直流电源。交流伺服电动机的结构简单，无电刷，运行安全可靠，控制精度高，但控制电路较复杂，价格较高。

1.3.1 步进电动机及其驱动控制系统

步进电动机是开环伺服系统（又称步进式伺服系统）的驱动元件。步进电动机是一种将脉冲信号变换成角位移（或线位移）的电磁装置。其转子的转角（或位移）与输入的电脉冲数成正比，速度与脉冲频率成正比，而运动方向是由步进电动机的各相通电顺序来决定，并且保持电动机各相通电状态就能使电动机自锁，因而步进电动机具有控制简单、运行可靠、惯性小等优点。但其缺点是调速范围窄、升降速响应慢、矩频特性软、输出力矩受限，所以主要用在开环伺服系统中，控制为全数字化（即数字化的输入指令脉冲对应着数字化的位置输出）。随着计算机技术的发展，除功率驱动电路之外，其他硬件电路均可由软件实现，从而简化了系统结构，降低了成本，提高了系统的可靠性。

1. 步进电动机的分类

步进电动机按相数分有二相、三相、四相、五相、六相等几种，相数越多，步距角越小，采用多相通电，可以提高步进电动机的输出转矩。

步进电动机根据力矩产生的原理分类可分为反应式和永磁反应式（也称混合式）两类。反应式步进电动机的定子有多相磁极，其上有励磁线圈，而转子无线圈，用软磁材料制成，由被励磁的定子线圈产生反应力矩实现步进运行。永磁反应式步进电动机的定子结构与反应式相似，但转子用永磁材料制成或有励磁线圈，由电磁力矩实现步进运行，这样可提高电动机的输出转矩，减少定子线圈的电流。

2. 步进电动机的结构及工作原理

以三相反应式步进电动机为例，其结构如图 1-10 所示，步进电动机包括定子和转子两部分。定子有六个均匀分布的磁极，每两个相对的磁极上绕有一相控制线圈，转子是一个带齿的铁心，转子没有线圈。图 1-10 中的转子可看作是一个两齿的铁心，实际的转子铁心外圆周有

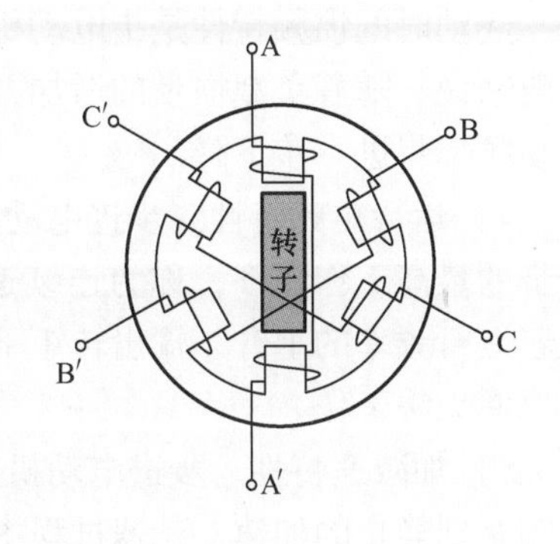

图 1-10 三相反应式步进电动机结构

很多小齿。

当只有 A 相控制线圈通电时，A 相磁极产生电磁吸力，使转子转到两齿与 A 相线圈轴线对齐的位置。如果通电状态不变，转子的位置也不会变，即转子在此位置上有自锁能力。当 A 相线圈断电，B 相线圈通电时，B 相磁极产生电磁吸力，会将距离它最近的转子齿吸引过去。于是，转子沿顺时针方向转过 60°，转到两齿与 B 相线圈轴线对齐的位置。当 B 相线圈断电，C 相线圈通电时，转子又沿顺时针方向转过 60°。每变换一次通电状态，转子转过的角度称为步距角。每转到一个位置，若通电状态不变，转子都能自锁。显然，若通电顺序由 A—B—C 变成 C—B—A，则转子将沿逆时针方向步进转动。

控制线圈的通电状态每切换一次称为一拍，上述三相依次通电的方式称为三相单三拍运行。若 A、B 两相线圈同时通电，则转子将转到 A、B 两相中间的位置上，此位置处 A、B 两相磁极对转子齿的吸引力相平衡，这种按 AB—BC—CA 顺序通电的方式称为三相双三拍运行，“单”和“双”的区别在于每一拍是一相线圈通电还是两相线圈通电。单三拍和双三拍方式的步距角都是 60°。若将两种运行方式组合起来，即按 A—AB—B—BC—C—CA 的顺序依次通电，则步距角就变成 30°，这种方式称为三相六拍运行。

3. 步进电动机的主要参数

步进电动机的主要参数包括步距角、最大静态转矩、起动频率、起动时惯频特性、运行矩频特性及加减速特性等。

1）步距角。步距角是指步进电动机定子线圈的通电状态每改变一次，转子转过的角度，它取决于电动机的结构和控制方式。步距角 α 可按式(1-1) 计算。

$$\alpha = \frac{360^{\circ}}{mzk} \tag{1-1}$$

式中，m 为定子相数；z 为转子齿数；k 为通电系数，若连续两次通电相数相同为 1，若不同则为 2。

2）最大静态转矩。最大静态转矩是代表电动机承载能力的重要指标，最大静态转矩越大，电动机带负载的能力越强，运行的快速性和稳定性越好。

3）起动频率和起动时的惯频特性。空载时，步进电动机由静止突然起动、并进入不丢步的正常运行状态所允许的最高频率，称为起动频率或突跳频率，是反映步进电动机快速性能的重要指标。空载起动时，步进电动机定子线圈通电状态变化的频率不能高于该起动频率。

起动时的惯频特性是指电动机带动纯惯性负载时起动频率和负载转动惯量之间的关系。一般来说，随着负载惯量的增加，起动频率会下降。如果除了惯性负载外还有转矩负载，则起动频率将进一步下降。

4）运行矩频特性。步进电动机起动后，其运行速度能跟踪指令脉冲频率连续上升而不丢步的最高工作频率，称为连续运行频率，其值远大于起动频率。从图 1-11 中可以看出，随着运行频率的上升，输出转矩下降，承载能力下降。当运行频率超过最高频率时，步进电动机便无法工作。

5）加减速特性。步进电动机的加减速特性是描述步进电动机由静止到工作频率和由工作频率到静止的加速、减速过程中，及定子线圈通电状态的变化频率与时间的关系。当要求步进电动机起动到大于起动频率的工作频率时，变化速度必须逐渐上升；同样，从最高工作频率或高于起动频率的工作频率停止时，变化速度必须逐渐下降。逐渐上升和逐渐下降的加速时间、减速时间不能过小，否则会出现失步或超步。通常用加速时间常数 T_a 和减速时间常数 T_d 来描述步进电动机的加速和减速特性，如图 1-12 所示为指令 f 的加减速过程。

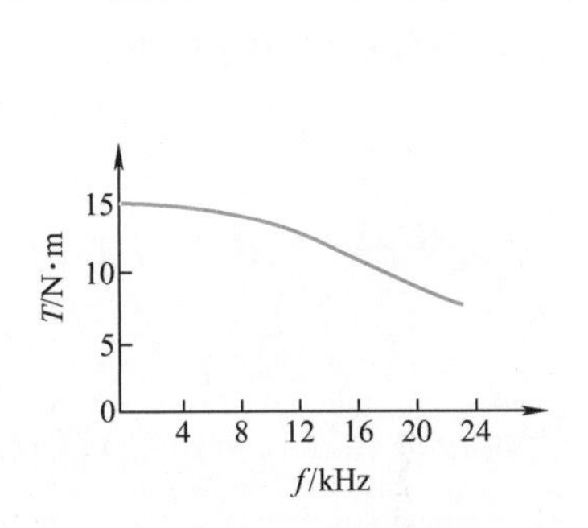

图 1-11 步进电动机的运行矩频特性

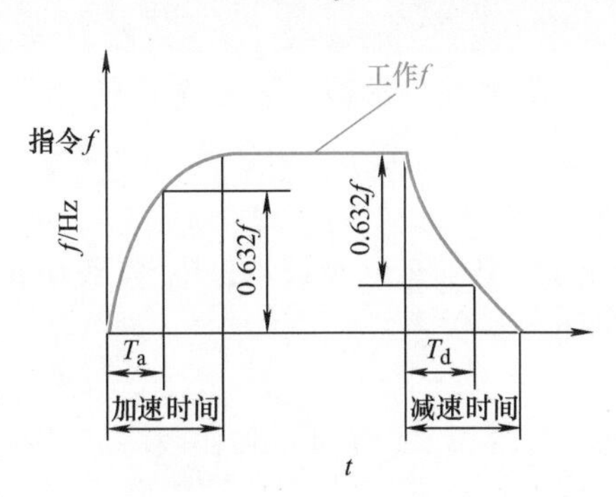

图 1-12 加减速特性曲线

4. 步进电动机的驱动控制系统

步进电动机驱动控制系统主要由驱动控制电路和步进电动机两部分组成。驱动控制电路接收来自机器人控制器的进给脉冲信号，并把此信号转换为控制步进电动机各相定子线圈依次通电、断电的信号，使步进电动机运转。一个完整的步进电动机的驱动控制电路应该包括加减速电路、环形脉冲分配器、功率放大器，如图 1-13 所示。

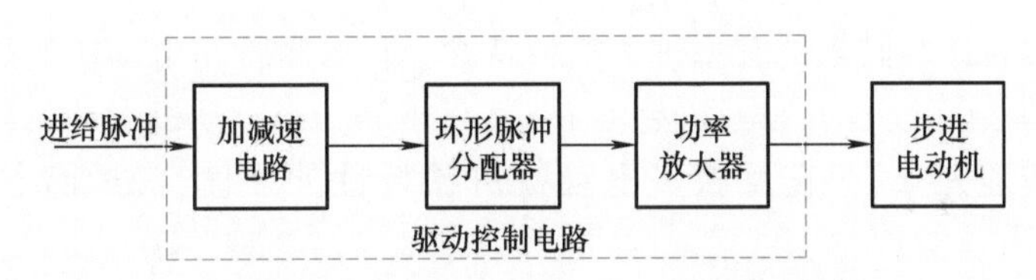

图 1-13 步进电动机驱动控制系统构成

1.3.2 直流电动机及其控制方法

直流电动机根据其结构可分为一般电枢式、无槽电枢式、印刷电枢式、绕线盘式和空心杯电枢式等。为避免电刷换向器的接触，还有无刷直流电动机。根据控制方式，直流电动机可分为磁场控制方式和电枢控制方式。永磁直流电动机只能采用电枢控制方式，一般电磁式直流电动机大多也用电枢控制方式。

1. 直流电动机调速原理

直流电动机由磁极（定子）、电枢（转子）和电刷与换向片三部分组成。现以他励式直流电动机为例，研究直流电动机的机械特性。

直流电动机是基于电流切割磁力线，产生电磁转矩来进行工作的，如图 1-14 所示。

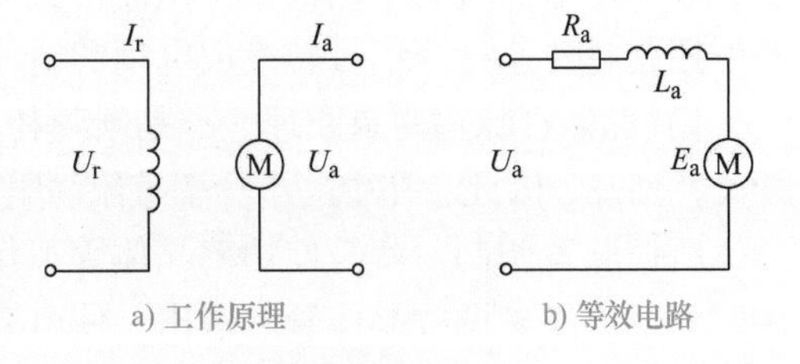

图 1-14 他励直流电动机工作原理图

电磁电枢回路的电压平衡方程式为

$$U_a = E_a + I_a R_a \tag{1-2}$$

式中，R_a 为电动机电枢回路的总电阻；U_a 为电动机电枢的端电压；I_a 为电动机电枢的电流；E_a 为电枢线圈的感应电动势。当励磁磁通 ϕ_a 恒定时，电枢线圈的感应电动势与转速成正比，则

$$E_a = C_e\phi_a n \tag{1-3}$$

式中，C_e 为电动势常数，表示单位转速所产生的电动势；n 为电动机转速。电动机的电磁转矩为

$$T_m = C_T\phi_a I_a \tag{1-4}$$

式中，T_m 为电动机电磁转矩；C_T 为转矩常数，表示单位电流所产生的转矩。其中，C_T 和 C_e 有如下数量关系：

$$C_T = 9.55C_e \tag{1-5}$$

将式(1-3)、式(1-4) 和式(1-5) 代入式(1-2)，即可得出他励式直流电动机的转速与转矩之间的关系式

$$n = \frac{U_a}{C_e\phi_a} - \frac{R_a}{C_e\phi_a C_T\phi_a}T_m = n_0 - \beta T_m \tag{1-6}$$

式中，$n_0 = \dfrac{U_a}{C_e\phi_a}$为空载转速，当励磁磁通为额定磁通，电枢电压为额定电压，即 $U_a = U_N$，$\phi_a = \phi_N$ 时，该转速称为理想空载转速，同样斜率 $\beta = \dfrac{R_a}{C_e\phi_N C_T\phi_N}$称为直流电动机的固有斜率，此时，式(1-6) 称为直流电动机的固有机械特性曲线。

直流电动机的转速与转矩的关系称为机械特性，机械特性是电动机的静态特性，是稳定运行时带动负载的性能，此时，电磁转矩与外负载相等。当电动机带动负载时，电动机转速与理想转速产生转速差 Δn，它反映了电动机机械特性的硬度，Δn 越小，表明机械特性越硬。

2. 直流电动机调速方式

现代直流电动机速度控制单元常采用的调速方式有晶闸管（也称为可控硅，Semiconductor Control Rectifier，SCR）调速系统和晶体管脉宽调制（Pulse Width Modulation，PWM）调速系统。由于晶体管的开关响应特性远比晶闸管好，后者的伺服驱动特性要比前者好得多。随着大功率晶体管制造工艺的成熟，目前 PWM 调速系统采用得多。

脉宽调速利用脉宽调制器对大功率晶体管开关放大器的开关时间进行控制，将直流电压转换成某一频率的矩形波电压，加到直流电动机的电枢两端，通过对矩形波脉冲宽度的控制，改变电枢两端的平均电压，从而达到调节电动机转速的目的。直流电动机速度控制单元的作用是将转速指令信号转换成电枢的电压值，达到速度调节的目的。

1）晶体管脉宽调制原理。与晶闸管相比，晶体管控制电路简单，不需要附加关断电路，开关特性好。因此，在中、小功率直流伺服系统中，PWM 方式驱动系统已得到了广泛应用。

所谓脉宽调制，就是使功率晶体管工作于开关状态，开关频率保持恒定，用改变开关导通时间的方法来调整晶体管的输出，使电动机两端得到宽度随时间变化的电压脉冲。当开关在每一周期内的导通随时间发生连续变化时，电动机电枢得到的电压的平均值也随时间连续地发生变化，而由于内部的续流电路和电枢电感的滤波作用，电枢上的电流则连续地改变，从而达到调节电动机转速的目的。当电路中开关功率晶体管关断时，由二极管 VD 续流，电

动机便可以得到连续电流。图 1-15 所示为晶体管脉宽调制原理图。

2）晶体管脉宽调制系统的组成。图 1-16所示为晶体管脉宽调制系统的组成框图。该系统由控制部分、功率放大器和全波整流器三部分组成。控制部分包括速度调节器、电流调节器、固定频率振荡器、三角波发生器、脉宽调制器和基极驱动电路。其中速度调节器和电流调节器与晶闸管调速系统相同，控制方法仍然是采用双环控制。与晶闸管调速系统不同的部分是脉宽调制器、基极驱动电路和功率放大器。

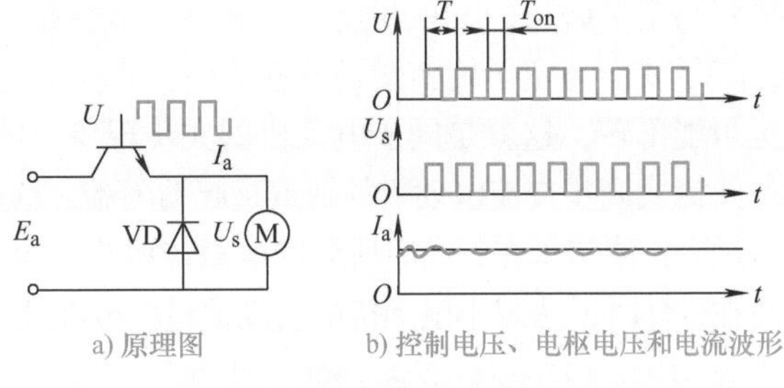

图 1-15 晶体管脉宽调制原理图

晶体管脉宽调制系统的特点：频带宽，电流脉动小，电源功率因数高，动态硬度好。

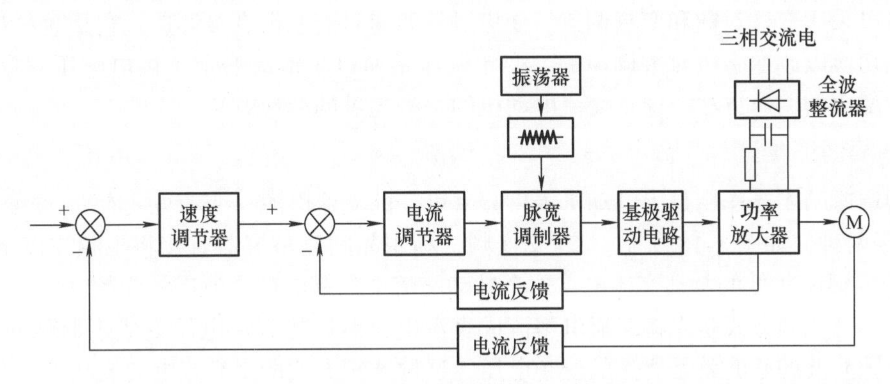

图 1-16 晶体管脉宽调制系统的组成框图

1.3.3 交流电动机及其变频调速

在工业机器人上应用的交流电动机一般都为三相交流电动机，其分为异步交流电动机和同步交流电动机。

永磁式同步交流电动机的优点是结构简单、运行可靠、效率高；缺点是体积大、起动特性欠佳。但采用高剩磁感应、高矫顽力的稀土类磁铁材料后，电动机在外形尺寸、质量及转子惯量方面都比直流电动机大幅度减小。工业机器人驱动系统中多采用永磁式同步交流电动机。

异步交流电动机相当于交流感应异步电动机，重量轻，价格便宜；它的缺点是其转速受负载的变化影响较大。

1. 永磁式同步交流电动机的工作原理

永磁式同步交流电动机由定子、转子和检测元件三部分组成，其工作过程如图 1-17 所示，当定子三相线圈通以交流电后，产生一旋转磁场，这个旋转磁场以同步转速 n_s 旋转。

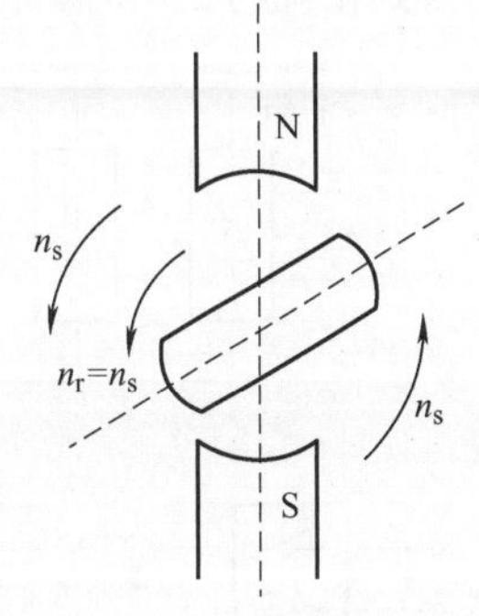

图 1-17 永磁式同步交流电动机的工作原理

根据磁极的同性相斥、异性相吸的原理，定子旋转磁场与转子永久磁场磁极相互吸引，并带动转子一起旋转，因此转子也将以同步转速 n_s 旋转。当转子轴加上外负载转矩时，转子磁极的轴线将与定子磁极的轴线相差一个 θ 角，负载越大，θ 也随之增大。只要外负载不超过一定限度，转子就会与定子旋转磁场一起旋转。当负载超过一定极限后，转子不再按同步转速旋转，甚至可能不转，这就是同步电动机的失步现象，此负载的极限称为最大同步转矩。

永磁式同步交流电动机的缺点是起动困难，这是由于转子本身的惯量、定子与转子之间的转速差过大，使转子在起动时所受的电磁转矩的平均值为零所致，因此电动机难以起动。解决的办法是在设计时设法减小电动机的转动惯量，或在速度控制单元中采取先低速后高速的控制方法。

2. 永磁式同步交流电动机的调速

由电机学基本原理可知，交流电动机的同步转速为

$$n_0 = \frac{60f_1}{p} \tag{1-7}$$

式中，f_1 为加在交流电动机定子端三相交流电的频率；p 为电动机极对数，因此，对电动机的调速可以采用变极对数和变频调速。变极对数调速只能获得有级调速，它是通过对定子线圈接线的切换以改变磁极对数调速的。变频调速是通过平滑改变定子供电电压频率 f_1 而使转速平滑变化的调速方法，这是交流电动机的一种先进的调速方法。

3. 变频调速类型

变频调速的主要作用是为电动机提供频率可变的交流电源。变频方式有交-交变频和交-直-交变频两种，如图 1-18 所示。交-交变频，利用晶闸管整流器直接将工频交流电（频率 50Hz）变成频率较低的脉动交流电，这个脉动交流电的基波就是所需的变频电压。

交-直-交变频方式是先将交流电整流成直流电，然后将直流电压变成矩形脉冲波电压，这个矩形脉冲波的基波就是所需的变频电压。这种调频方式所得交流电的波动小，调频范围比较宽，调节线性度好。在交-直-交变频中，根据中间直流电路上的储能元件是大电容还是大电感，可分为电压型逆变器和电流型逆变器。

4. SPWM 逆变器的原理

正弦脉宽调制（Sinusoidal Pulse Width Modulation，SPWM）逆变器是用来产生正弦脉宽调制波，如图 1-19 所示。正弦波的形成原理是把一个正弦半波分成 N 等分，然后把每一等分的正弦曲线与横坐标所包围的面积都用一个与此面积相等的高矩形脉冲来代替，这样可得到 N 个等高而不等宽的脉冲。这 N 个脉冲对应着一个正弦波的半周。对正弦波的负半周也采取同样处理，得到相应的 2N 个脉冲，这就是与正弦波等效的正弦脉宽调制波，即 SPWM 波。

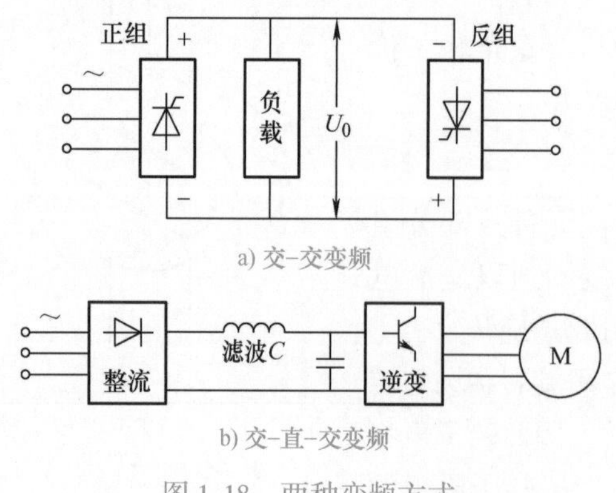

图 1-18　两种变频方式

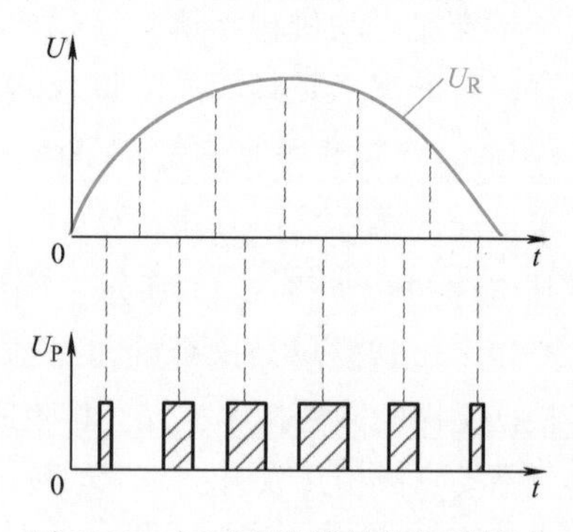

图 1-19　与正弦波等效的矩形脉冲

5. 三角波调制原理

SPWM 波形可采用模拟电路、以“调制”方法实现。SPWM 调制是用脉冲宽度不等的一系列矩形脉冲去逼近一个所需要的电压信号，它是利用三角波电压与正弦参考电压相比较，以确定各分段矩形脉冲的宽度。图 1-20 所示为三角波调制法原理图，在电压比较器 Q 的两输入端分别输入正弦波参考电压 U_R 和频率与幅值固定不变的三角波电压 $U_\triangle$，在 Q 的输出端便得到 PWM 调制电压脉冲。

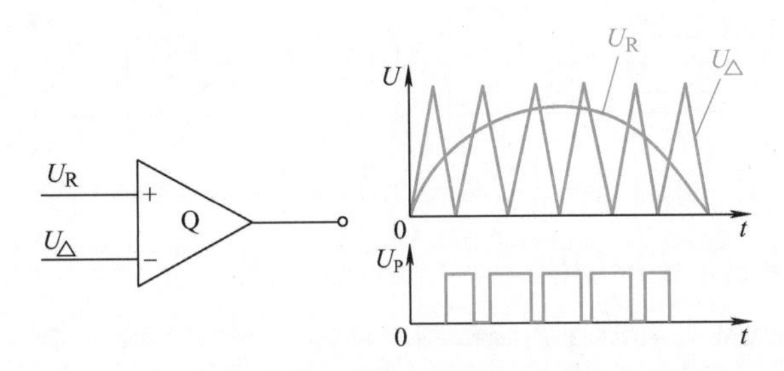

图 1-20　三角波调制法原理

根据图 1-20 确定 PWM 脉冲宽度，当 $U_\triangle < U_R$ 时，Q 输出端为高电平；而 $U_\triangle > U_R$ 时，Q 输出端为低电平。U_R 与 $U_\triangle$ 的交点之间的距离随正弦波的大小而变化，而交点之间的距离决定了比较器 Q 输出脉冲的宽度，因而可以得到幅值相等而宽度不等的 PWM 脉冲调制信号 U_P，且该信号的频率与三角波电压 $U_\triangle$ 相同。

要获得三相 SPWM 脉宽调制波形，则需要三个互成 120°的控制电压 U_A、U_B、U_C 分别与同一三角波比较，获得三路互成 120°的 SPWM 脉宽调制波 U_{0A}、U_{0B}、U_{0C}，图 1-21 所示为三相 SPWM 波的控制电路，而三相控制电压 U_A、U_B、U_C 的幅值和频率都是可调的。三角波频率为正弦波频率的 3*N*（$N \geq 2$）倍，所以保证了三路脉冲调制波形 U_{0A}、U_{0B}、U_{0C} 和时间轴所组成的面积随时间的变化互成 120°相位角。

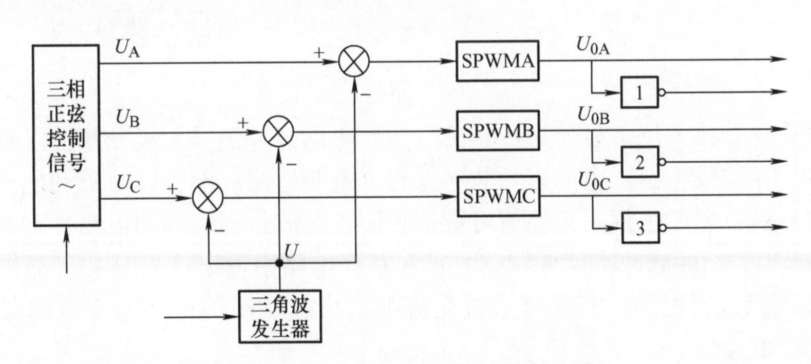

图 1-21　三相 SPWM 波的控制电路

6. 三相电压型 SPWM 变频器的主电路

三相电压型 SPWM 变频器主电路如图 1-22 所示，该电路由两部分组成，即左侧的桥式整流电路和右侧的逆变器电路，逆变器是其核心。桥式整流电路的作用是将三相工频交流电变成直流电，而逆变器的作用则是将整流电路输出的直流电压逆变成三相交流电，驱动电动机运行。直流电源并联有大容量电容器 C_d，由于存在这个大电容，直流输出电压具有电压源特性，内阻很小，这使逆变器的交流输出电压被钳位为矩形波，与负载性质无关，交流输出电流的波形与相位则由负载功率因数决定。在异步电动机变频调速系统中，这个大电容同时又是缓冲负载无功功率的储能元件。直流电路电感 L_d 起限流作用，电感量很小。

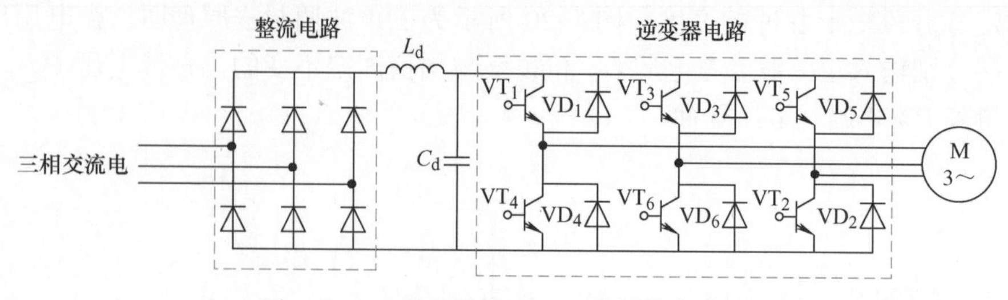

图 1-22　三相电压型 SPWM 变频器主电路

7. SPWM 变频调速系统的组成

图 1-23 所示为 SPWM 变频调速系统框图。速度（频率）给定器给定信号，用以控制频率、电压及正反转；平稳起动电路使起动加、减速时间可随机械负载情况设定达到软起动目的；函数发生器是为了在输出低频信号时，保持电动机气隙磁通一定、补偿定子电压降的影响而设。

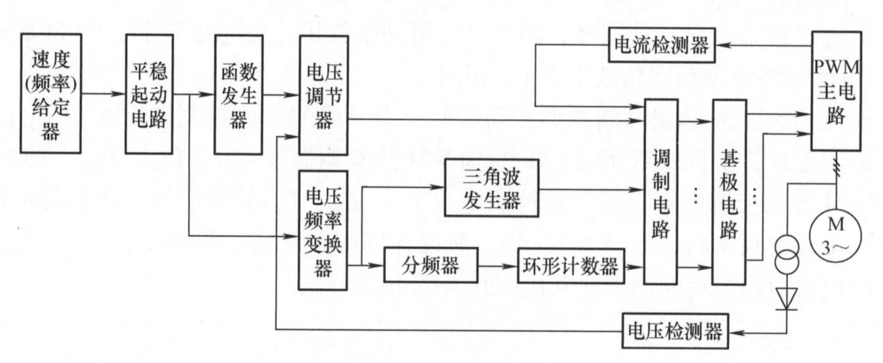

图 1-23　SPWM 变频调速系统框图

电压频率变换器将电压信号转换成具有一定频率的脉冲信号，经分频器、环形计数器产生方波，和经三角波发生器产生的三角波一并送入调制电路；电压调节器和电压检测器构成闭环控制，电压调节器产生频率与幅值可调的控制正弦波，送入调制电路；在调制电路中进行 PWM 变换产生三相的脉冲宽度调制信号；在基极电路中输出信号至功率晶体管基极，即对 SPWM 的主回路进行控制，实现对永磁交流电动机的变频调速；电流检测器用来对电流进行准确、有效的检测。

1.4　位置检测原理

工业机器人的感知系统由内、外部传感器构成，工业机器人的内部传感器以自己的坐标系统确定位置，一般安装在机器人本体上，包括位移传感器、速度传感器、力觉传感器等。外部传感器用来感知外部环境变化，提高机器人的环境适应能力。

传感器检测装置是工业机器人的重要组成部分，闭环系统中其主要作用是检测位移量，并发出反馈信号与控制系统发出的指令信号相比较，若有偏差，经放大后控制执行部件，使其向着消除偏差的方向运动，直至偏差等于零为止。从一定意义上看，工业机器人的精度主要取决传感器检测装置的精度。传感器能分辨出的最小测量值称为分辨率。分辨率不仅取决于传感器本身，也取决定于测量线路。因此，研制和选用性能优良的检测装置是非常重要的。本节以工业机器人中应用最广泛的光电脉冲编码器为例介绍位置检测的原理。

编码器又称码盘，是一种旋转式测量元件，通常装在被测轴上，随被测轴一起转动，可将被测轴的角位移转换成增量脉冲形式或绝对代码形式的信号。

根据使用的计数制不同，有二进制编码、二进制循环码（格雷码）、余三码和二一十进制码等编码器；根据输出信号形式的不同，可分为绝对值式编码器和脉冲增量式编码器；根据内部结构和检测方式的不同，可分为接触式、光电式和电磁式三种。

1.4.1　光电脉冲编码器结构及工作原理

常用的光电编码器为增量式光电编码器，亦称光电码盘、光电脉冲发生器、光电脉冲编码器等，是一种旋转式脉冲发生器，它把机械转角变成电脉冲，是工业机器人上常用的一种角位移检测元件，也可用于角速度检测。脉冲编码器的型号是由每转发出的脉冲数来区分的。常用的脉冲编码器有：2000 P/r、2500 P/r 和 3000P/r 等；在高速、高精度数字伺服系统中，要应用高分辨率的脉冲编码器，如 20000P/r、25000P/r 和 30000 P/r 等，现在已有每转发出 10 万个脉冲，乃至几百万个脉冲的脉冲编码器，这些编码器装置内部应用了微处理器。

如图 1-24 所示，增量式光电脉冲编码器由光源、透镜、光栅板、码盘、光敏元件及信号处理电路组成。

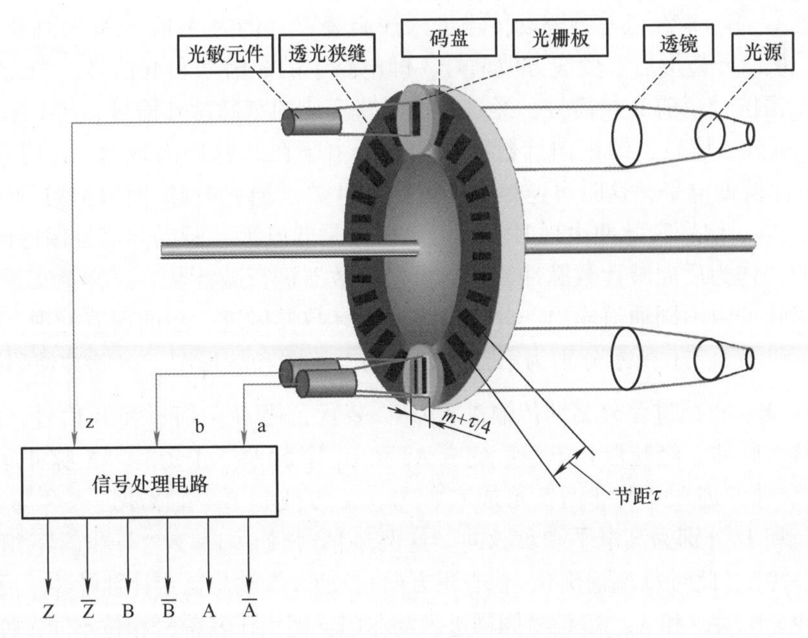

图 1-24　增量式光电脉冲编码器结构示意图

当光栅旋转时，光线透过两个光栅的线纹部分，形成明暗相间的三路莫尔条纹。同时光敏元件接收这些光信号，并转化为交替变化的电信号 a、b（近似于正弦波）和 z。再经放大和整形变成方波。其中 a、b 信号称为主计数脉冲，它们在相位上相差 90°，其相位关系如图 1-25 所示；z 信号称为零位脉冲，该信号与 a、b 信号严格同步；零位脉冲的宽度是主计数脉冲宽度的一半，细分后同比例变窄。这些信号作为位移测量脉冲，如经过频率/电压变换，又可作为速度测量反馈信号。

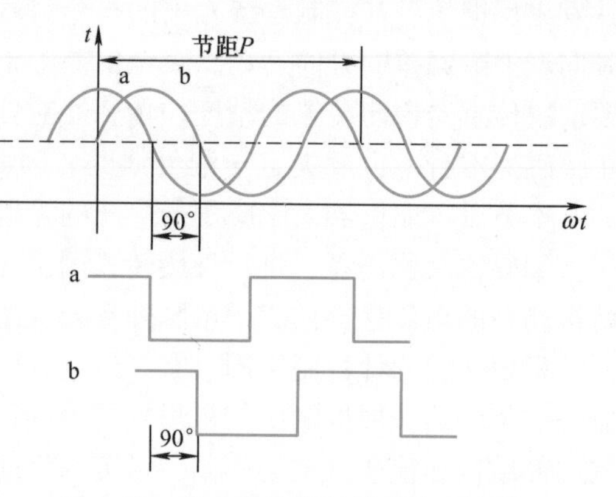

图 1-25　光电脉冲编码器的输出波形

光电编码器的测量精度取决于它所能分辨的最小角度，而这与码盘圆周的条纹数有关，即分辨角 $\alpha=360°/$狭缝数。如条纹数为 1024，则分辨角 $\alpha=360°/1024=0.352°$。光电编码器的输出信号 a、b 为差动信号，差动信号大大提高了传输的抗干扰能力。在检测系统中，常对上述信号进行倍频处理，以进一步提高分辨能力。

1.4.2　光电脉冲编码器应用

光电脉冲编码器应用在位置检测装置中，其工作方式有两种：一是适应带加减要求的可逆计数器，形成加计数脉冲和减计数脉冲；二是适应有计数控制端和方向控制端的计数器，形成正走和反走计数脉冲和方向控制电平。

图 1-26a 和图 1-26b 所示分别为第一种方式的电路图和波形图。光电脉冲编码器的输出脉冲信号 A、$\overline{A}$、B、$\overline{B}$ 经过差分驱动传输进入控制装置，仍为 A 信号和 B 信号，如图 1-26 所示。将 A、B 信号整形后，变成方波信号，即电路中的 a 信号和 b 信号。当光电脉冲编码器正转时，A 相信号超前 B 相信号，经过单稳电路变成的窄脉冲 d 信号，与 b 信号反相后的 c 信号相与，得到 e 信号，即正向计数脉冲信号；由于在窄脉冲出现时，b 信号为低电平，所以 f 信号也保持低电平，这时可逆计数器进行加计数。当光电脉冲编码器反转时，B 信号超前 A 信号，当 d 信号窄脉冲出现时，因为 c 信号是低电平，所以 e 信号保持低电平；而 f 信号为窄脉冲，作为反向减计数脉冲，这时可逆计数器进行减计数。这样就实现了不同旋转方向时，数字脉冲由不同通道输出，分别进入可逆计数器做进一步的误差处理。

图 1-27a 和图 1-27b 所示分别为第二种方式的电路图和波形图。电脉冲编码器的输出脉冲信号 A、$\overline{A}$、B、$\overline{B}$ 经过差分驱动传输进入 CNC 装置，仍为 A 信号和 B 信号，这两相信号为本电路的输入脉冲。经整形和单稳后变成 A_1 和 B_1 窄脉冲。正走时，A 脉冲超前 B 脉冲，B 方波和 A_1 窄脉冲进入“与非门”形成 C 信号，A 方波和 B_1 窄脉冲进入“与非门”形成 D 信号，则 C 和 D 分别为高电平和负脉冲。这两个信号使由 1、2“与非门”组成的“R－S”触发器置“0”（此时 Q 端输出 0，代表正方向），使 3 端输出正走计数脉冲。反走时，B 脉冲超前 A 脉冲。B、A_1 和 A、B_1 信号同样进入与非门，但由于其信号相位不同，使 C、D 分别为负脉冲和高电平，从而将“R－S”触发器置“1”（此时 Q 端输出 1，代表负方向），3 端输出反走计数脉冲。不论正走、反走，3 端都是计数脉冲输出门，Q 端输出方向控制端信号。

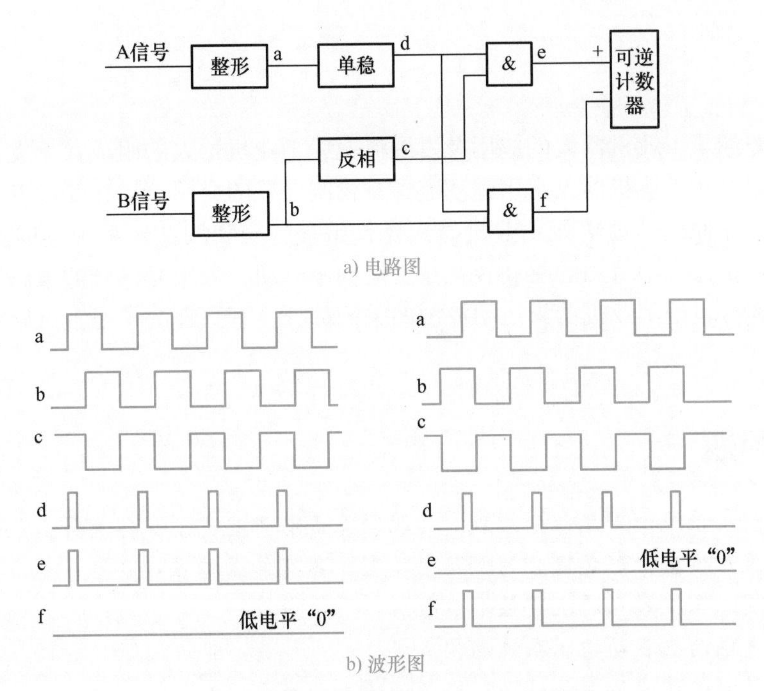

a) 电路图

b) 波形图

图1-26　脉冲编码器的第一种工作方式

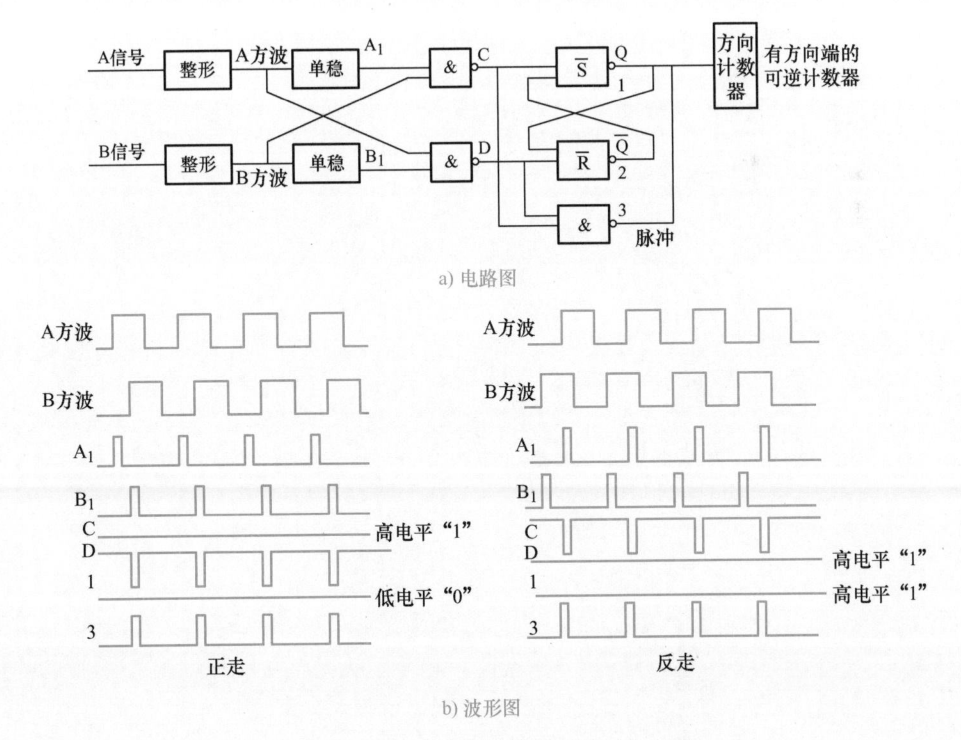

a) 电路图

b) 波形图

图1-27　脉冲编码器的第二种工作方式

1.5 小结

本章主要介绍了工业机器人的应用及发展概况，工业机器人的组成及分类，工业机器人的工作原理。通过对工业机器人常用驱动装置及检测装置的介绍，旨在使读者深刻理解机器人运动控制的工作原理，为学习工业机器人操作编程、安装调试、系统集成及应用奠定基础。目前，工业机器人中常用的驱动装置是交流伺服驱动，采用光电脉冲编码器进行位置和速度反馈，该部分也是工业机器人运动控制的关键部分，有兴趣的学习者可以对此部分进行更深入的学习。

练习题

1. 工业机器人系统由哪几部分组成？其驱动系统有哪些类型，各有什么优缺点？
2. 工业机器人按坐标形式可分为哪几种类型，各有什么特点？
3. 简要说明工业机器人的主要技术参数。
4. 简述步进电动机驱动控制系统的构成。
5. 交流电动机的调速原理是什么？变频调速类型有哪些？
6. 光电脉冲编码器的信号有哪几种？各有什么作用？

第2章 工业机器人基本操作

工业机器人作为一门多学科交叉的综合性新工科，涉及机械、电子、传感检测、计算机技术等众多领域。工业机器人不是这些技术的简单组合，而是将多领域应用技术有机融合的一体化设备。进入21世纪以来，工业机器人已广泛应用于航空航天、石油探测、精密制造等各种领域，工业机器人的应用程度已经成为衡量一个国家工业自动化水平的重要标志。本章主要介绍工业机器人的基本操作，包括工业机器人的安全操作规程、工业机器人系统的安装与连接、示教器的正确使用、工业机器人的起动与关闭、运行模式转换、手动运行模式、手动操作、工件与工具数据定义、系统时间设置、系统的备份与恢复、转数计数器更新、机器人紧急停止后恢复等内容。

2.1 工业机器人安全操作规程

2.1.1 安全注意事项

工业机器人在空间中进行运动，其运动空间便成了危险场所，有可能发生意外事故。因此，工业机器人的安全管理者及从事安装、操作、保养工业机器人的人员在操作机器人或工业机器人运行期间，要牢记安全第一的原则，在确保自身及相关人员的安全后再进行操作。

ABB工业机器人可应用于弧焊、点焊、搬运、去毛刺、装配、激光焊接、喷涂等方面，这些应用功能必须由相应的工具软件来实现。ABB工业机器人如图2-1所示，不管应用于何种领域，机器人在使用过程中都应避免出现以下情况：

a) 喷涂机器人

b) 焊接机器人

c) 协同机器人

图2-1 ABB工业机器人

1）处于有燃烧可能的环境。

2）处于有爆炸可能的环境。

3）处于有无线电干扰的环境。

4）处于水中或其他液体中。

5）以运送人或动物为目的。

6）工作人员攀爬在机器人上面或悬垂于机器人之下。

7）其他与 ABB 公司推荐的安装和使用环境不一致的情况。

若将工业机器人应用于不当的环境中，可能会导致工业机器人的损坏，甚至还可能会对操作人员和现场其他人员的生命安全造成严重威胁。

有些国家已颁布了工业机器人安全法规和相应的操作规程，只有经过专门培训的人员才能操作、使用工业机器人。每个机器人的生产厂家在用户使用手册中都提供了设备的使用注意事项，操作人员在使用机器人时需要注意以下事项：

1）避免在工业机器人工作场所周围做出危险行为，接触机器人或周边机械有可能造成人身伤害。

2）在工厂内，为了确保安全，需高度注意“严禁烟火”“高压电”“危险”“无关人员禁止入内”等标识，当电气设备起火时，应使用二氧化碳灭火器，切勿使用水或泡沫。

3）为防止发生危险，着装应遵守以下要求：①穿工作服；②操作工业机器人时，不要戴手套；③内衣、衬衫、领带不要露在工作服外面；④不要佩戴特大耳环、挂饰等；⑤必须穿好安全鞋、戴好安全帽等；⑥不合适的衣服有可能导致人身伤害。

4）工业机器人安装场所除操作人员以外，其他人员不能靠近。

5）和工业机器人控制柜、工作台、工件及其他的夹具等接触，有可能发生人身伤害。

6）不要强制扳动、悬吊、骑坐在工业机器人上，以免发生人身伤害或者设备损坏。

7）绝对不要倚靠在工业机器人或其他控制柜上，不要随意按动开关或者按钮，否则会发生意想不到的动作，造成人身伤害或者设备损坏。

8）通电中，禁止未受培训的人员接触机器人控制柜和示教器，否则误操作会导致机器人发生意想不到的动作，有可能导致人身伤害或者设备损坏。

2.1.2 安全使用原则

1. 防范措施

在作业区内工作时，操作人员的粗心大意会造成严重的事故，为了确保安全，因此强令执行下列防范措施：

1）在机器人周围设置安全防护装置，以防造成与已通电的机器人发生意外的接触。在安全防护装置的入口处张贴一张“远离作业区”的警示牌。安全防护装置的门必须要加装可靠的安全链锁。

2）工具应该放在安全防护装置以外的合适区域。若由于疏忽把工具放在夹具或工台上，与机器人接触则有可能发生机器人或夹具的损坏。

3）当往机器人上安装一个工具时，务必先切断控制柜及所装工具上的电源并锁住其电源开关。

示教机器人前须先检查机器人运动方面是否存在问题，如外部电缆绝缘保护罩是否损坏等，如果发现问题，则应立即纠正，并确认其他所有必须做的工作均已完成。示教器使用完毕后，务必放回原位置，如示教器遗留在机器人上、系统夹具上或地面上，则机器人或装在其上的工具将会碰撞到它，由此可能引发人身伤害或者设备损坏。遇到紧急情况，需要停止机器人时，请按示教器、控制器或控制面板上的急停按钮。

2. 对作业人员的要求

对机器人进行操作、编程、维护等工作的人员，称其为作业人员。作业人员要穿上适合于作业的工作服、安全鞋，戴好安全帽，扣紧工作服的衣扣、领口、袖口，衣服和裤子要整洁，下肢不能裸露，鞋子要防滑、绝缘，如图2-2所示。

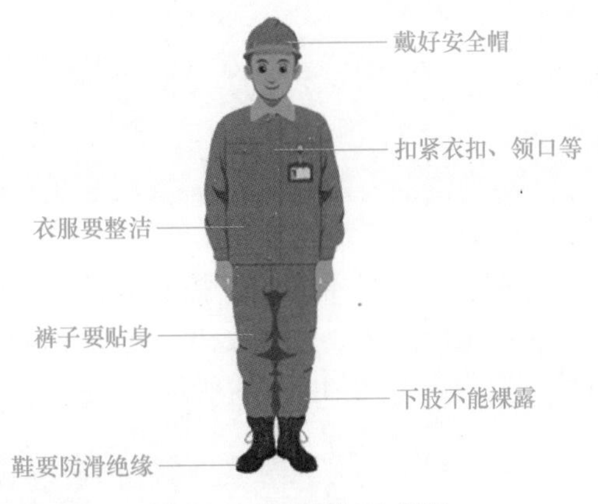

图2-2　作业员标准着装

作业人员分为三类：操作人员、编程人员和设备维护人员。

1）操作人员：能对机器人电源进行开/关操作；能完成从控制柜操作面板起动机器人程序等相关操作。

2）编程人员：能进行机器人的操作；在安全防护装置内进行机器人的编程示教、外围设备的调试等。

3）设备维护人员：可以进行机器人的操作；在安全防护装置内进行机器人的示教编程、外围设备的调试等；进行机器人的维护（修理、调整、更换）作业。

操作人员不能在安全防护装置内作业，编程人员和设备维护人员可以在安全防护装置内进行移机、设置、示教、调整、维护等工作。表2-1列出了在安全防护装置外的各种作业，符号“✓”表示该作业可以由相应人员完成。

表2-1　安全防护装置外的作业列表

操作内容	操作人员	编程人员	设备维护人员
总控通电（ON/OFF）	✓	✓	✓
模式选择（实训、演示）	✓	✓	✓
示教器基本操作	✓	✓	✓
操作面板上起动机器人	✓	✓	✓
操作面板复位报警	×	✓	✓
操作面板紧急停止	✓	✓	✓
程序编制	×	✓	✓
机器人本体维护（机械、电气）	×	×	✓
示教器维护	×	×	✓
控制器维护	×	×	✓

2.2 工业机器人系统结构与连接

2.2.1 ABB 工业机器人控制柜内部结构

控制柜作为机器人的“控制大脑”，其内部由机器人系统所需部件和相关附加部件组成，包括电源开关、急停按钮、伺服驱动器、轴控制板、安全面板、电源、电容、USB 接口等，其内部结构如图 2-3 所示。

图 2-3 控制柜内部结构

控制柜主要部件如下：

1）DSQC1000 主计算机，如图 2-4 所示，它相当于计算机的主机，用于存放系统和数据。

2）DSQC609 24V 电源模块，如图 2-5 所示，用于给 24V 电源接口板提供电源，24V 电源接口板直接给外部 I/O 供电。

3）DSQC611 接触器接口板，如图 2-6 所示，机器人 I/O 信号通过接触器接口板来控制接触器的起停。

4）I/O 模块 DSQC651，挂在 DeviceNet 总线下，如图 2-7 所示，可用于外部 I/O 信号与机器人系统间的通信连接。

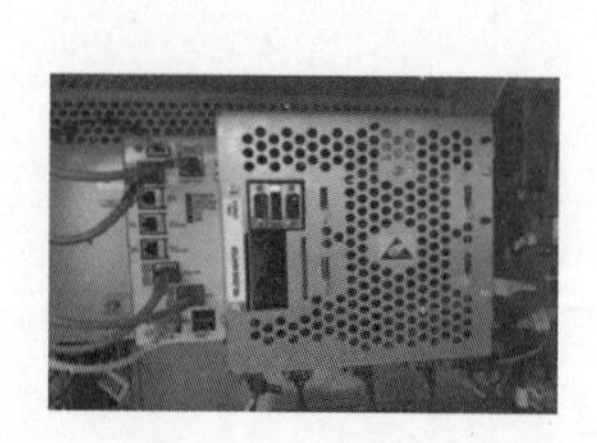

图 2-4 DSQC1000 主计算机

图 2-5 DSQC609 24V 电源模块

图 2-6 DSQC611 接触器接口板

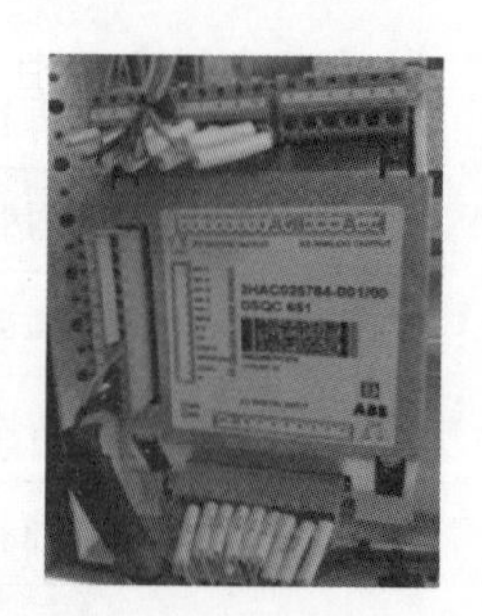

图 2-7 I/O 模块 DSQC651

控制柜部分部件的功能见表 2-2。

表 2-2　控制柜部分部件功能

序号	部件名称	主要功能
1	电源总开关	实现机器人控制器的起动或关闭
2	急停按钮	紧急情况下，按下急停按钮停止机器人动作
3	通电/复位按钮	解除机器人紧急停止状态，恢复正常状态
4	自动/手动半速/手动全速	切换机器人运行状态
5	USB 接口	USB 接口
6	示教器接口	连接机器人示教器
7	机器人伺服电缆接口	用于连接机器人与控制器接口
8	机器人编码器电缆接口	连接机器人本体，用于控制柜与机器人本体间数据交换
9	伺服驱动器	接收控制柜主控计算机传送的驱动信号，驱动机器人本体动作
10	轴控制板	处理机器人本体零位和机器人当前位置数据，并传输存储于主计算机
11	安全面板	操作面板的急停键、示教器急停键及外部安全信号处理显示
12	电容	确保机器人电源关闭后系统数据有足够时间完成保存，相当于延时断电
13	电源	给机器人各个运动轴提供电源
14	DeviceNet 接口	进行 DeviceNet 通信
15	Profibus DP 接口	进行 Profibus 通信

2.2.2　控制柜与工业机器人本体连接

下面以 ABB 工业机器人 IRB1410 为例，介绍工业机器人本体与控制柜之间的连接方法。工业机器人本体与控制柜间的连接主要有 XS1 机器人动力电缆的连接、XS2 机器人编码器连接电缆（SMB）的连接、主电源电缆的连接。

1. XS1 和 XS2 的连接

1）将 XS1 机器人动力电缆端连接到机器人本体底座接口，动力电缆另一端连接到控制柜上对应的接口，端口位置分别如图 2-8 所示。

2）将 XS2 机器人编码器连接电缆（SMB）一端连接到机器人本体底座接口，电缆的另一端连接到控制柜对应接口上，如图 2-9 所示。

图 2-8　XS1 机器人动力电缆端连接至机器人本体和控制柜

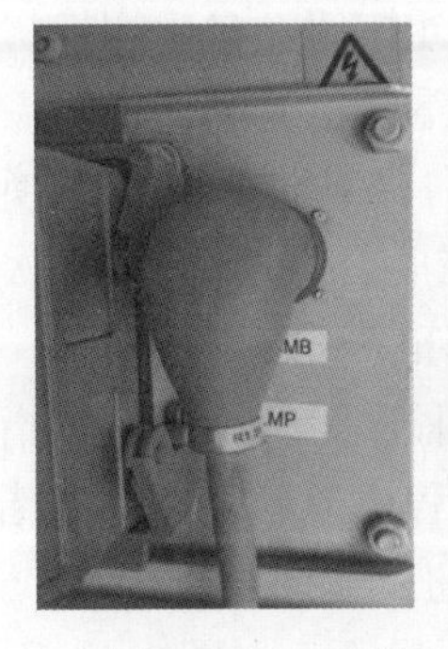

图 2-9　XS2 机器人编码器连接电缆端连接到机器人本体和控制柜

2. 主电源电缆的连接

在控制柜门内侧，贴有一张主电源连接指引图，ABB 机器人使用的电源是 380V 三相四线制，不同型号的机器人的输入电压可能不同，可查看对应的电气图。

主电源电缆的连接操作如下：

1）将主电源电缆从控制柜下方接口穿入，如图 2-10 所示。

2）主电源电缆中的地线接入到控制柜上的接地点 PE 处，如图 2-11 所示。

3）在主电源开关上，接入 380V 三相电源线，如图 2-12 所示。

图 2-10　主电源电缆

图 2-11　主电源电缆接地点

图 2-12　接三相电源线

2.3　示教器

2.3.1　认知示教器

示教器是人机交互接口，操作者可通过它对机器人进行编程调试或手动操纵机器人移动，ABB 机器人示教器主要结构如图 2-13 所示。

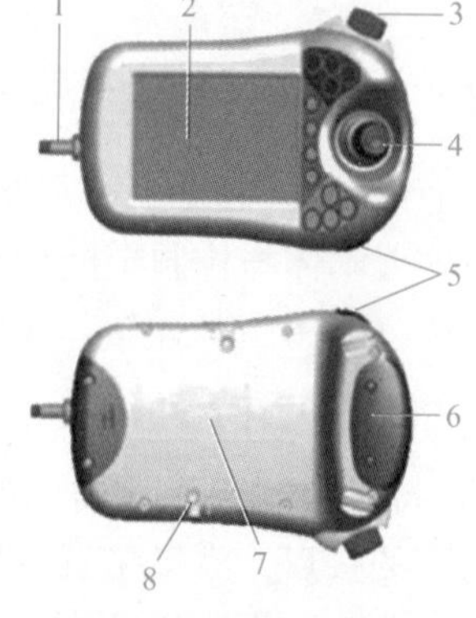

图 2-13　ABB 机器人示教器主要结构
1—连接电缆　2—触摸屏　3—急停开关
4—手动操作摇杆　5—数据备份用 USB 接口
6—使能器按钮　7—示教器复位按钮
8—触摸屏用笔放置位

示教器的主要按钮如图 2-14 所示。

各操作按键的功能如下：

A——预置按钮（1～4）：通过预置按钮可配置快捷操作功能。

B——选择机械单元按钮：自由切换机械臂。

C——线性运动与重定位运动切换键。

D——单轴运动轴 1～3 与轴 4～6 切换键。

E——增量模式按钮：摇杆每运动一次，机器人移动固定距离或旋转固定角度。

F——程序启动按钮：开始执行程序。

G——步进按钮：程序运行至下一条指令。

H——步退按钮：程序退后之上一条指令。

I——停止指令按钮：程序停止运行。

ABB 机器人示教器界面，如图 2-15 所示。

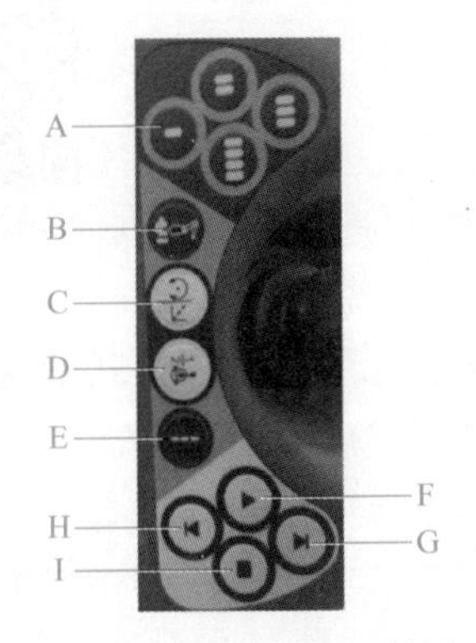

图 2-14　示教器的主要按钮

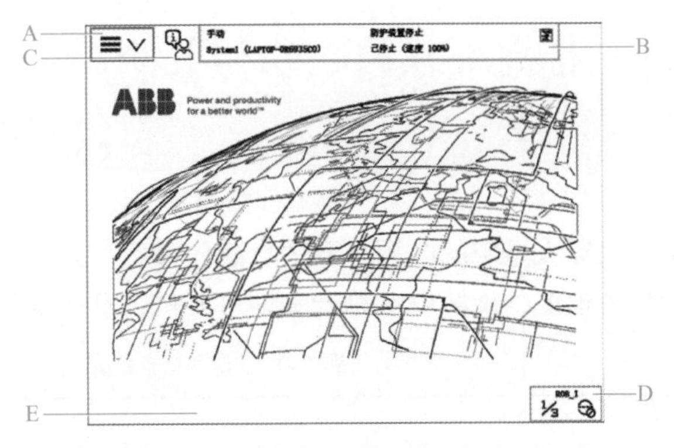

图 2-15　示教器界面

示教器界面功能如下：

A——菜单栏。

B——状态栏：显示与系统有关的重要信息，如电动机开启/关闭、机器人运行状态等。

C——操作员窗口：显示机器人程序消息，提示操作员适当操作，帮助程序有效执行。

D——快捷菜单栏：对系统进行快捷操作。

E——任务栏：ABB 菜单可打开多个任务视图（最多6 个），但一次仅可操作一个。

2. 3. 2　正确操作示教器

图 2-16　手持示教器标准姿态

通常我们用左手持示教器，右手操作示教笔，示教器整体放在左手小臂内侧，如图 2-16 所示。

使能按钮位于示教器摇杆的右侧，分为两档。在手动状态下第一档按下后机器人将处于电动机开启状态，只有使能按钮被按下并保持在“电机开启”状态才可以对机器人进行手动操作和程序调试，如图 2-17 所示。第二档按下时机器人会处于“防护装置停止”状态。当发生危险时，人本能地将使能按钮松开或按紧，在这两种情况下机器都会立刻停止，保证人身与设备的安全，如图 2-18 所示。

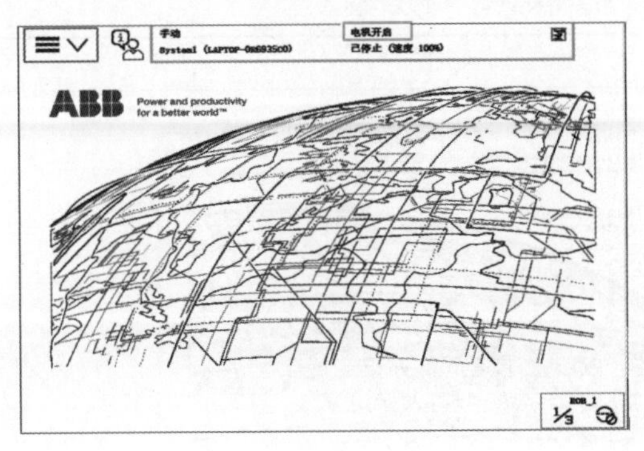

图 2-17　“电机开启”状态

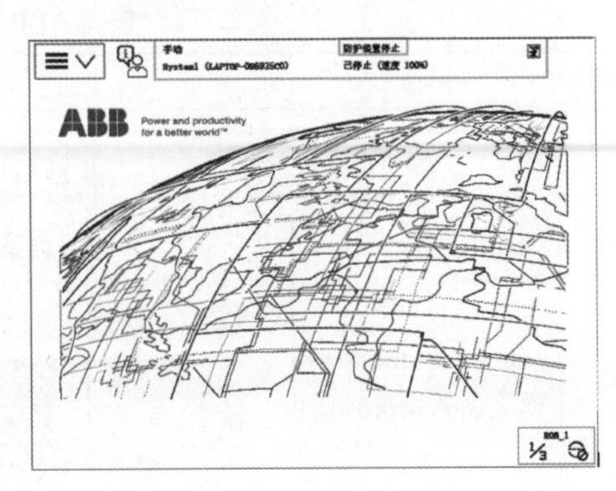

图 2-18　“防护装置停止”状态

2.4 工业机器人的起动与关闭

工业机器人开机

2.4.1 起动工业机器人

工业机器人系统的电源总开关、急停按钮、通电/复位按钮、工业机器人模式转换开关都位于控制柜上，旋转电源总开关即可开机，具体操作步骤见表2-3。

表2-3 起动工业机器人具体操作步骤

步骤	操作	示意图
1	电源总开关旋钮沿顺时针方向由OFF切换到ON，如右图所示	电源总开关 急停按钮 通电/复位按钮 工业机器人模式转换开关

注意：若对工业机器人进行手动操作须将机器人首先转换成“手动模式”，详细操作见2.5.2节。

2.4.2 关闭工业机器人

工业机器人关机

ABB工业机器人关机需先通过示教器界面进行系统关闭，然后旋转电源总开关即可关机。具体操作步骤见表2-4。

表2-4 关闭ABB工业机器人具体操作步骤

步骤	操作	示意图
1	单击“ABB菜单栏”，如右图所示	手动 防护装置停止 已停止（速度100%） ABB Power and productivity for a better world™ 1/3

（续）

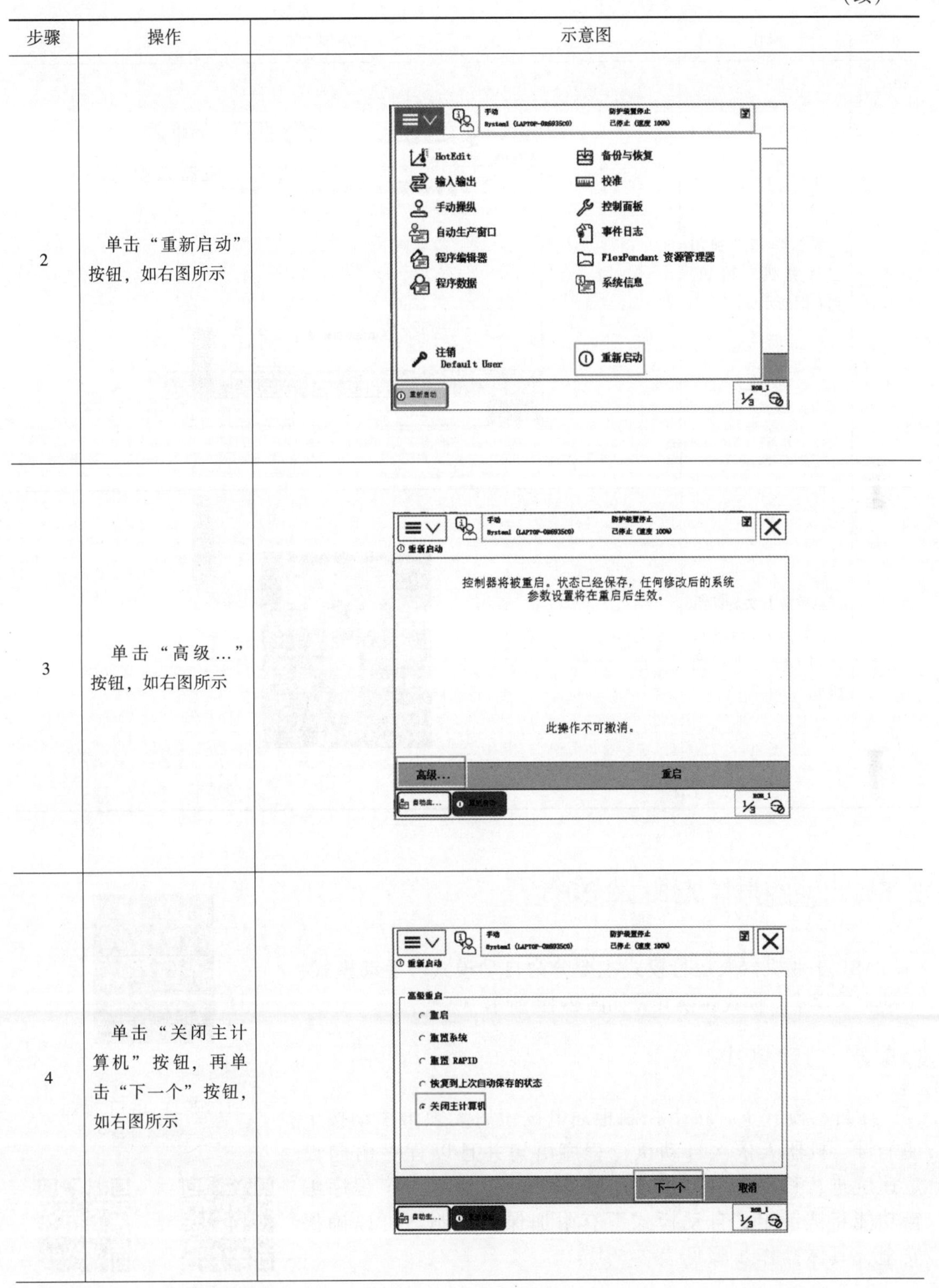

步骤	操作	示意图
2	单击“重新启动”按钮，如右图所示	
3	单击“高级...”按钮，如右图所示	
4	单击“关闭主计算机”按钮，再单击“下一个”按钮，如右图所示	

（续）

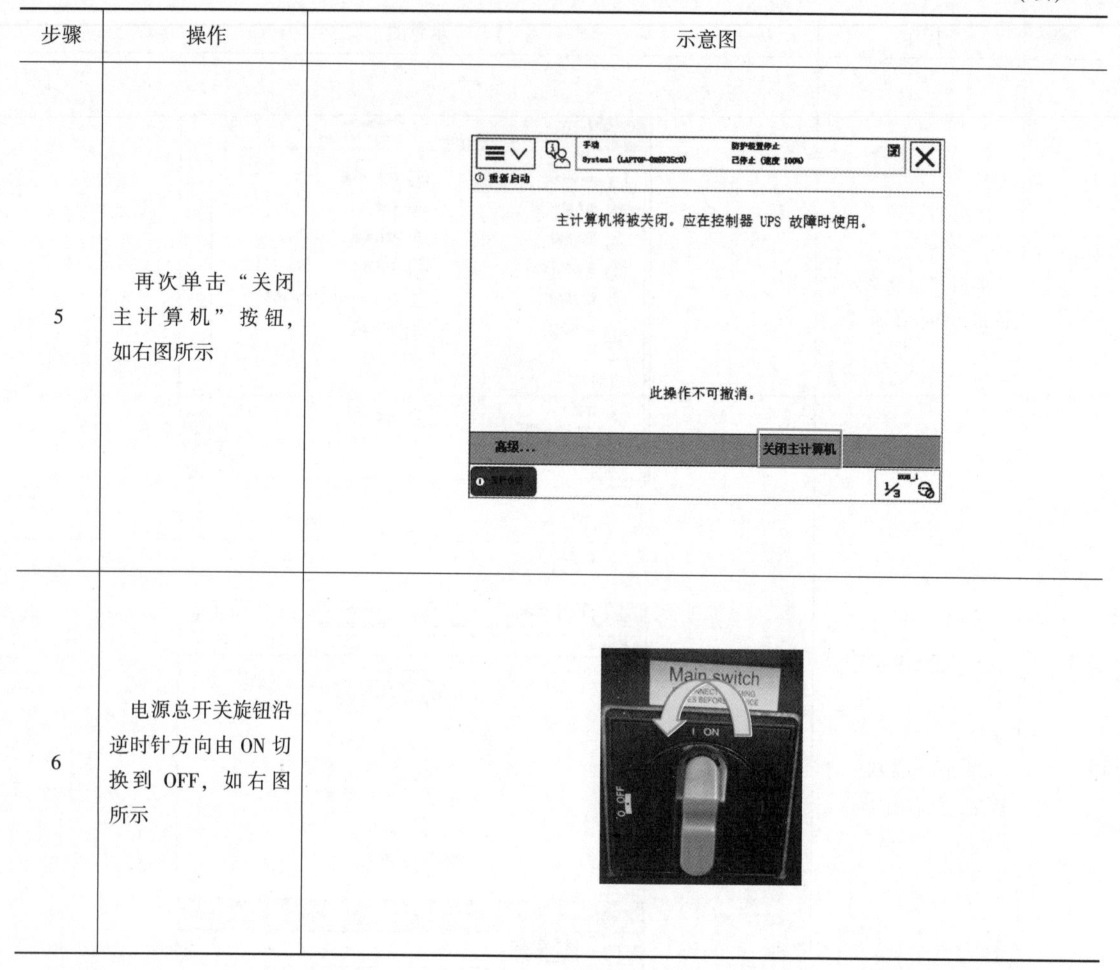

步骤	操作	示意图
5	再次单击“关闭主计算机”按钮，如右图所示	
6	电源总开关旋钮沿逆时针方向由ON切换到OFF，如右图所示	

2.5 工业机器人模式转换

ABB工业机器人运行模式主要分为自动模式、手动模式、手动全速模式，模式转换开关如图2-19所示。

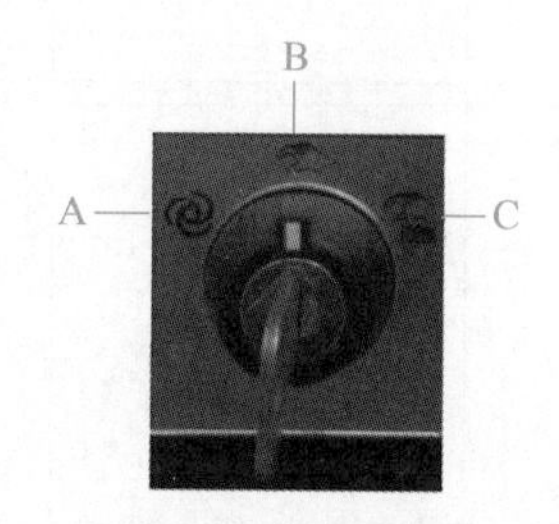

图2-19 模式转换开关

A—自动模式 B—手动模式

C—手动全速模式

2.5.1 自动模式

在自动模式下，按下控制柜通电按钮后无须再手动按下使能键，机器人依次自动执行程序语句并且以程序语句设定速度进行移动。自动模式主要应用于工业生产，程序编辑功能将被锁定，自动模式下有附加保护机制，可以确保安全，具体操作步骤见表2-5。

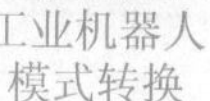

工业机器人模式转换

自动模式

表 2-5　自动模式具体操作步骤

步骤	操作	示意图
1	在控制柜面板上旋转钥匙至“自动模式”标识处，如右图所示	
2	单击示教器触摸屏上“确定”按钮，如右图所示	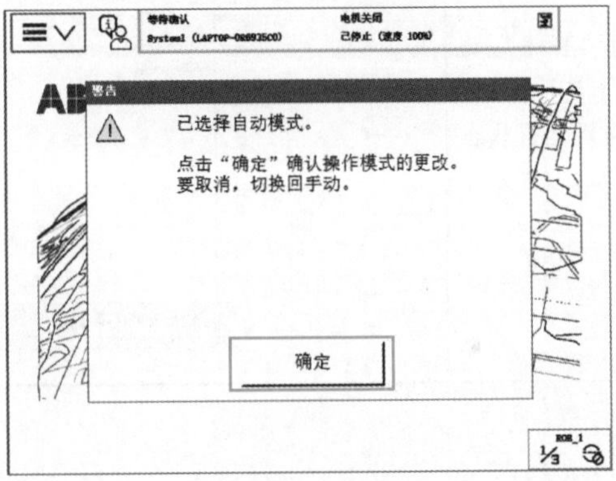 已选择自动模式。 点击“确定”确认操作模式的更改。 要取消，切换回手动。 确定
3	单击“PP 移至 main”按钮，在弹出的界面内单击“是”按钮，如右图所示	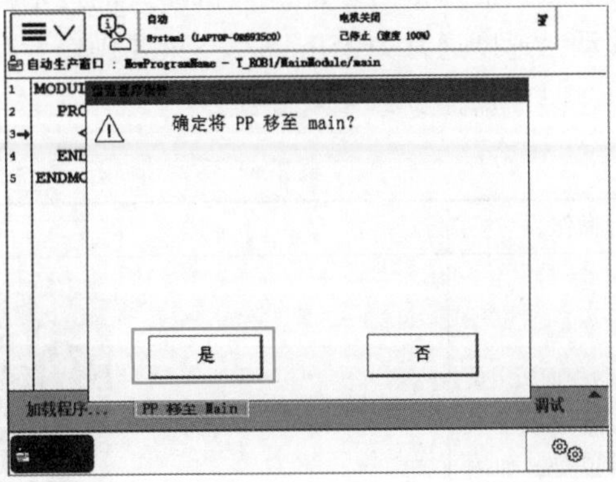 确定将 PP 移至 main? 是　否 加载程序…　PP 移至 Main　调试

（续）

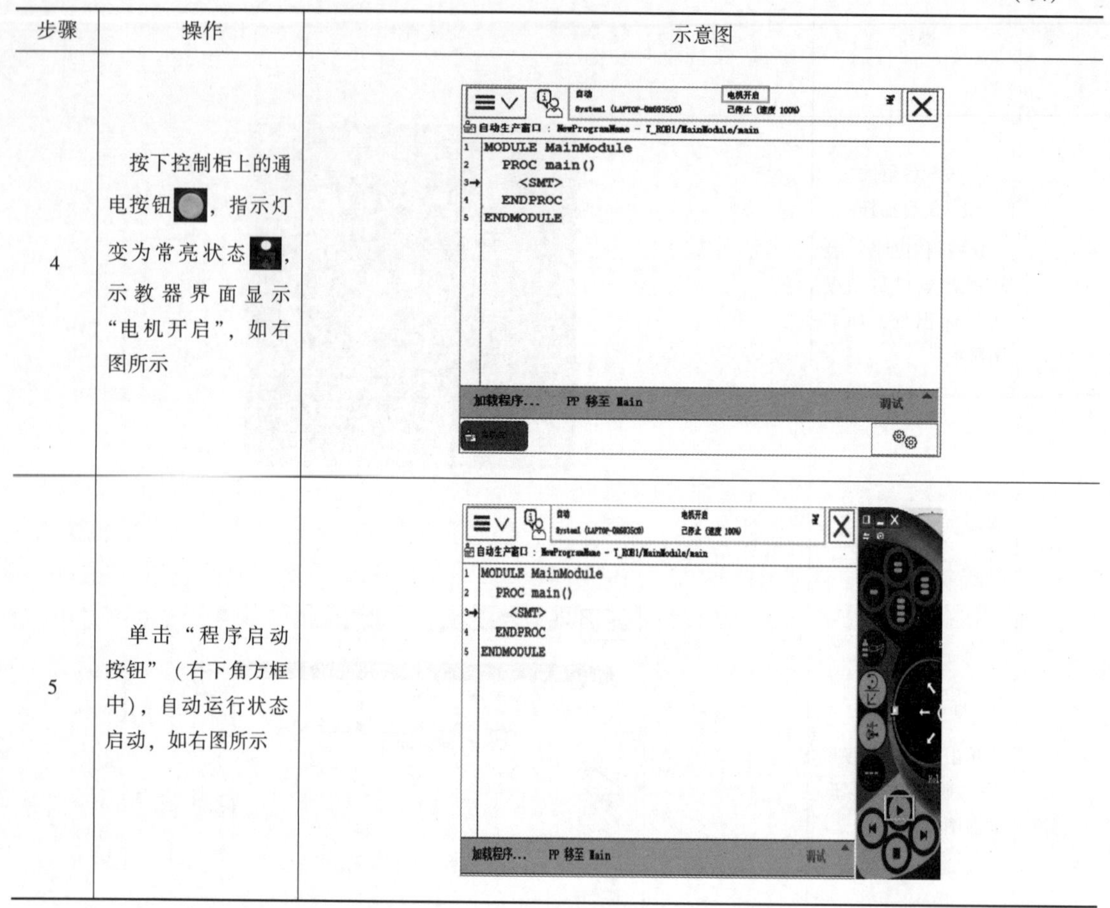

步骤	操作	示意图
4	按下控制柜上的通电按钮，指示灯变为常亮状态，示教器界面显示“电机开启”，如右图所示	
5	单击“程序启动按钮”（右下角方框中），自动运行状态启动，如右图所示	

2.5.2 手动模式

在手动模式下主要进行机器人程序的编写及调试、示教点位的修改等操作。手动模式下只有当操作人员长按使能键时才能进行机器人的运动操作，值得注意的是在手动模式下机器人只能减速移动，速度通常为250mm/s。只要操作者在安全保护空间之内工作，就应以手动模式进行操作，具体操作步骤见表2-6。

表2-6 手动模式具体操作步骤

步骤	操作	示意图
1	在控制柜面板上旋转钥匙至“手动模式”标识处，如右图所示	

（续）

步骤	操作	示意图
2	长按示教器的使能按钮，配合摇杆完成机器人空间运动，如右图所示	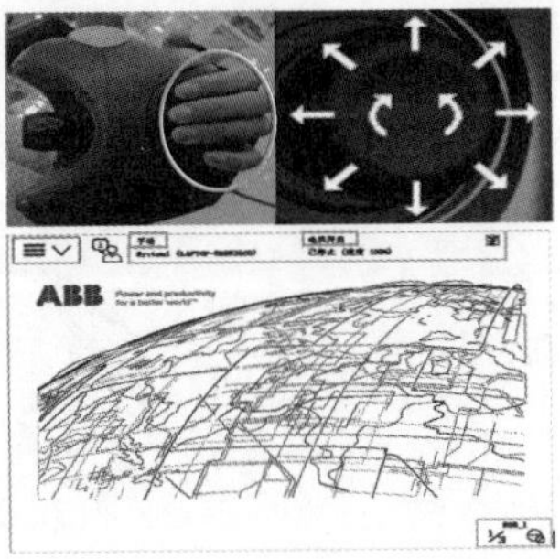

2.5.3 手动全速模式

在手动全速模式下，机器人系统可全速运行，通常用于测试工艺程序。开启手动全速模式前，需确保所有人员位于机器人工作空间之外，且机器人工作空间内无障碍物品，对初学者而言，请勿使用手动全速模式，手动全速模式的操作与手动模式操作相同。

2.6 工业机器人手动运行模式

工业机器人在手动运行模式下移动时主要有两种运动模式：默认模式和增量模式。在默认模式下，手动操作杆的拨动幅度越小，机器人运行速度越慢；反之，手动操作杆的拨动幅度越大，机器人运行速度越快。手动运行模式下机器人的最大运行速度可以通过示教器进行设置。对初学者而言，在默认模式下操作机器人时应将机器人最大运行速度调低。

2.6.1 操作杆速率设定

操作杆速率设定具体操作步骤见表2-7。

表2-7 操作杆速率设定具体操作步骤

步骤	操作	示意图
1	单击示教器界面右下角的“手动运行快捷设置菜单”按钮，如右图所示	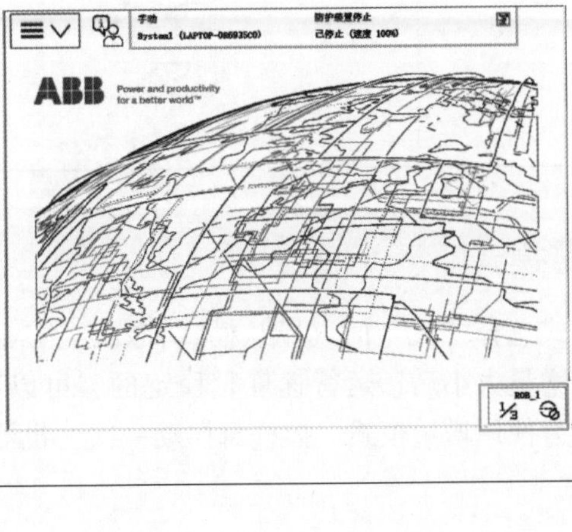

（续）

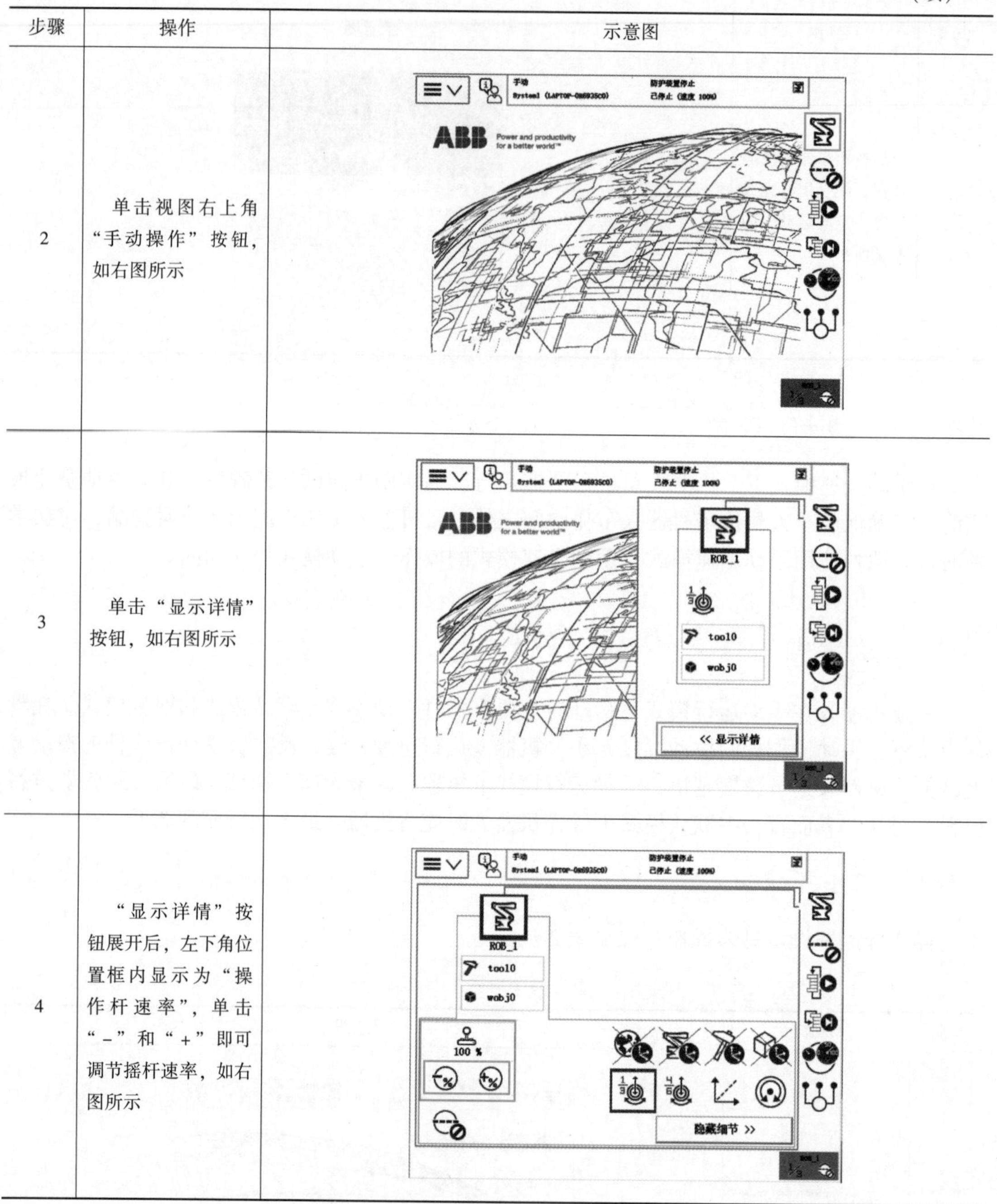

步骤	操作	示意图
2	单击视图右上角“手动操作”按钮，如右图所示	
3	单击“显示详情”按钮，如右图所示	
4	“显示详情”按钮展开后，左下角位置框内显示为“操作杆速率”，单击“-”和“+”即可调节摇杆速率，如右图所示	

2.6.2 增量模式

当增量模式选择“无”时（默认模式有效），工业机器人运行速度与手动操纵杆的幅度成正比；选择增量大小后，运行速度是稳定的，可以通过调整增量大小控制机器人步进速度。简单理解为使用增量模式，摇杆每摇动一次，机器人沿运动方向运动固定的距离或旋转固定角度值。

增量模式使用及设置具体操作步骤见表 2-8。

表 2-8 增量模式具体操作步骤

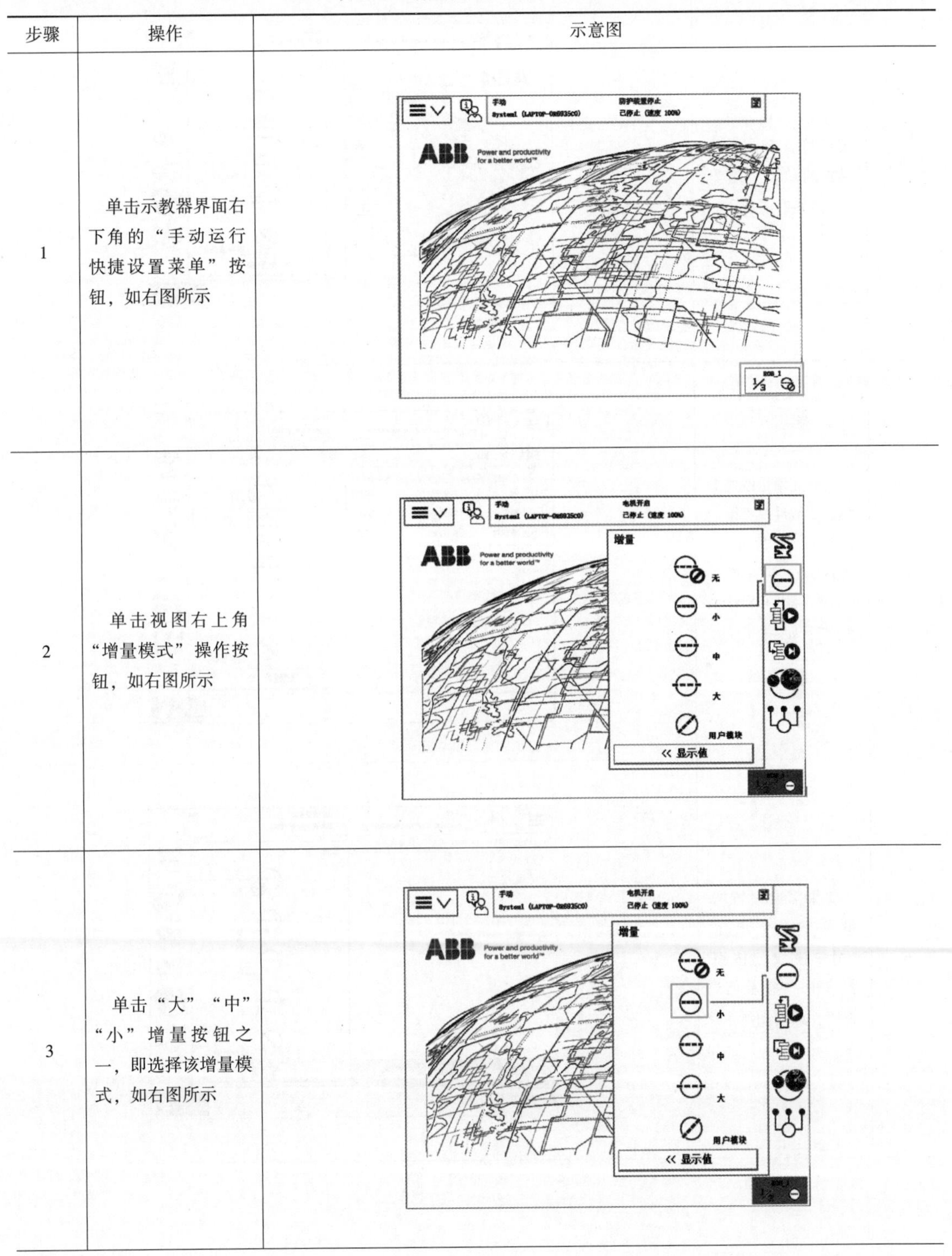

步骤	操作	示意图
1	单击示教器界面右下角的“手动运行快捷设置菜单”按钮，如右图所示	
2	单击视图右上角“增量模式”操作按钮，如右图所示	
3	单击“大”“中”“小”增量按钮之一，即选择该增量模式，如右图所示	

（续）

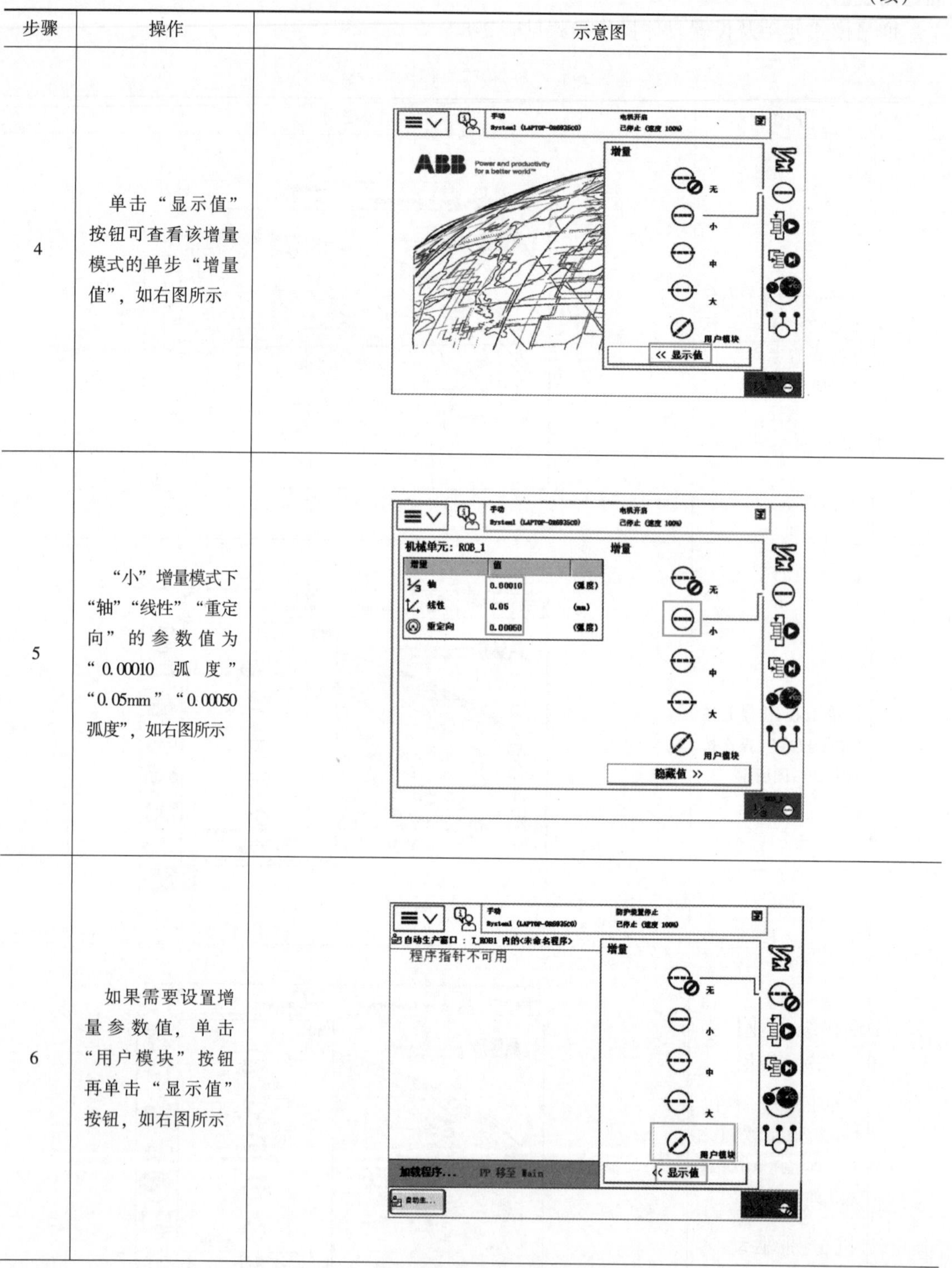

步骤	操作	示意图
4	单击“显示值”按钮可查看该增量模式的单步“增量值”，如右图所示	
5	“小”增量模式下“轴”“线性”“重定向”的参数值为“0.00010 弧度”“0.05mm”“0.00050弧度”，如右图所示	
6	如果需要设置增量参数值，单击“用户模块”按钮再单击“显示值”按钮，如右图所示	

（续）

步骤	操作	示意图
7	单击“值”下方任意数值，如图中“0.00010”即可进行设置，如右图所示	手动 System1 (LAPTOP-0R6935C0) 电机开启 已停止（速度 100%） 机械单元：ROB_1 增量　值 轴　0.00010　(弧度) 线性　0.05000　(mm) 重定向　0.00050　(弧度) 选择一个项目以修改单步幅度。 增量 无 小 中 大 用户模块 隐藏值 >> ROB_1
8	图中设置单轴运动增量为“0.00015 弧度”，如右图所示	手动 System1 (LAPTOP-0R6935C0) 电机开启 已停止（速度 100%） 机械单元：ROB_1 增量　值 轴　0.00015　(弧度) 限值 最小： 0.0 最大： 0.0025 角度单位： (弧度) 7 8 9 ← 4 5 6 → 1 2 3 0 +/- . 确定　取消 增量 无 小 中 大 用户模块 隐藏值 >> ROB_1

2.7　工业机器人手动操纵方式

手动操纵工业机器人的方式有三种：单轴运动、线性运动和重定位运动。

2.7.1　单轴运动

标准工业机器人由6个伺服电动机分别驱动机器人的6个关节轴，如图2-20所示。通过操纵杆每次移动机器人的一个关节，这种运动被称之为

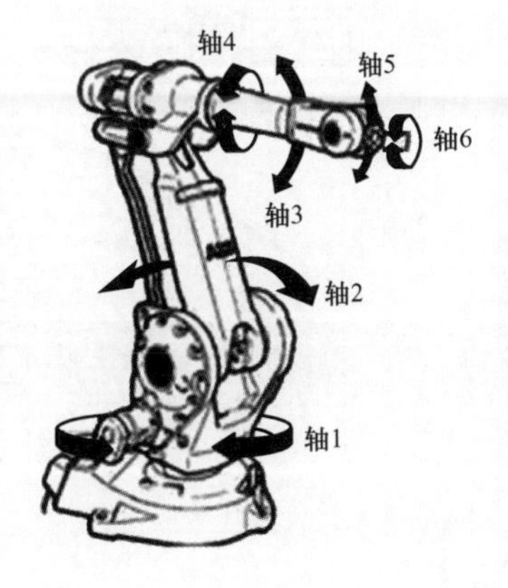

图2-20　工业机器人6个关节轴

单轴运动。工业机器人出厂时，对各关节轴的机械零点进行了设定，在机器人机械本体上6个关节轴处有同步的标记位置，该标记位作为各关节轴运动的基准（原位点），如图2-21所示。

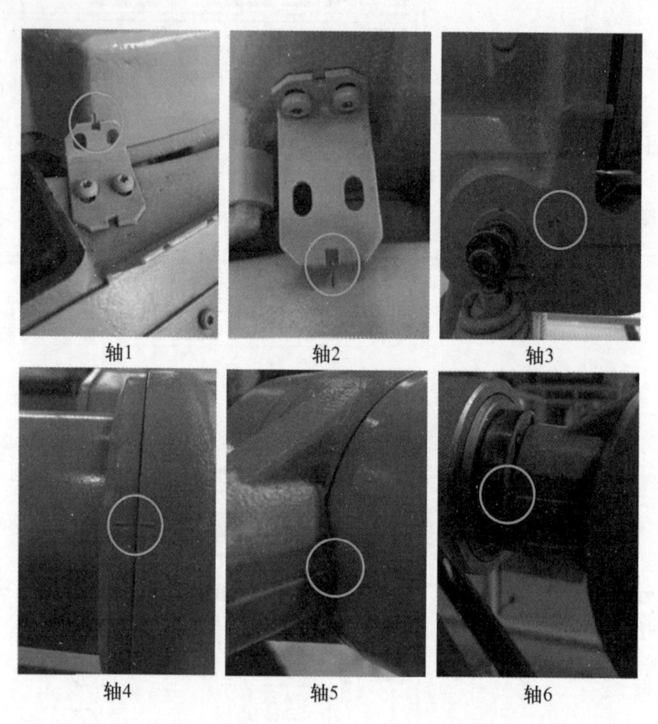

图2-21 工业机器人6个机械原点位

单轴运动的具体操作步骤见表2-9。

表2-9 单轴运动具体操作步骤

步骤	操作	示意图
1	单击示教器ABB菜单栏，如右图所示	手动 防护装置停止 已停止（速度 100%） ABB Power and productivity for a better world™ ROB_1 1/3

（续）

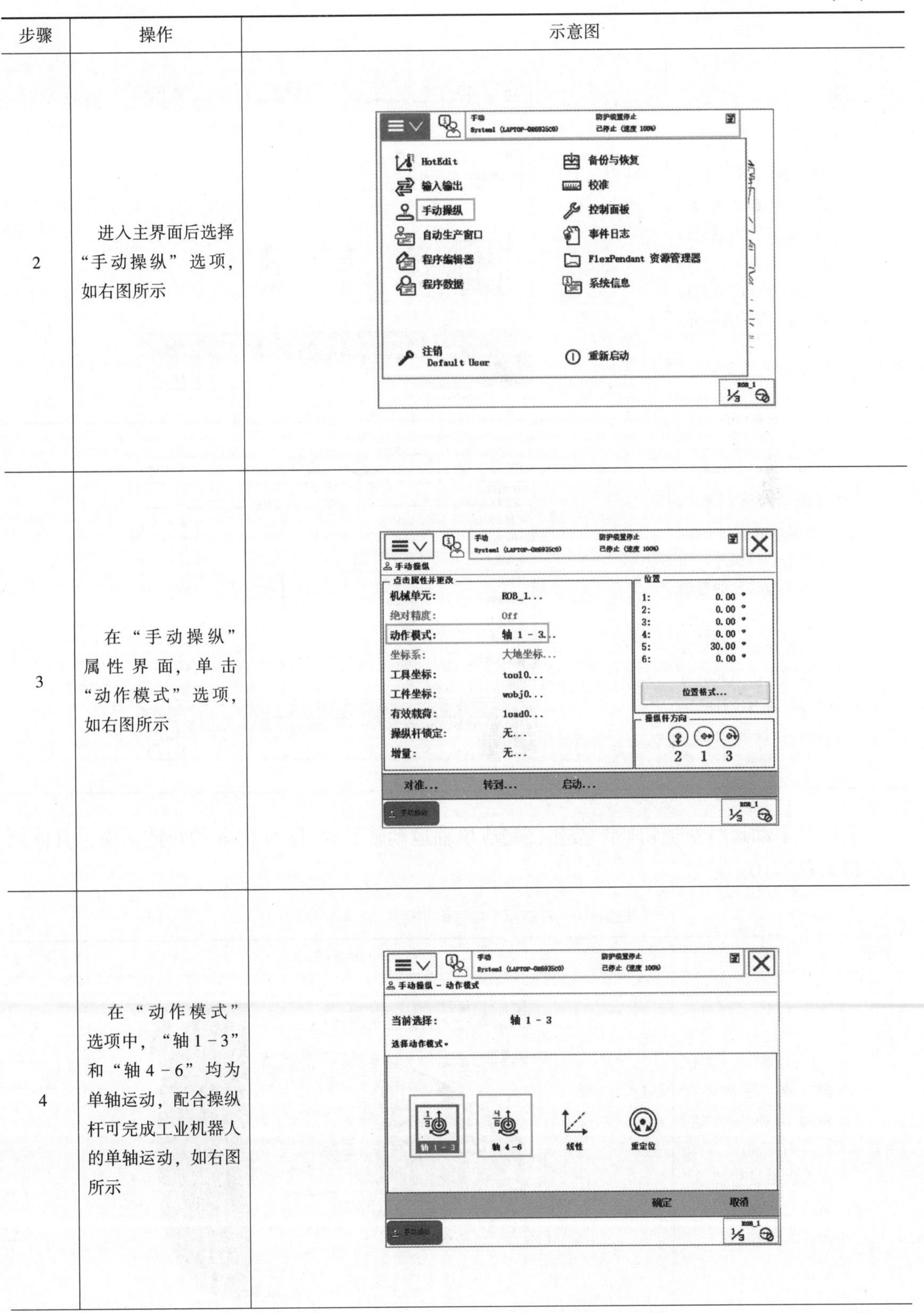

步骤	操作	示意图
2	进入主界面后选择“手动操纵”选项，如右图所示	
3	在“手动操纵”属性界面，单击“动作模式”选项，如右图所示	
4	在“动作模式”选项中，“轴1-3”和“轴4-6”均为单轴运动，配合操纵杆可完成工业机器人的单轴运动，如右图所示	

（续）

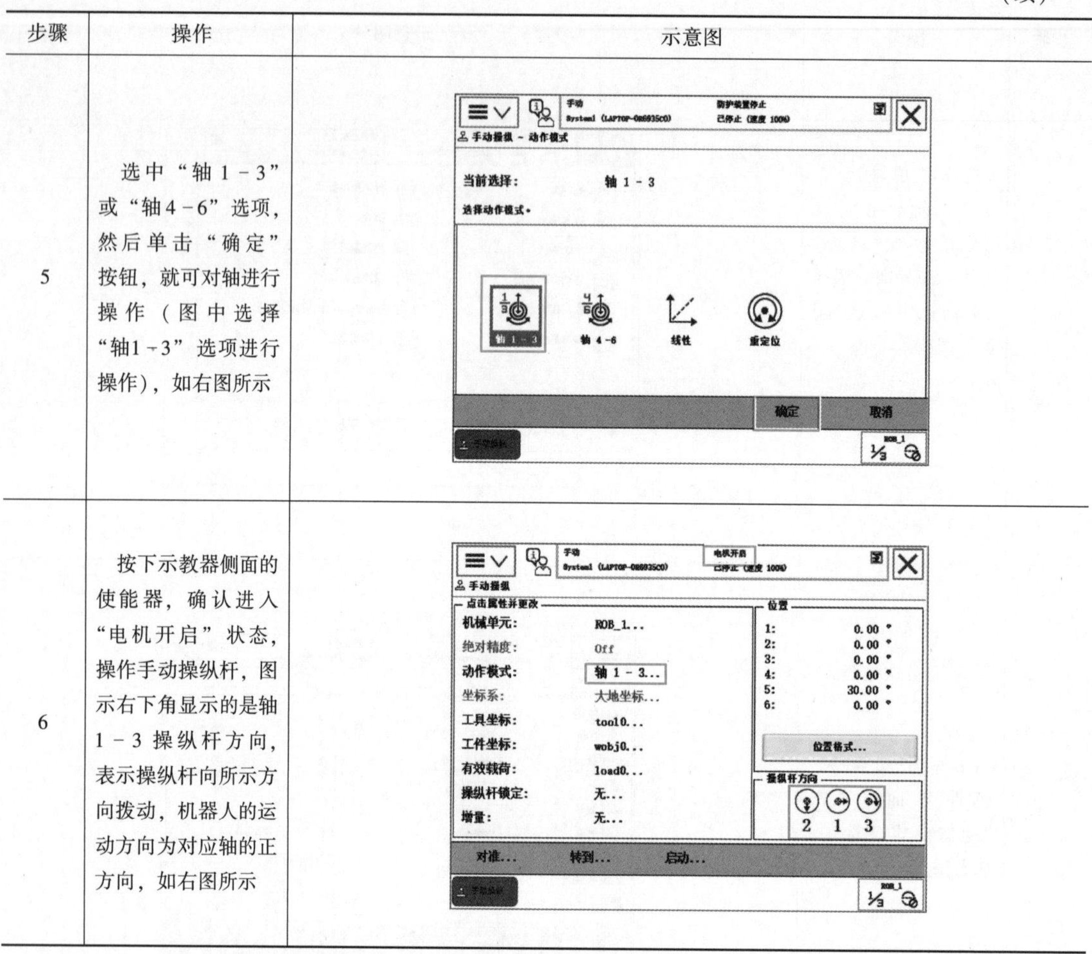

步骤	操作	示意图
5	选中“轴1－3”或“轴4－6”选项，然后单击“确定”按钮，就可对轴进行操作（图中选择“轴1－3”选项进行操作），如右图所示	
6	按下示教器侧面的使能器，确认进入“电机开启”状态，操作手动操纵杆，图示右下角显示的是轴1－3操纵杆方向，表示操纵杆向所示方向拨动，机器人的运动方向为对应轴的正方向，如右图所示	

使用“手动运行快捷切换”按钮，完成单轴运动轴1－3与轴4－6的快捷切换，具体操作步骤见表2-10。

表2-10　单轴运动快捷切换具体操作步骤

步骤	操作	示意图
1	按压示教器主界面侧边的“手动运行快捷切换”按钮，此时右下角“手动运行快捷设置菜单”显示为“轴1－3”，如右图所示	

（续）

步骤	操作	示意图
2	按压“单轴运动轴1-3/轴4-6快捷切换”按钮，完成快捷切换，此时右下角显示的“1/3”变为“4/6”，如右图所示	
3	除了使用快捷按钮之外还可以通过“手动运行快捷设置菜单”按钮，在手动操纵的“显示详情”界面中进行选择，完成轴切换，如右图所示	

2.7.2　线性运动和重定位运动

1. 工业机器人的坐标系

ABB工业机器人用笛卡儿直角坐标系来定义三维空间，工业机器人运动目标和位置是通过对坐标系轴的测量来定位。在工业机器人系统中可以定义多个坐标系，每一个坐标系都适用于特定类型的控制或编程。工业机器人系统常用的坐标系有大地坐标系、基坐标系、工具坐标系和工件坐标系。

1）大地坐标系。大地坐标系也称全局坐标系，其坐标原点在工作单元或者工作站中有固定位置。通常用于处理若干个机器人或有外部轴移动的机器人。

2）基坐标系。基坐标系一般位于机器人基座，坐标原点定义在机器人安装面与第一转动轴的交点处，X轴与机器人出厂时小臂方向一致，Z轴竖直向上，Y轴按右手法则确定，如图2-22所示。

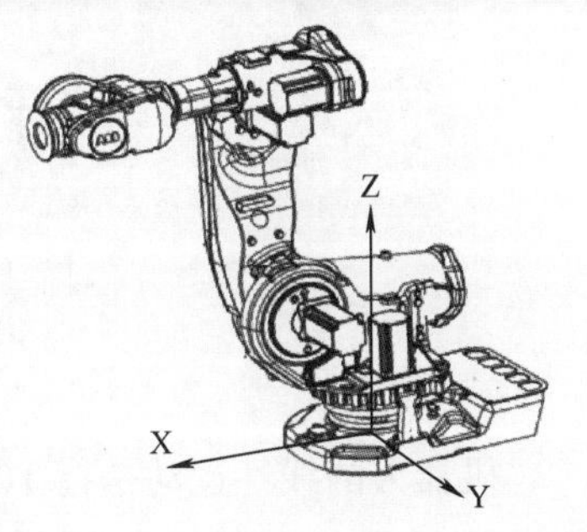

图2-22　机器人基坐标系

3）工具坐标系。工具坐标系（Tool Center Piont Frame，TCPF）将机器人第六轴法兰上携带工具的参照中心点设置为坐标系原点，由此创建一个坐标系，该参照点称为TCP（Tool Center Piont），即工具中心点。执行程序时，机器人就是将TCP移至编程位置。如果改变了工具，机器人的移动将随之改变。ABB工业机器人自带名为Tool0的工具坐标系，如图2-23所示。针对不同工具，建立不同的工具坐标系有助于机器人编程工艺的实现。

如果改变了工具，机器人的移动参照也随之改变。如机器人末端安装工具焊枪，新的工具参照如图2-24所示。

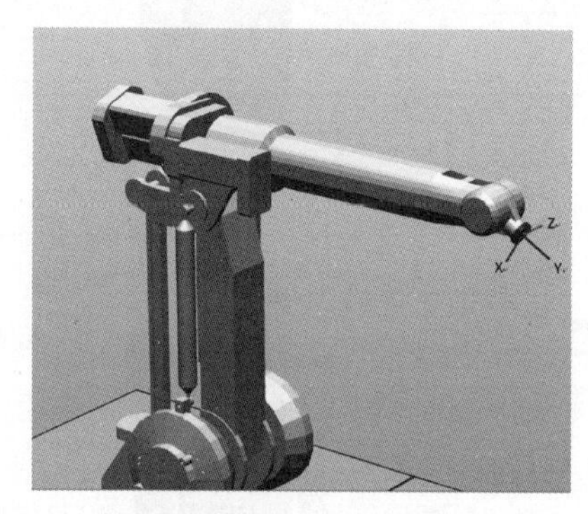

图2-23　Tool0工具坐标系

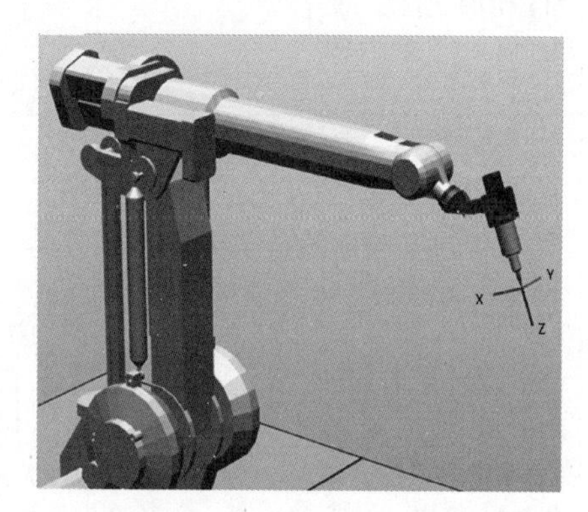

图2-24　焊枪工具坐标系

4）工件坐标系。工件坐标系定义工件相对于大地坐标系的位置，也就是说机器人系统内可以拥有若干工件坐标系，对机器人进行编程时就是在工件坐标系中创建目标和路径，如图2-25所示。

为了进一步理解工业机器人各个坐标系间的关系，图2-26给出机器人系统内各种坐标系的关系。

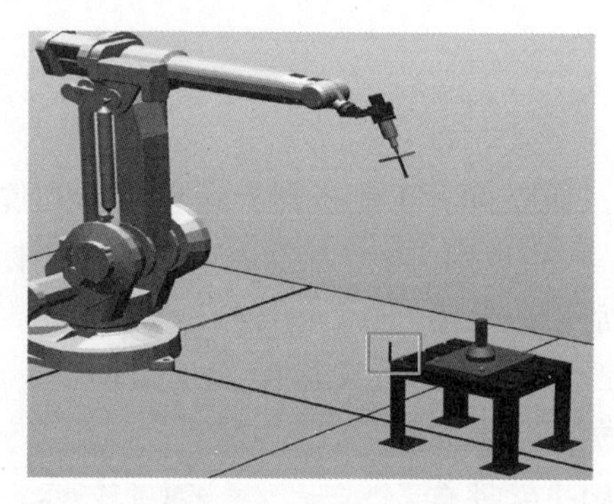

图2-25　工件坐标系

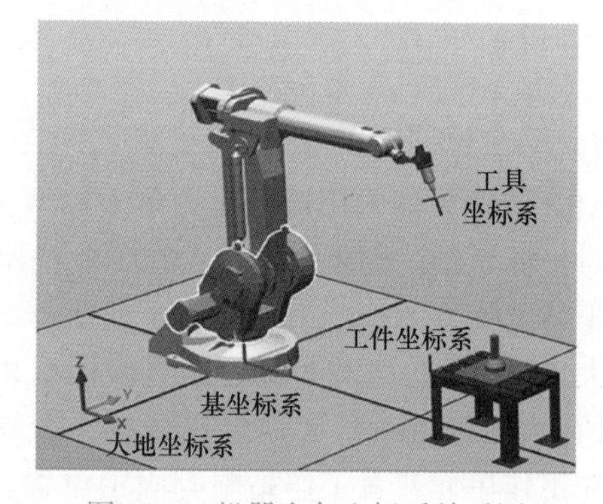

图2-26　机器人各坐标系关系图

2. 线性运动

机器人的线性运动是指TCP在空间中沿坐标轴做线性运动，在手动操纵机器人进行线性运动过程中，可以根据需求选择不同工具对应的坐标系，线性运动具体操作步骤见表2-11。

表 2-11　线性运动具体操作步骤

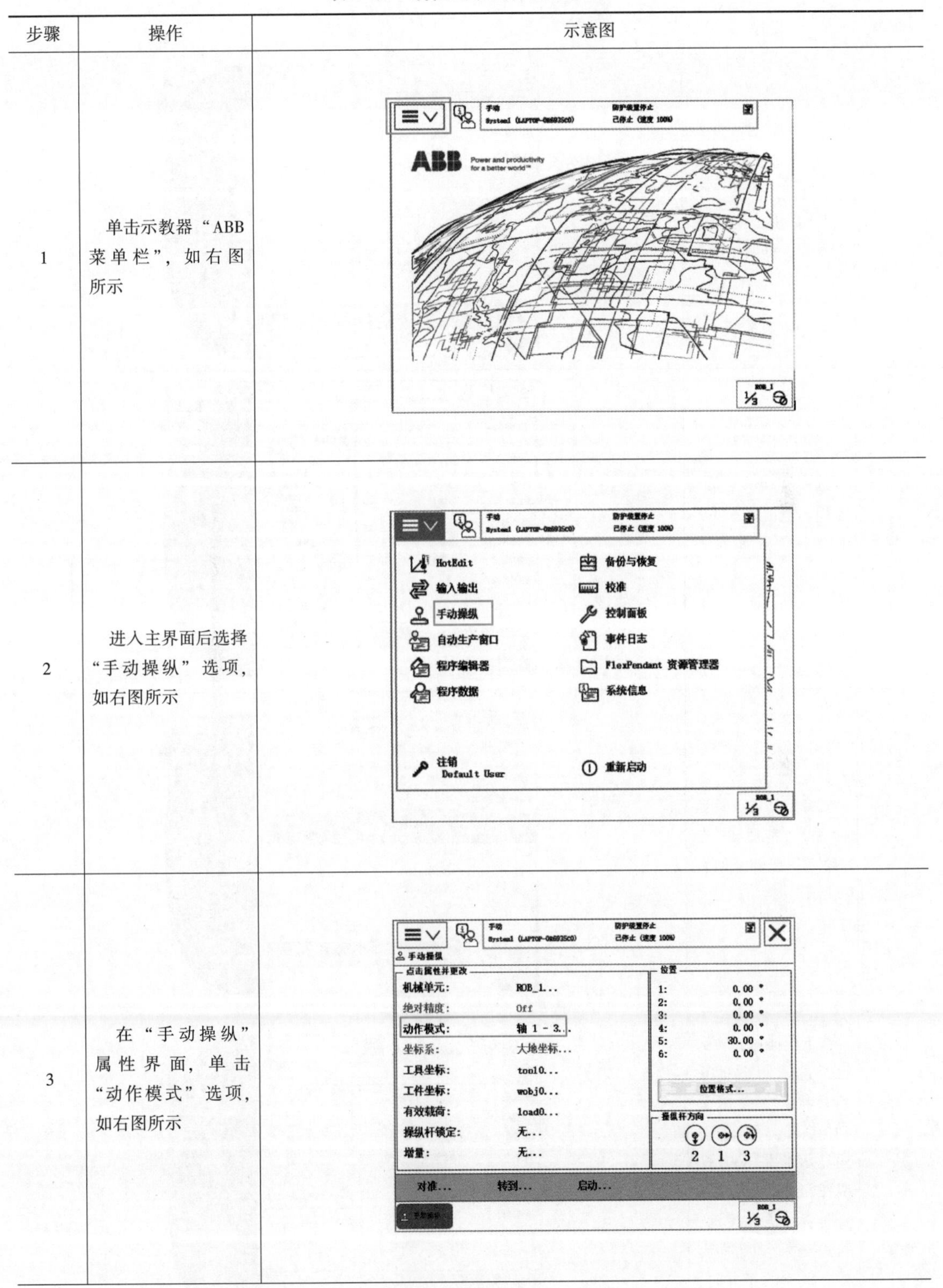

步骤	操作	示意图
1	单击示教器“ABB菜单栏”，如右图所示	
2	进入主界面后选择“手动操纵”选项，如右图所示	
3	在“手动操纵”属性界面，单击“动作模式”选项，如右图所示	

（续）

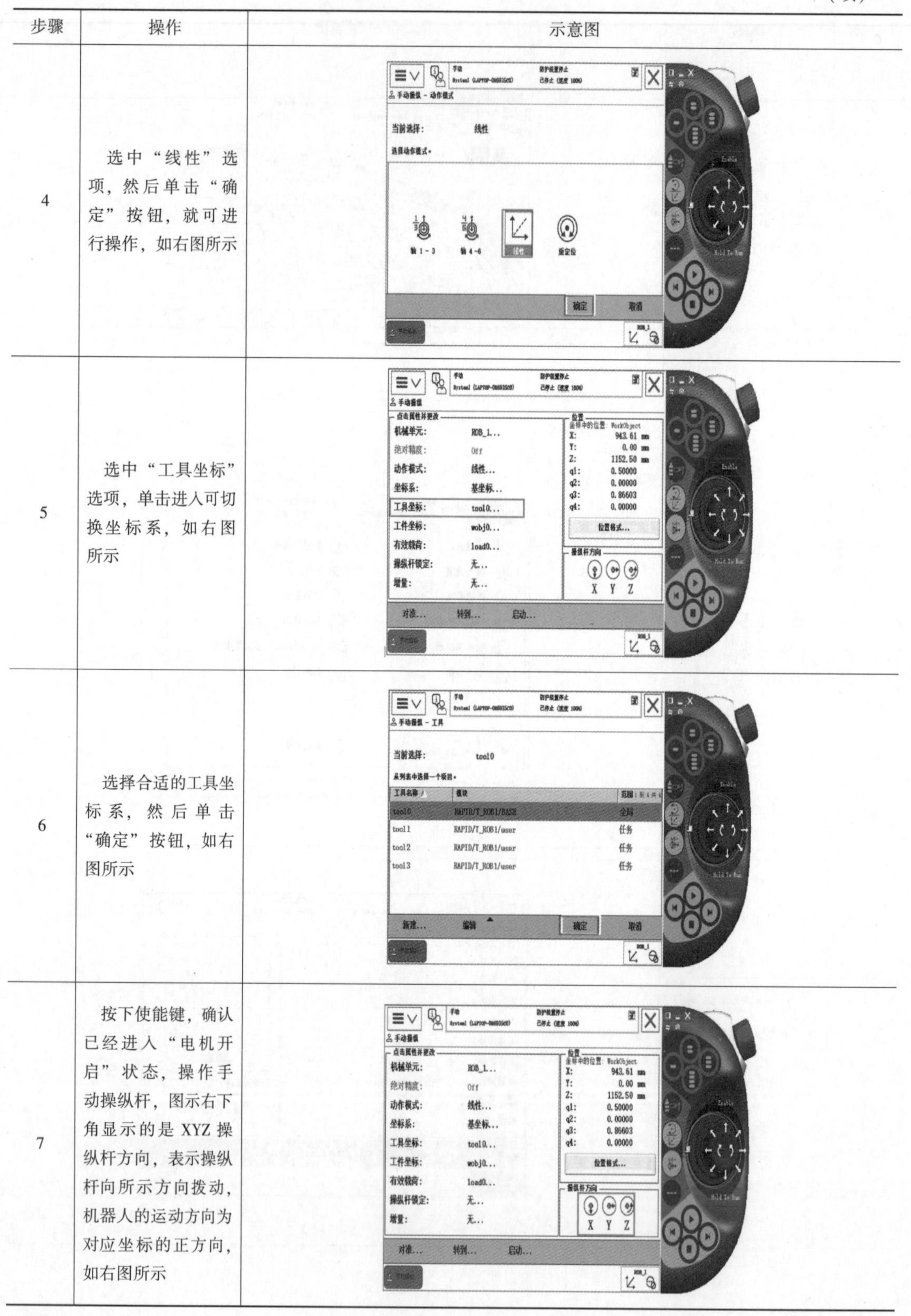

步骤	操作	示意图
4	选中“线性”选项，然后单击“确定”按钮，就可进行操作，如右图所示	
5	选中“工具坐标”选项，单击进入可切换坐标系，如右图所示	
6	选择合适的工具坐标系，然后单击“确定”按钮，如右图所示	
7	按下使能键，确认已经进入“电机开启”状态，操作手动操纵杆，图示右下角显示的是 XYZ 操纵杆方向，表示操纵杆向所示方向拨动，机器人的运动方向为对应坐标的正方向，如右图所示	

3. 重定位运动

通常通过使用重定位运动来完成空间定点的机器人姿态调整，以满足使用需要。同时重定位运动也可用来检验工具数据的准确性（具体操作见2.8小节）。

在手动操纵机器人进行重定位运动过程中，可以根据需求选择不同工具对应的坐标系。在没有选择更改坐标系的情况下，系统默认为工具坐标系 tool0，tool0 为机器人出厂默认的工具坐标系，重定位运动的具体操作步骤见表2-12。

表2-12 重定位运动具体操作步骤

步骤	操作	示意图
1	单击示教器“ABB菜单栏”，如右图所示	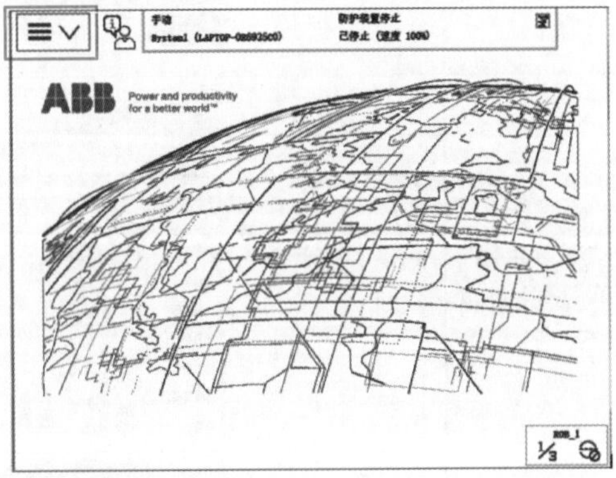
2	进入主界面后选择“手动操纵”选项，如右图所示	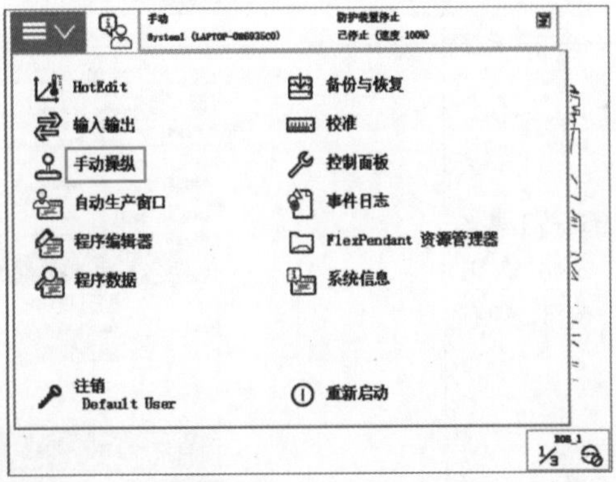
3	在“手动操纵”属性界面，单击“动作模式”选项，如右图所示	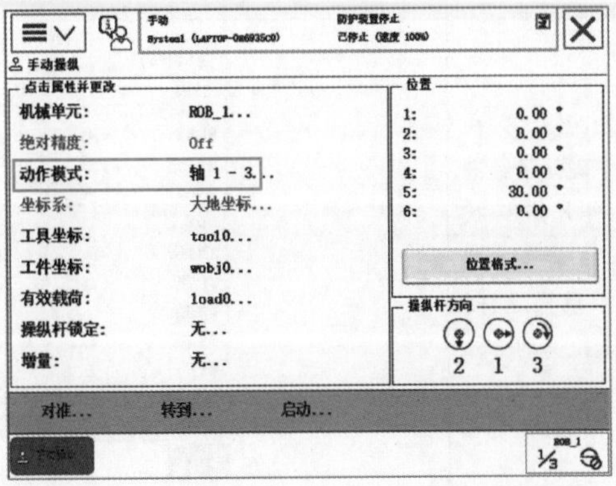

（续）

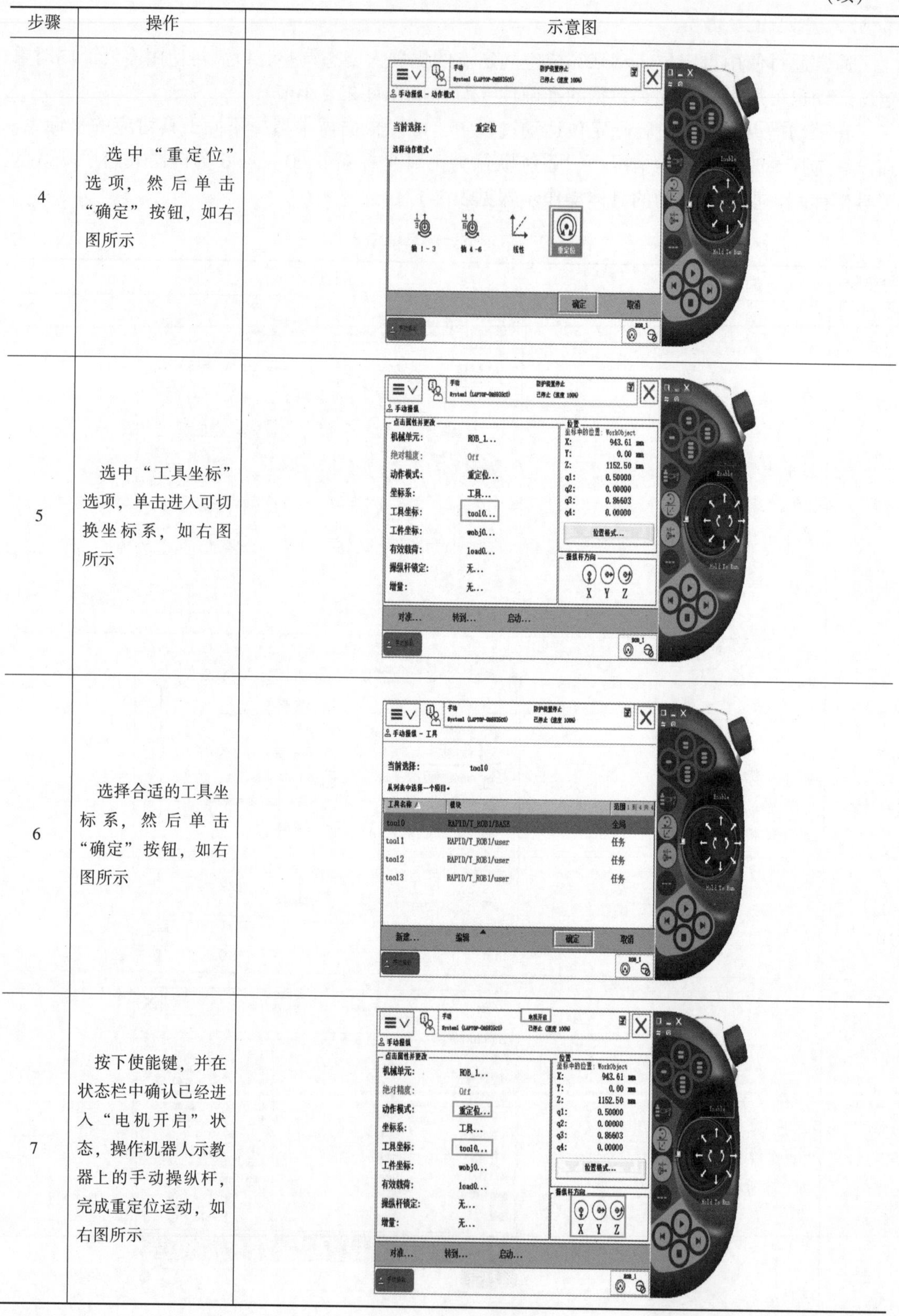

步骤	操作	示意图
4	选中“重定位”选项，然后单击“确定”按钮，如右图所示	
5	选中“工具坐标”选项，单击进入可切换坐标系，如右图所示	
6	选择合适的工具坐标系，然后单击“确定”按钮，如右图所示	
7	按下使能键，并在状态栏中确认已经进入“电机开启”状态，操作机器人示教器上的手动操纵杆，完成重定位运动，如右图所示	

4. 线性运动与重定位运动的快捷切换

ABB工业机器人同样提供了线性运动与重定位运动的快捷切换功能键，其位于示教器右侧的按键区，通过按压键即可实现工业机器人线性运动与重定位运动的快捷切换。

线性运动与重定位运动的快捷切换的具体操作步骤见表2-13。

表2-13　线性运动与重定位运动的快捷切换的具体操作步骤

步骤	操作	示意图
1	按压示教器主界面侧边的“手动运行快捷切换”按钮，此时右下角“手动运行快捷设置菜单”显示为，如右图所示	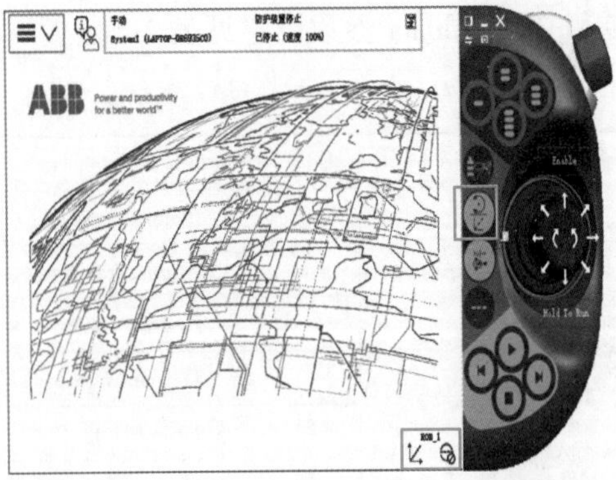 手动 防护装置停止 已停止（速度 100%） ABB Power and productivity for a better world™ Enable Hold To Run ROB_1
2	按压快捷切换按钮，完成快捷切换，此时右下角显示的变为，如右图所示	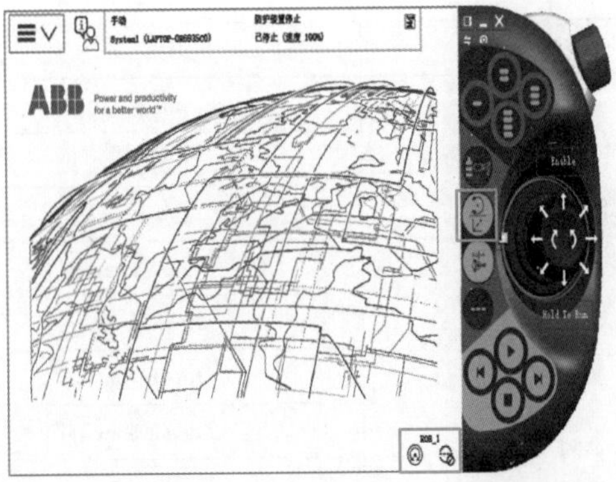 手动 防护装置停止 已停止（速度 100%） ABB Power and productivity for a better world™ Enable Hold To Run ROB_1
3	除了使用快捷按钮之外，还可以通过“手动运行快捷设置菜单”按钮，在手动操纵的“显示详情”中进行选择，完成操纵方式切换，如右图所示	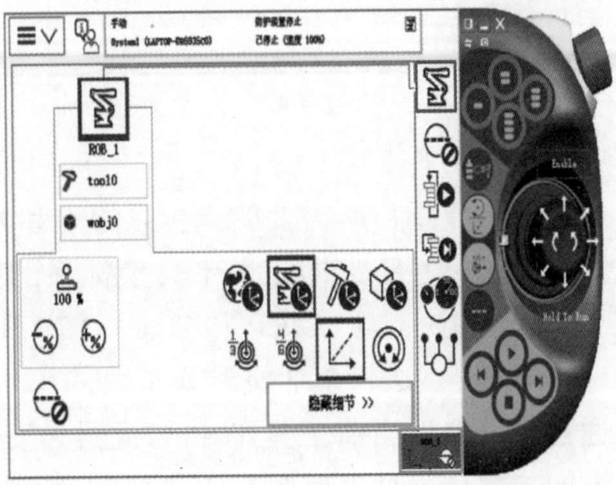 手动 防护装置停止 已停止（速度 100%） ROB_1 tool0 wobj0 100 % 隐藏细节 » Enable Hold To Run

2.8 工具坐标系和工件坐标系定义

2.8.1 工具坐标系定义

工具数据（tooldata）用于描述安装在机器人第6轴上的工具的TCP、质量、重心等参数。不同工具以上参数一般不相同，在使用不同的工具前，应先配置相应的工具数据，工具数据是机器人系统的一个程序数据类型，编辑工具数据可以对相应的工具坐标系进行修改。ABB工业机器人中的tooldata参数设置见表2-14。

表2-14 tooldata参数设置表

名称	参数	单位
工具中心点的笛卡儿坐标系	Tframe. trans. x	mm
	Tframe. trans. y	
	Tframe. trans. z	
工具的框架定义（必要情况下需要）	Tframe. rot. q1	欧拉角
	Tframe. rot. q2	
	Tframe. rot. q3	
	Tframe. rot. q4	
工具质量	tload. mass	kg
工具重心坐标（必要情况下需要）	tload. cog. x	mm
	tload. cog. y	
	tload. cog. z	
力矩轴的方向（必要情况下需要）	tload. aom. q1	欧拉角
	tload. aom. q2	
	tload. aom. q3	
	tload. aom. q4	
工具的转动惯量（必要情况下需要）	tload. ix	$kg \cdot m^2$
	tload. iy	
	tload. iz	

1. 工具坐标系的定义方法

为了让工业机器人以用户所需要的坐标系原点和方向为基准进行运动，用户可以自行定义工具坐标系。工具坐标系定义即定义工具坐标系的中心点TCP及坐标系各轴方向，其设定方法包括*N*（3≤N≤9）点法、TCP和Z法、TCP和Z，X法。具体如下：

（1）*N*（3≤N≤9）点法　工业机器人工具的TCP通过*N*种不同的姿态同参考点接触，得出多组解，通过计算得出当前工具TCP与机器人安装法兰中心点（默认TCP）的相对位置，其坐标系方向与默认工具坐标系（tool0）一致。

（2）TCP和Z法　在*N*点法基础上，增加Z点与参考点的连线为坐标系Z轴的方向，改变了默认工具坐标系的 Z 方向。

（3）TCP 和 Z，X 法　在 *N* 点法基础上，增加 X 点与参考点的连线为坐标系 X 轴的方向，Z 点与参考点的连线为坐标系 Z 轴的方向，改变了默认工具坐标系的 X 方向和 Z 方向。通常设定工具坐标系采用“六点法”，即采用 TCP 和 Z，X 法（$N=4$），其设定方法如下：

1）首先在工业机器人工作范围内找到一个精确的固定点作为参考点。

2）然后在工具上确定一个精确的固定点作为参考点（此点作为工具坐标系的 TCP，最好是工具中心点）。

3）手动操纵机器人，以四种不同的姿态将工具上的参考点尽可能与固定点刚好重合接触。工业机器人前三个点的姿态相差尽量大些，这样有利于提高 TCP 精度。为了获得更准确的 TCP，第四点是将工具的参考点垂直于固定点，第五点是工具参考点从固定点向将要设定为 TCP 的 X 方向移动，第六点是工具参考点从固定点向将要设定为 TCP 的 Z 方向移动。

4）工业机器人可以通过几个位置点的位置数据确定工具坐标系 TCP 的位置和坐标系的方向数据，然后将工具坐标系的这些数据保存在数据类型为 tooldata 的程序数据中，被程序调用。

注意：如果通过一次示教所获得的工具坐标系参数未能达到使用要求精度，可多次对同一修改点进行示教并保存，直至工具坐标系参数能够满足要求为止。

2. 工具坐标系的建立及校准

工具坐标系的建立及校准具体操作步骤见表 2-15。

表 2-15　工具坐标系建立及校准具体操作步骤

步骤	操作	示意图
1	单击示教器左上角的“主菜单”，如右图所示	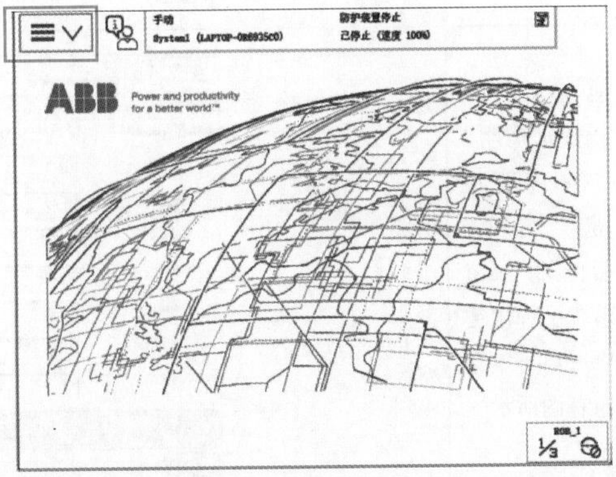
2	单击“手动操纵”选项，即可进入“手动操纵”界面，如右图所示	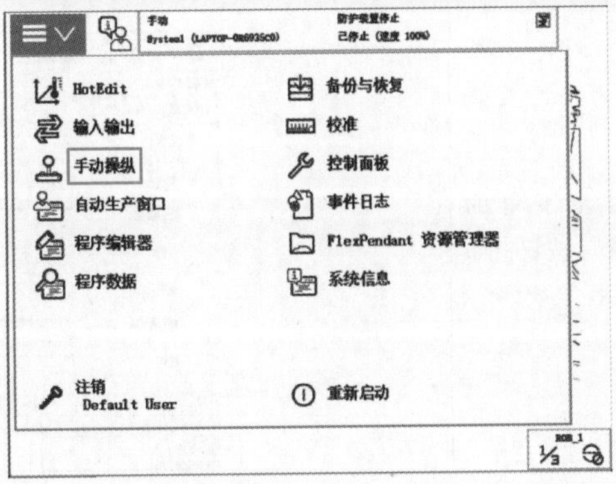

（续）

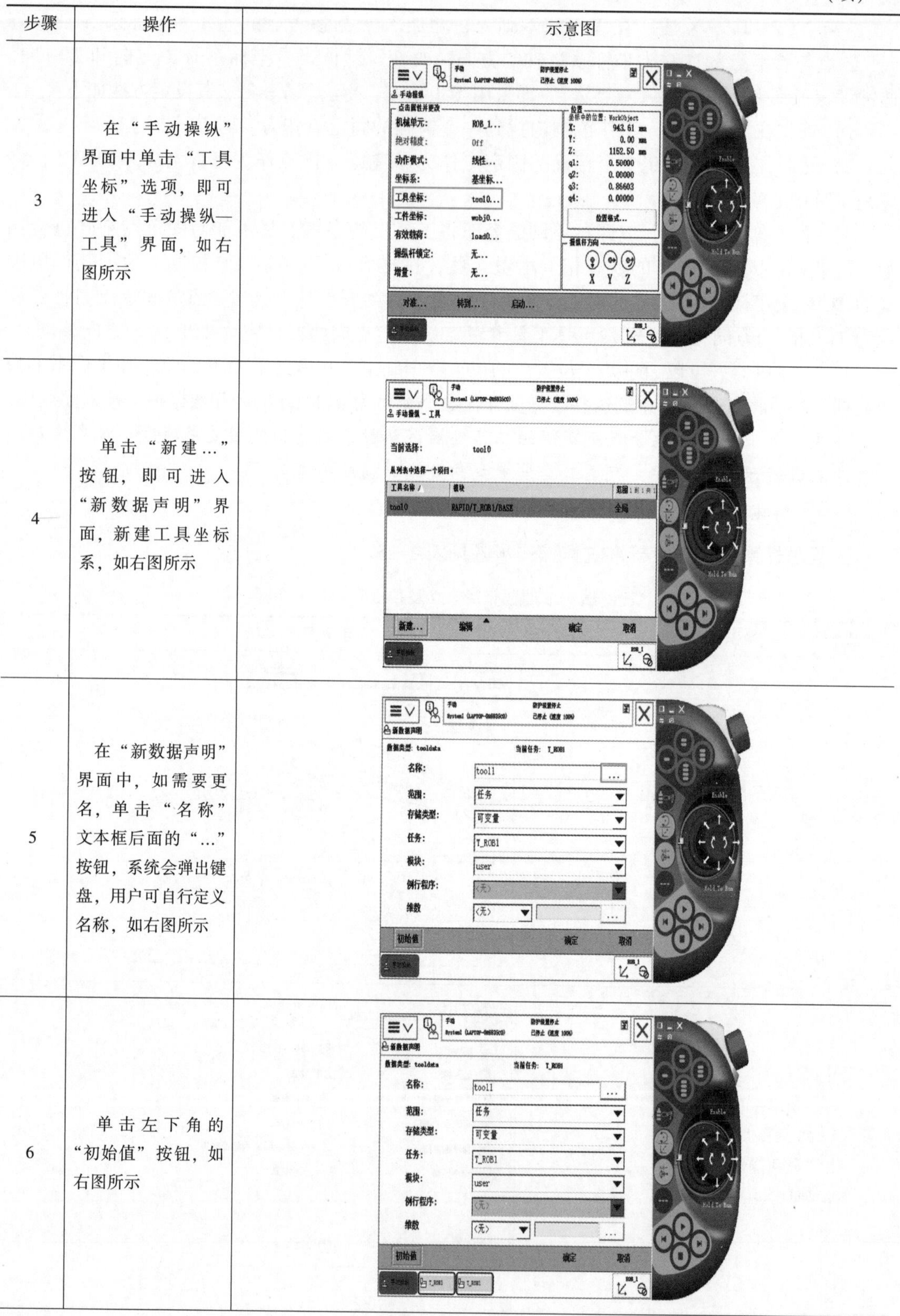

步骤	操作	示意图
3	在“手动操纵”界面中单击“工具坐标”选项，即可进入“手动操纵—工具”界面，如右图所示	
4	单击“新建...”按钮，即可进入“新数据声明”界面，新建工具坐标系，如右图所示	
5	在“新数据声明”界面中，如需要更名，单击“名称”文本框后面的“...”按钮，系统会弹出键盘，用户可自行定义名称，如右图所示	
6	单击左下角的“初始值”按钮，如右图所示	

（续）

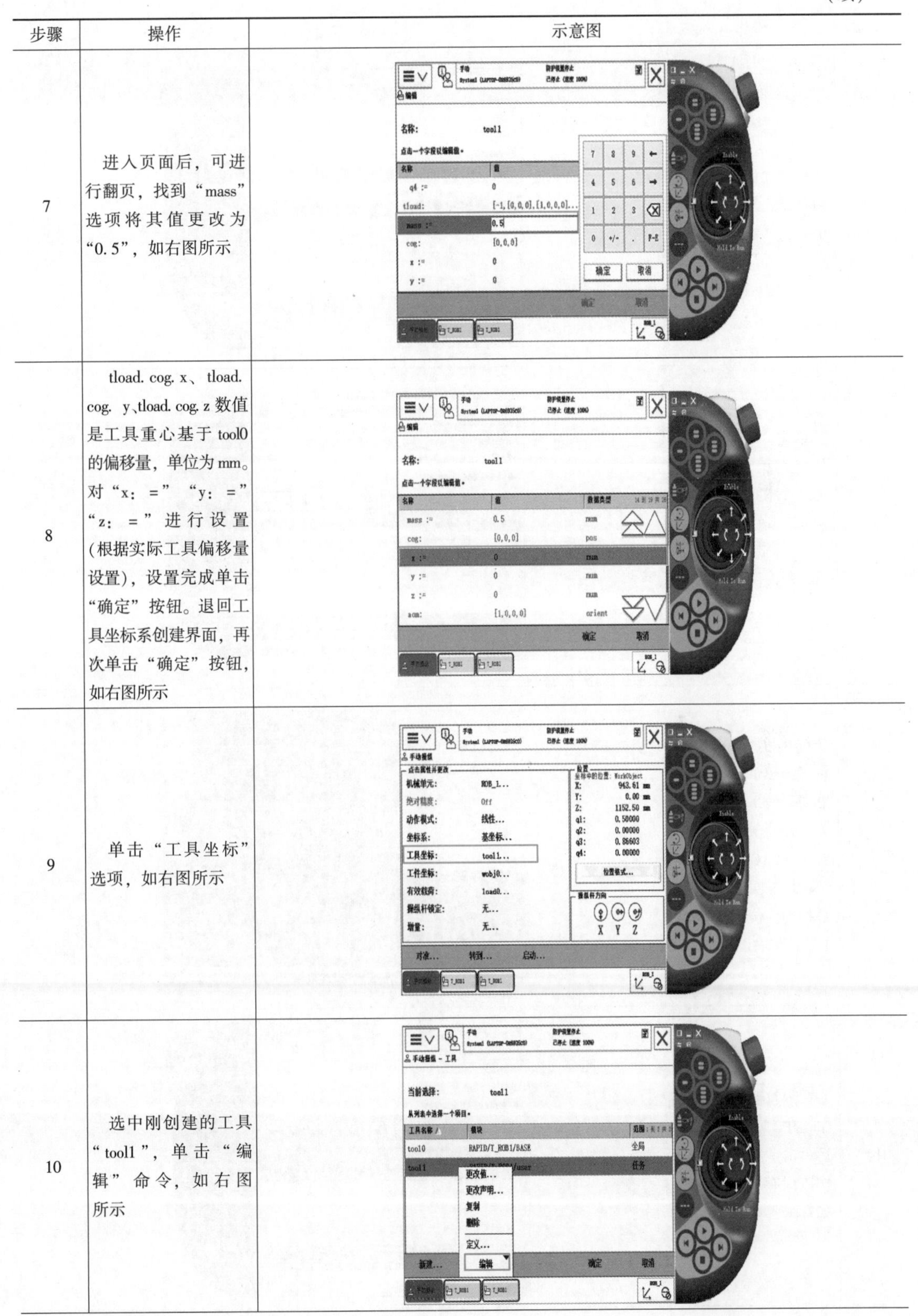

步骤	操作	示意图
7	进入页面后，可进行翻页，找到“mass”选项将其值更改为“0.5”，如右图所示	
8	tload.cog.x、tload.cog.y、tload.cog.z数值是工具重心基于tool0的偏移量，单位为mm。对“x：=”“y：=”“z：=”进行设置（根据实际工具偏移量设置），设置完成单击“确定”按钮。退回工具坐标系创建界面，再次单击“确定”按钮，如右图所示	
9	单击“工具坐标”选项，如右图所示	
10	选中刚创建的工具“tool1”，单击“编辑”命令，如右图所示	

(续)

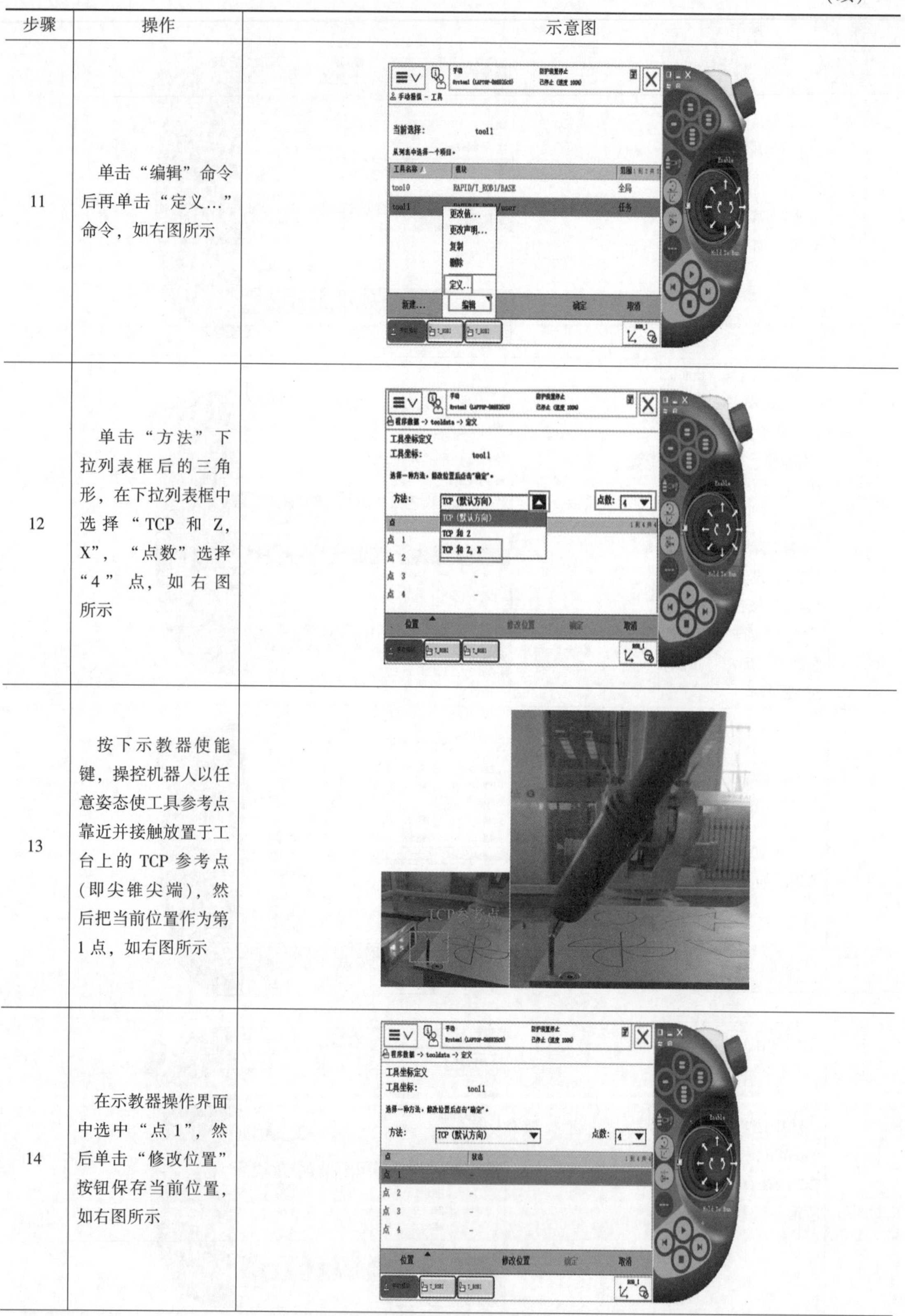

步骤	操作	示意图
11	单击“编辑”命令后再单击“定义...”命令，如右图所示	
12	单击“方法”下拉列表框后的三角形，在下拉列表框中选择“TCP 和 Z, X”，“点数”选择“4”点，如右图所示	
13	按下示教器使能键，操控机器人以任意姿态使工具参考点靠近并接触放置于工台上的 TCP 参考点（即尖锥尖端），然后把当前位置作为第 1 点，如右图所示	
14	在示教器操作界面中选中“点 1”，然后单击“修改位置”按钮保存当前位置，如右图所示	

（续）

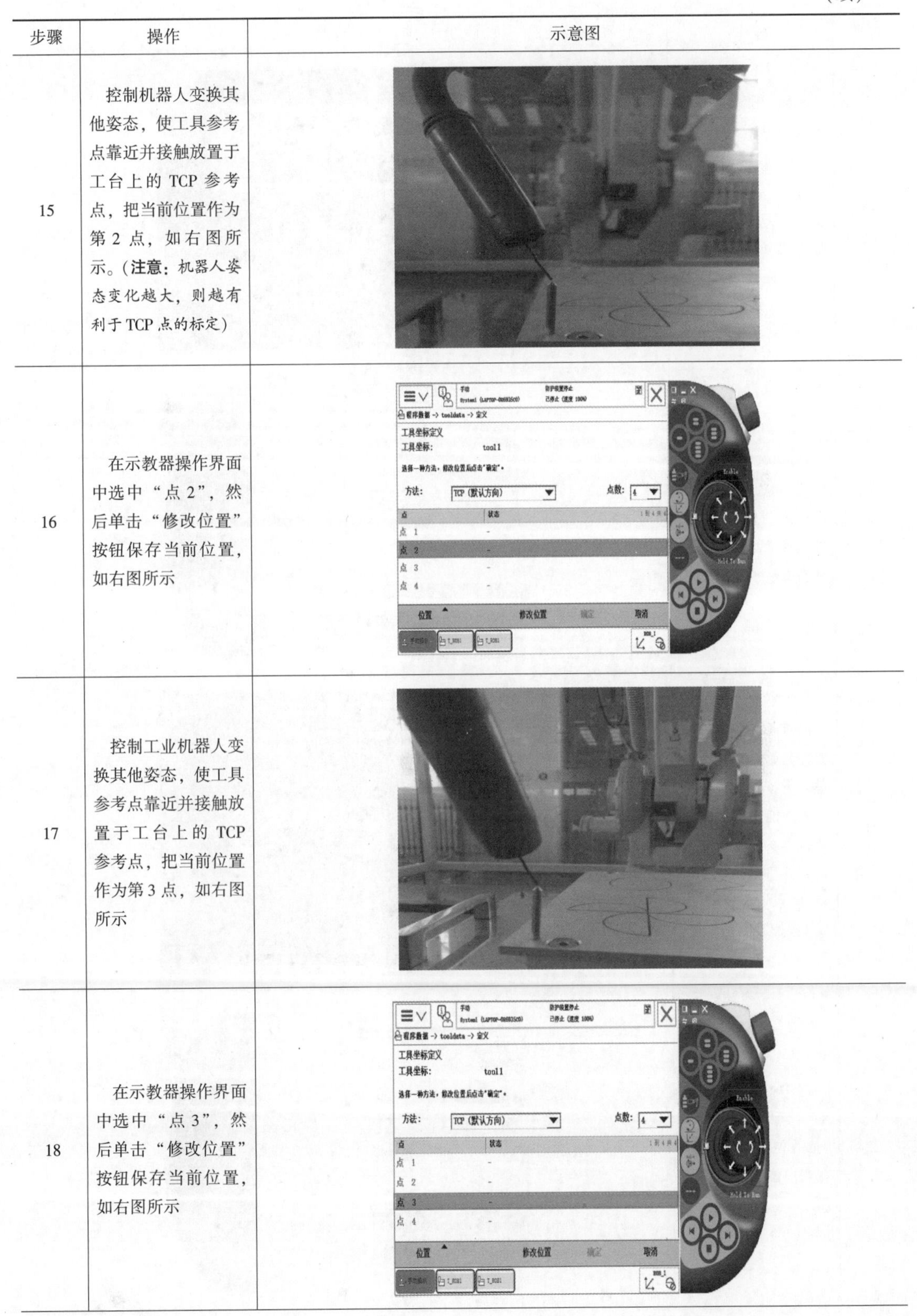

步骤	操作	示意图
15	控制机器人变换其他姿态，使工具参考点靠近并接触放置于工台上的 TCP 参考点，把当前位置作为第 2 点，如右图所示。（**注意：**机器人姿态变化越大，则越有利于 TCP 点的标定）	
16	在示教器操作界面中选中“点 2”，然后单击“修改位置”按钮保存当前位置，如右图所示	
17	控制工业机器人变换其他姿态，使工具参考点靠近并接触放置于工台上的 TCP 参考点，把当前位置作为第 3 点，如右图所示	
18	在示教器操作界面中选中“点 3”，然后单击“修改位置”按钮保存当前位置，如右图所示	

（续）

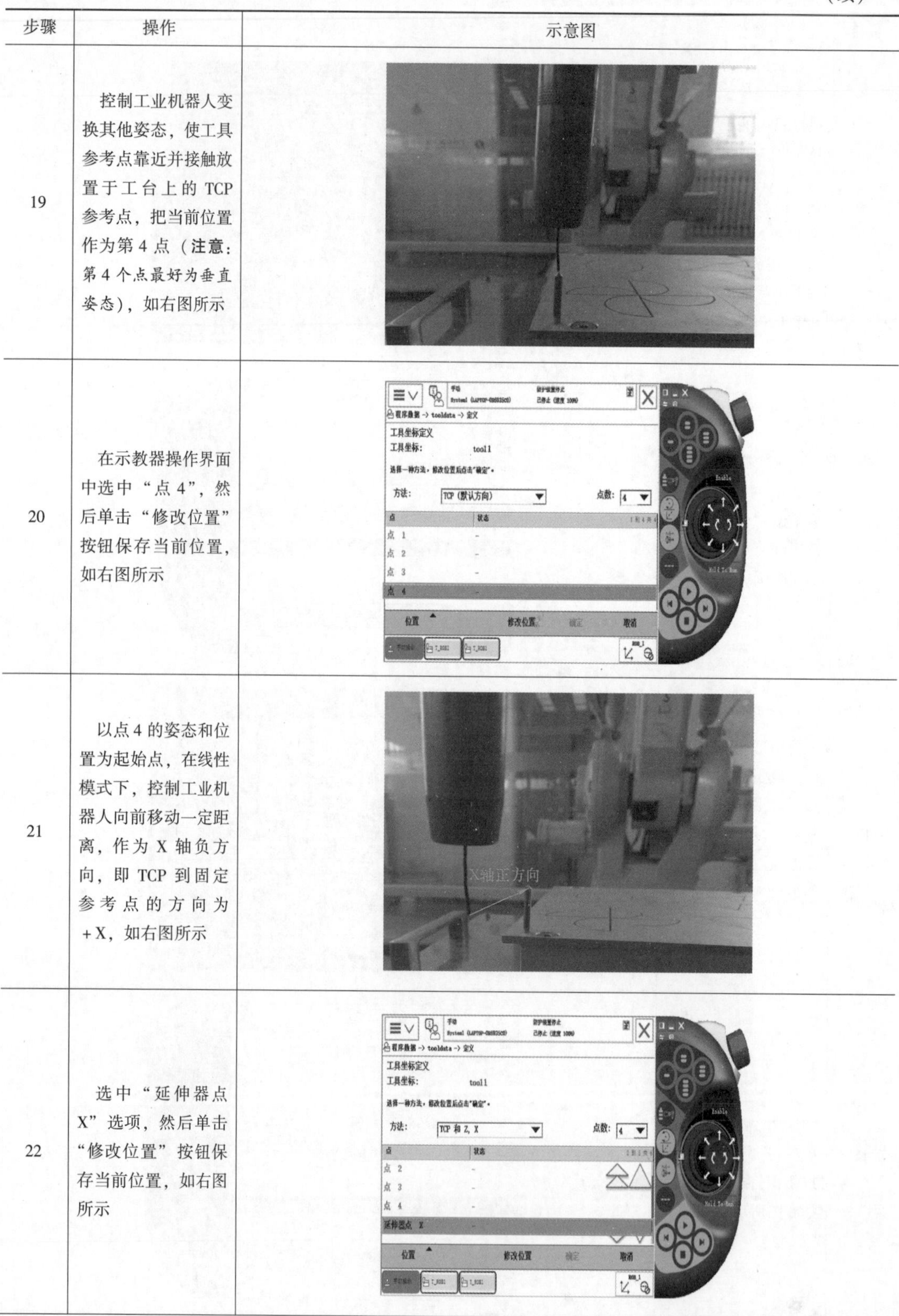

步骤	操作	示意图
19	控制工业机器人变换其他姿态，使工具参考点靠近并接触放置于工台上的 TCP 参考点，把当前位置作为第 4 点（**注意：第 4 个点最好为垂直姿态**），如右图所示	
20	在示教器操作界面中选中“点 4”，然后单击“修改位置”按钮保存当前位置，如右图所示	
21	以点 4 的姿态和位置为起始点，在线性模式下，控制工业机器人向前移动一定距离，作为 X 轴负方向，即 TCP 到固定参考点的方向为 +X，如右图所示	
22	选中“延伸器点 X”选项，然后单击“修改位置”按钮保存当前位置，如右图所示	

（续）

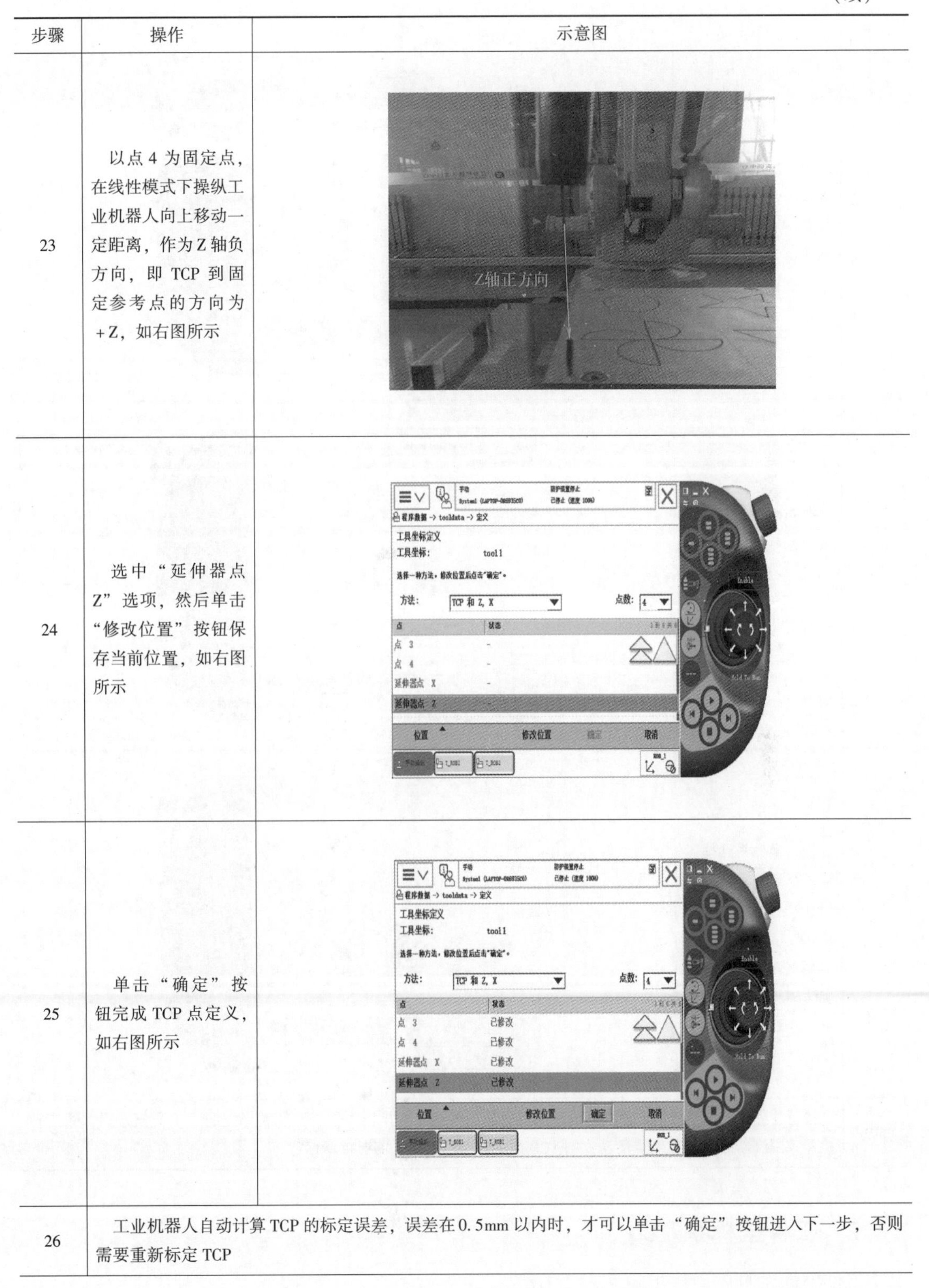

步骤	操作	示意图
23	以点4为固定点，在线性模式下操纵工业机器人向上移动一定距离，作为Z轴负方向，即TCP到固定参考点的方向为+Z，如右图所示	
24	选中“延伸器点Z”选项，然后单击“修改位置”按钮保存当前位置，如右图所示	
25	单击“确定”按钮完成TCP点定义，如右图所示	
26	工业机器人自动计算TCP的标定误差，误差在0.5mm以内时，才可以单击“确定”按钮进入下一步，否则需要重新标定TCP	

（续）

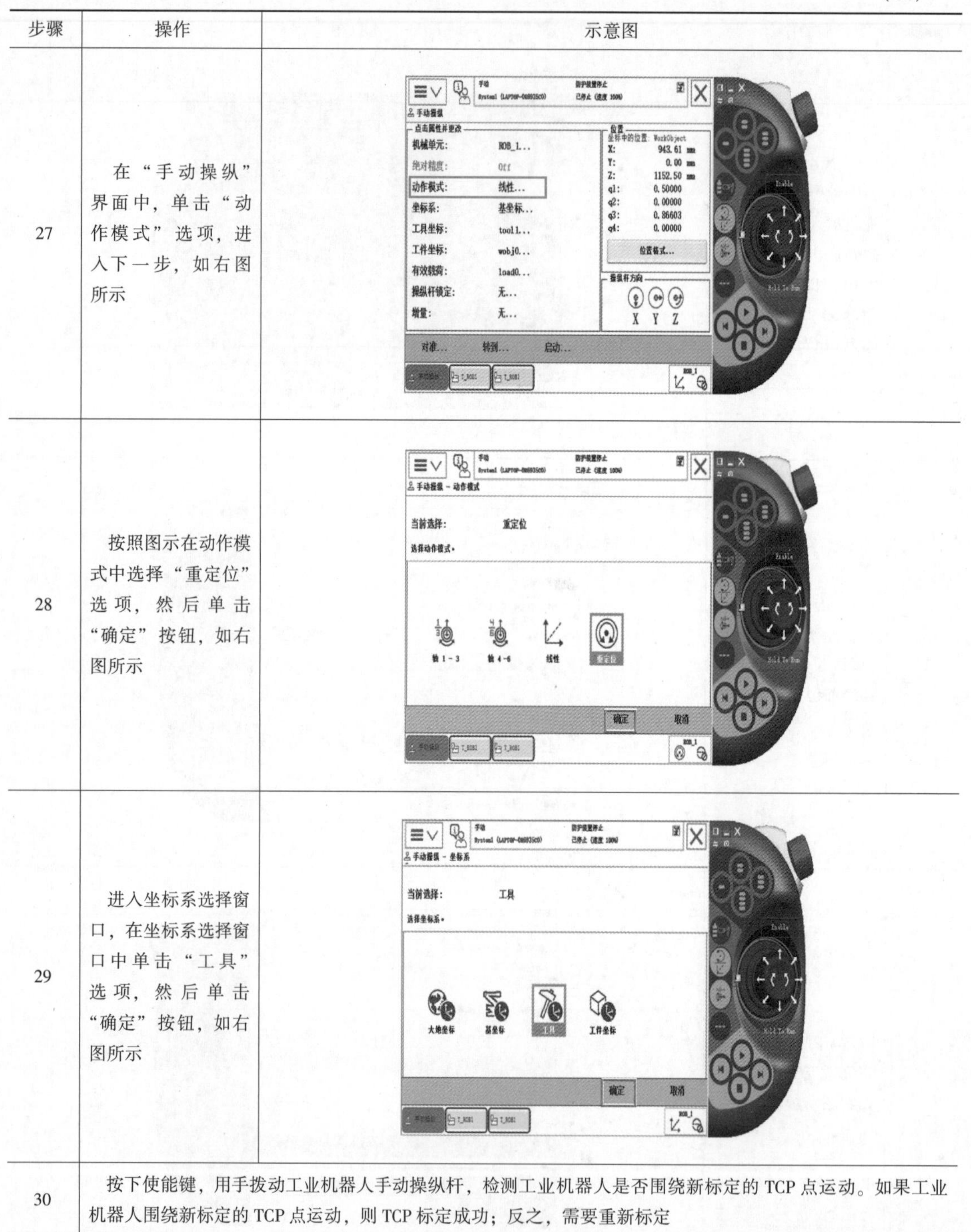

步骤	操作	示意图
27	在“手动操纵”界面中，单击“动作模式”选项，进入下一步，如右图所示	
28	按照图示在动作模式中选择“重定位”选项，然后单击“确定”按钮，如右图所示	
29	进入坐标系选择窗口，在坐标系选择窗口中单击“工具”选项，然后单击“确定”按钮，如右图所示	
30	按下使能键，用手拨动工业机器人手动操纵杆，检测工业机器人是否围绕新标定的 TCP 点运动。如果工业机器人围绕新标定的 TCP 点运动，则 TCP 标定成功；反之，需要重新标定	

2.8.2 工件坐标系定义

工件坐标系具体创建步骤见表 2-16。

表 2-16　工件坐标系具体创建步骤

步骤	操作	示意图
1	单击示教器左上角的“主菜单”，如右图所示	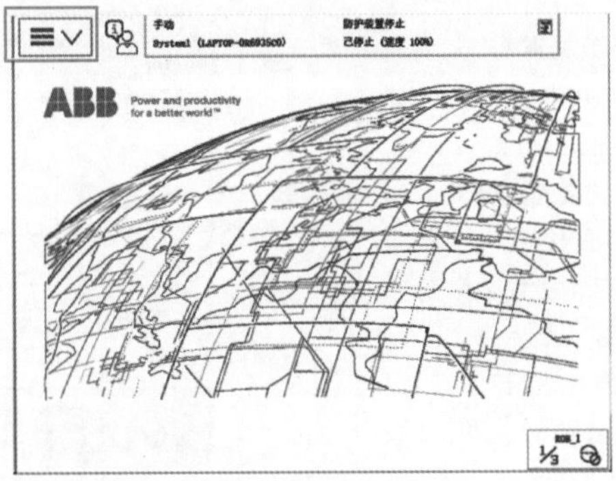
2	单击“手动操纵”选项，即可进入“手动操纵”界面，如右图所示	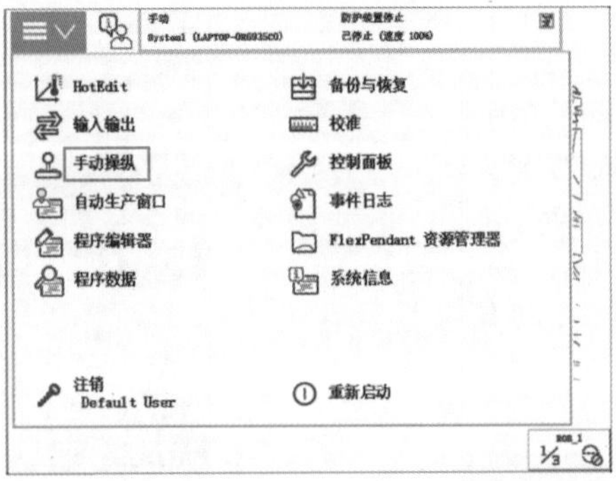
3	在“手动操纵”界面中单击“工件坐标”选项，即可进入“手动操纵—工件”界面，如右图所示	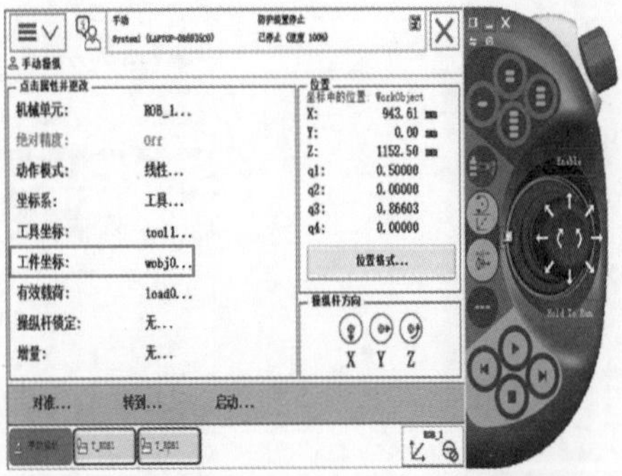
4	单击“新建...”按钮，即可进入“新数据声明”界面，新建工件坐标系，如右图所示	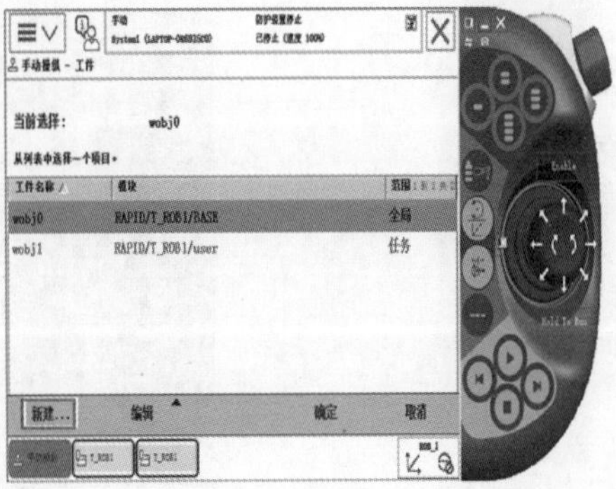

（续）

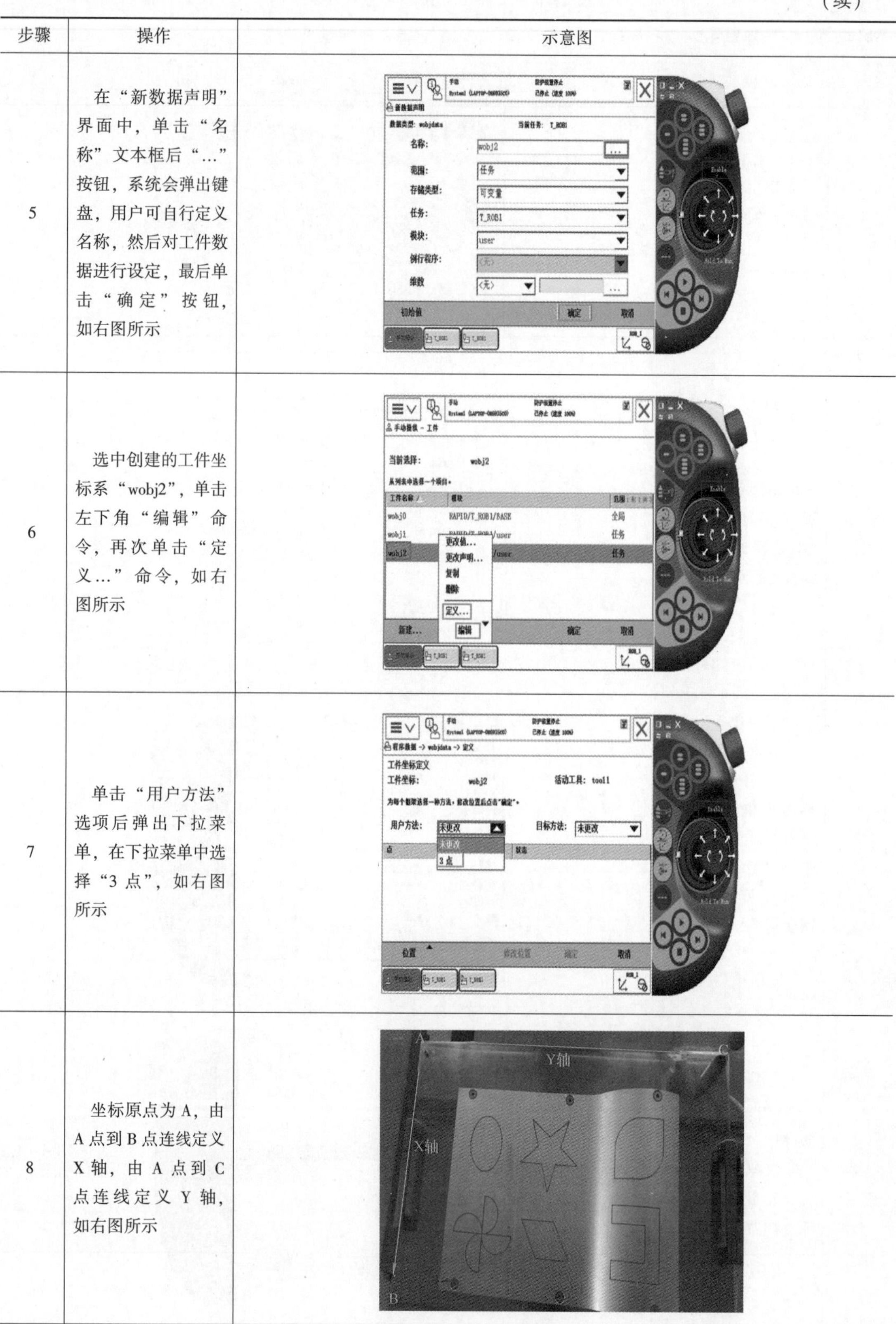

步骤	操作	示意图
5	在“新数据声明”界面中，单击“名称”文本框后“...”按钮，系统会弹出键盘，用户可自行定义名称，然后对工件数据进行设定，最后单击“确定”按钮，如右图所示	
6	选中创建的工件坐标系“wobj2”，单击左下角“编辑”命令，再次单击“定义...”命令，如右图所示	
7	单击“用户方法”选项后弹出下拉菜单，在下拉菜单中选择“3 点”，如右图所示	
8	坐标原点为 A，由 A 点到 B 点连线定义 X 轴，由 A 点到 C 点连线定义 Y 轴，如右图所示	

（续）

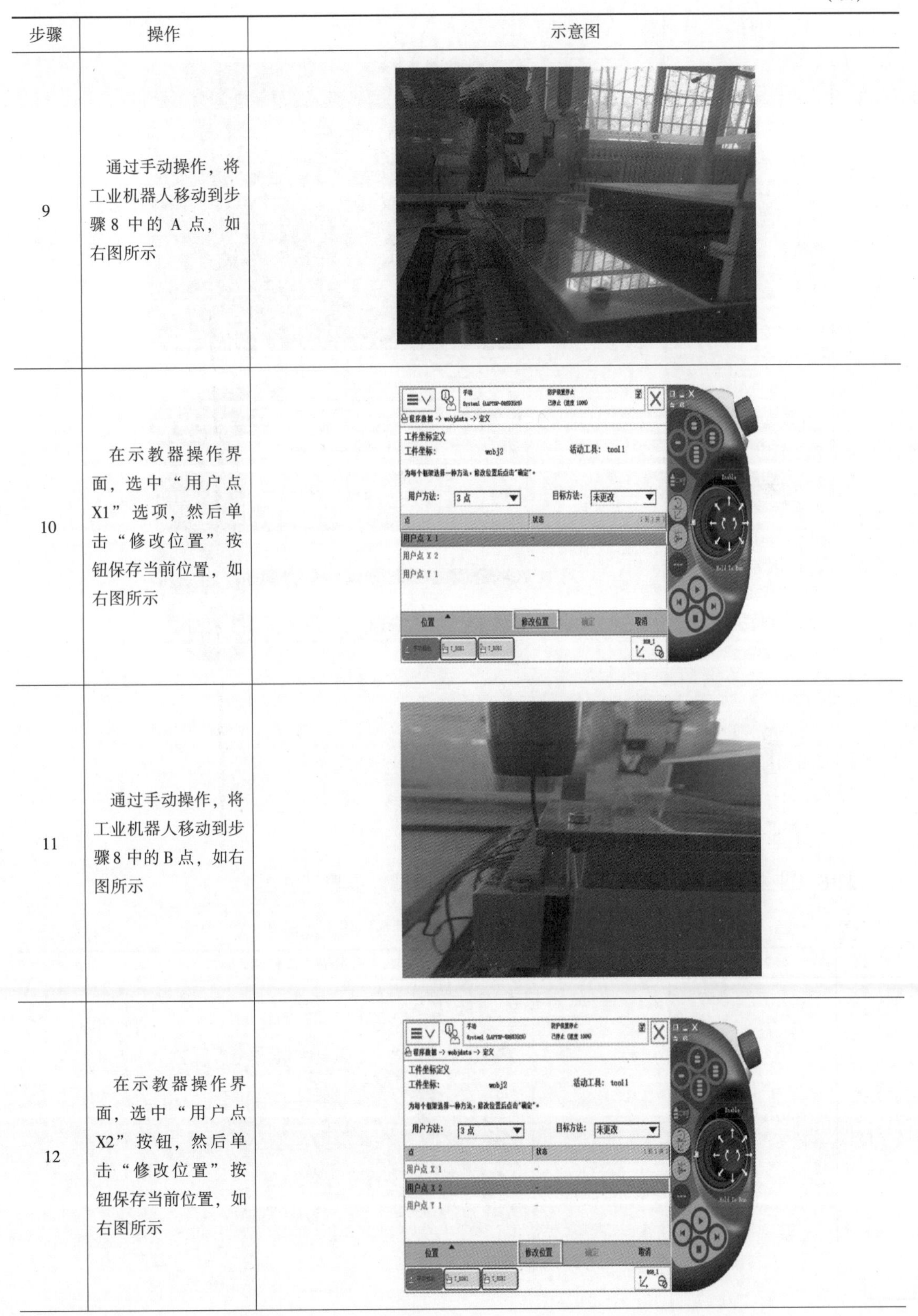

步骤	操作	示意图
9	通过手动操作，将工业机器人移动到步骤 8 中的 A 点，如右图所示	
10	在示教器操作界面，选中“用户点 X1”选项，然后单击“修改位置”按钮保存当前位置，如右图所示	
11	通过手动操作，将工业机器人移动到步骤 8 中的 B 点，如右图所示	
12	在示教器操作界面，选中“用户点 X2”按钮，然后单击“修改位置”按钮保存当前位置，如右图所示	

（续）

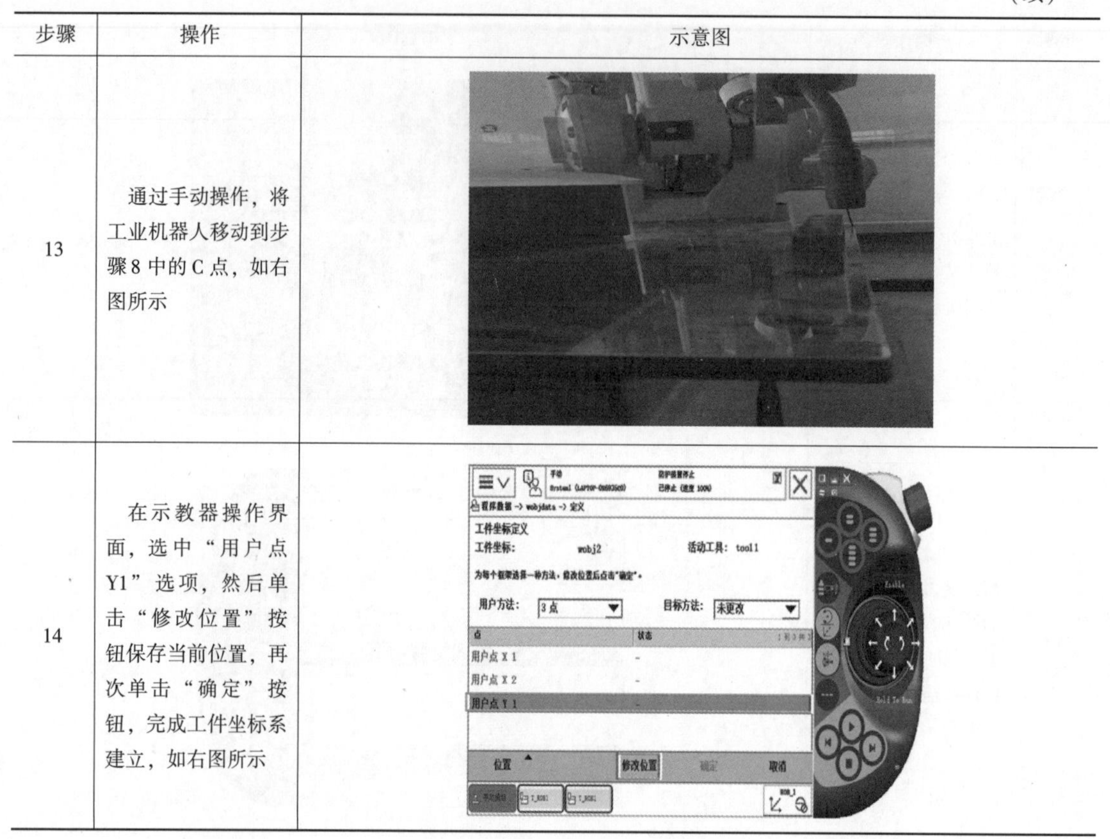

步骤	操作	示意图
13	通过手动操作，将工业机器人移动到步骤8中的C点，如右图所示	
14	在示教器操作界面，选中“用户点Y1”选项，然后单击“修改位置”按钮保存当前位置，再次单击“确定”按钮，完成工件坐标系建立，如右图所示	

2.9 工业机器人其他常用操作

2.9.1 工业机器人设置系统时间

ABB工业机器人可对系统时间进行设置，具体设置步骤见表2-17。

表2-17 工业机器人系统时间具体设置步骤

步骤	操作	示意图
1	单击示教器“ABB菜单栏”，如右图所示	

（续）

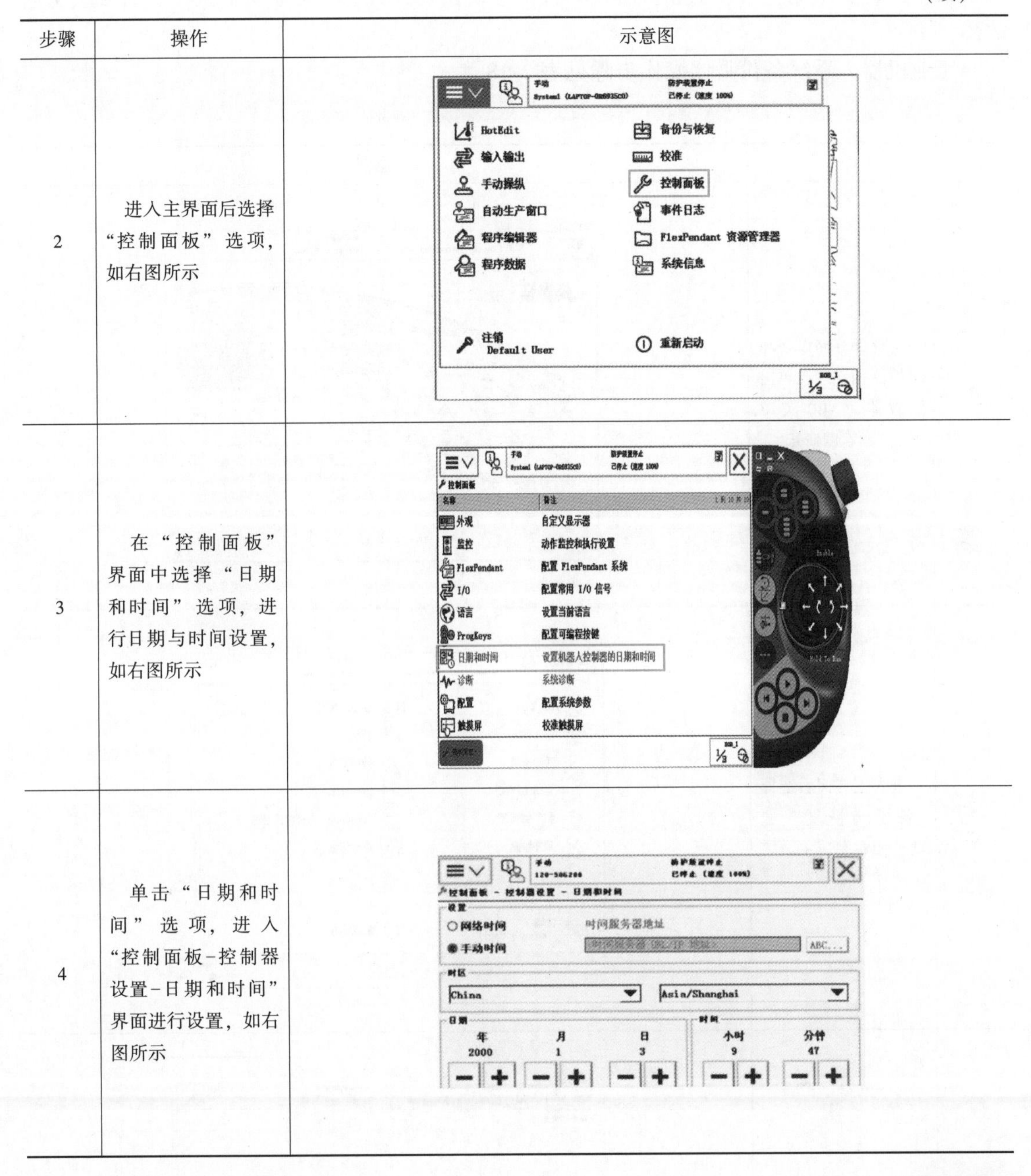

步骤	操作	示意图
2	进入主界面后选择“控制面板”选项，如右图所示	
3	在“控制面板”界面中选择“日期和时间”选项，进行日期与时间设置，如右图所示	
4	单击“日期和时间”选项，进入“控制面板-控制器设置-日期和时间”界面进行设置，如右图所示	

2.9.2　工业机器人系统备份与恢复

工业机器人系统备份与恢复

1. 工业机器人系统备份

为了避免操作人员对工业机器人系统文件误删除所引起的故障，通常在操作前应先备份当前工业机器人系统。当工业机器人系统无法重启时，可以通过恢复工业机器人系统的备份文件来解决。工业机器人系统备份包含系统参数和所有存储在运行内存中的RAPID程序。工业机器人系统备份具有唯一性，即备份系统、恢复系统只能在同一个工业机器人中进行，不能将一个工业机器人的备份系统恢复到另一个工业机器人中，否则会引起故障。

工业机器人系统备份具体操作步骤见表2-18。

表2-18　工业机器人系统备份具体操作步骤

步骤	操作	示意图
1	将外部存储设备与示教器相连接，单击示教器“ABB菜单栏”，如右图所示	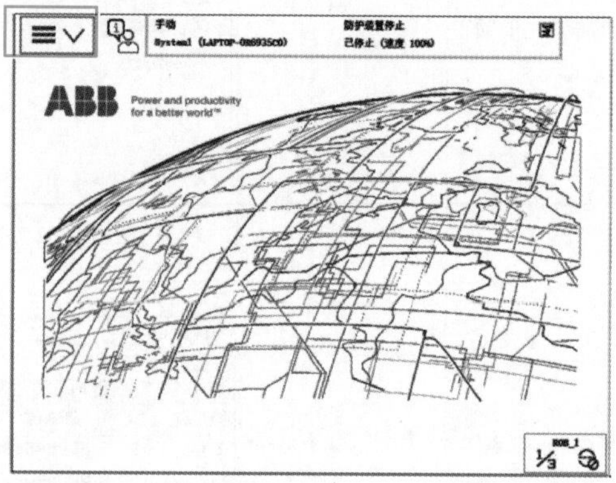
2	进入主界面后选择“备份与恢复”选项，如右图所示	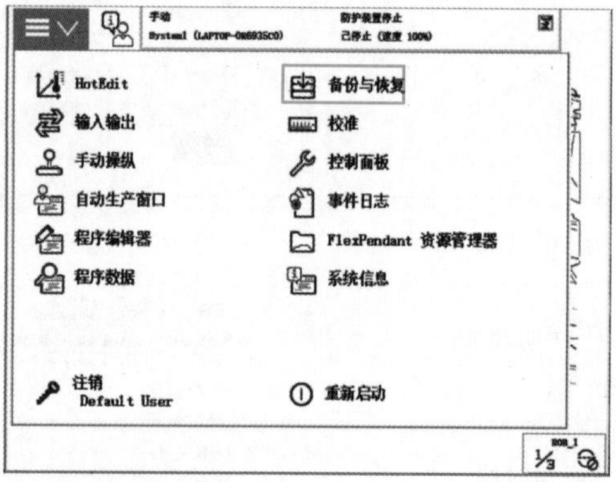
3	单击“备份当前系统…”选项，如右图所示	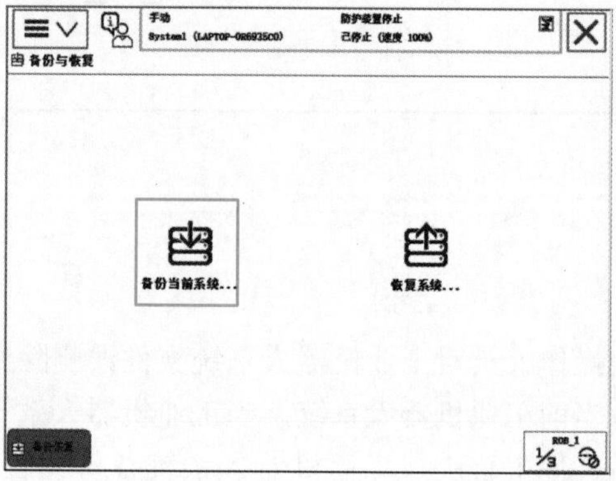

（续）

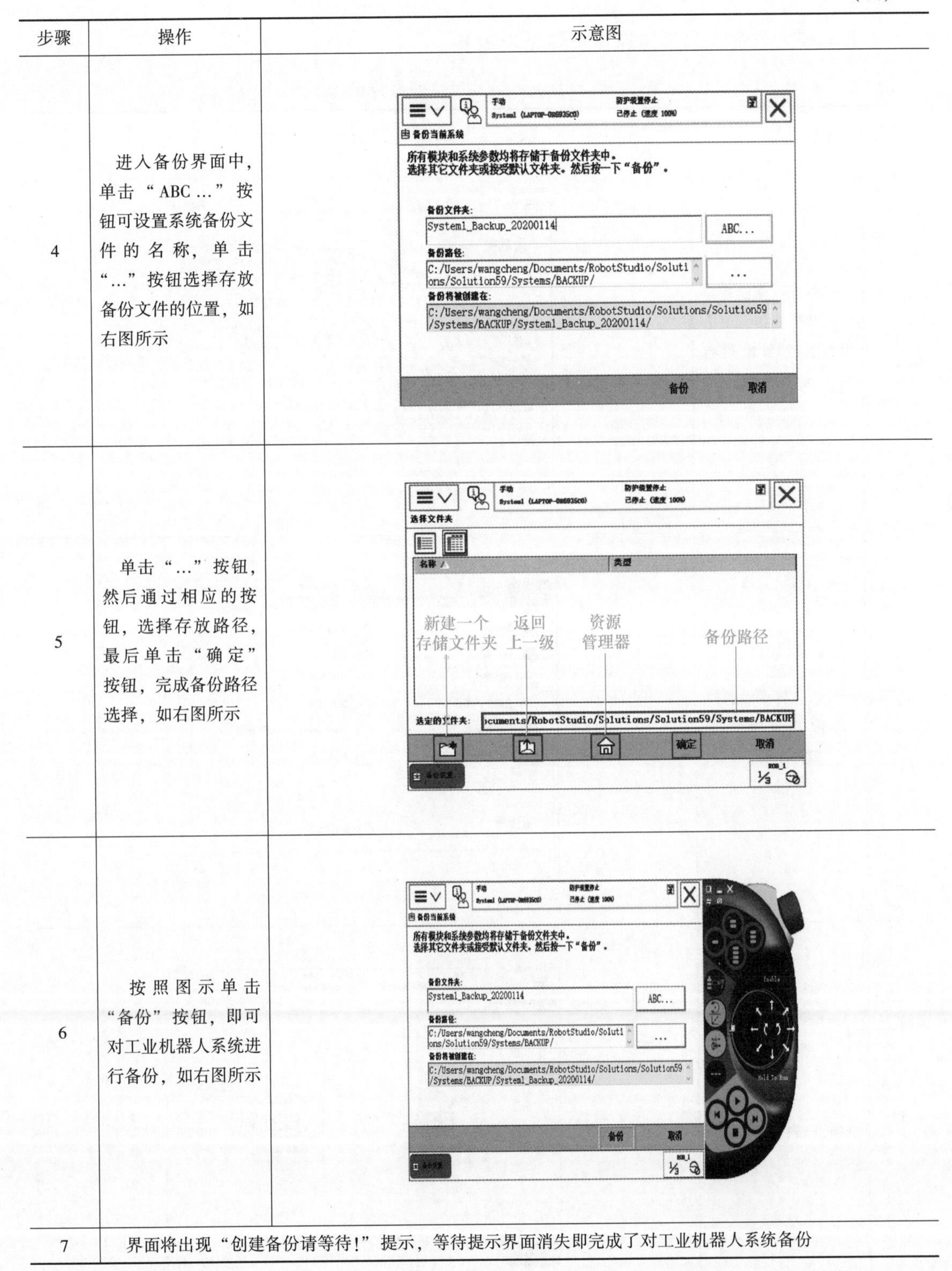

步骤	操作	示意图
4	进入备份界面中，单击“ABC ...”按钮可设置系统备份文件的名称，单击“...”按钮选择存放备份文件的位置，如右图所示	
5	单击“...”按钮，然后通过相应的按钮，选择存放路径，最后单击“确定”按钮，完成备份路径选择，如右图所示	
6	按照图示单击“备份”按钮，即可对工业机器人系统进行备份，如右图所示	
7	界面将出现“创建备份请等待！”提示，等待提示界面消失即完成了对工业机器人系统备份	

2. 工业机器人系统恢复

工业机器人系统恢复具体操作步骤见表2-19。

表2-19 工业机器人系统恢复具体操作步骤

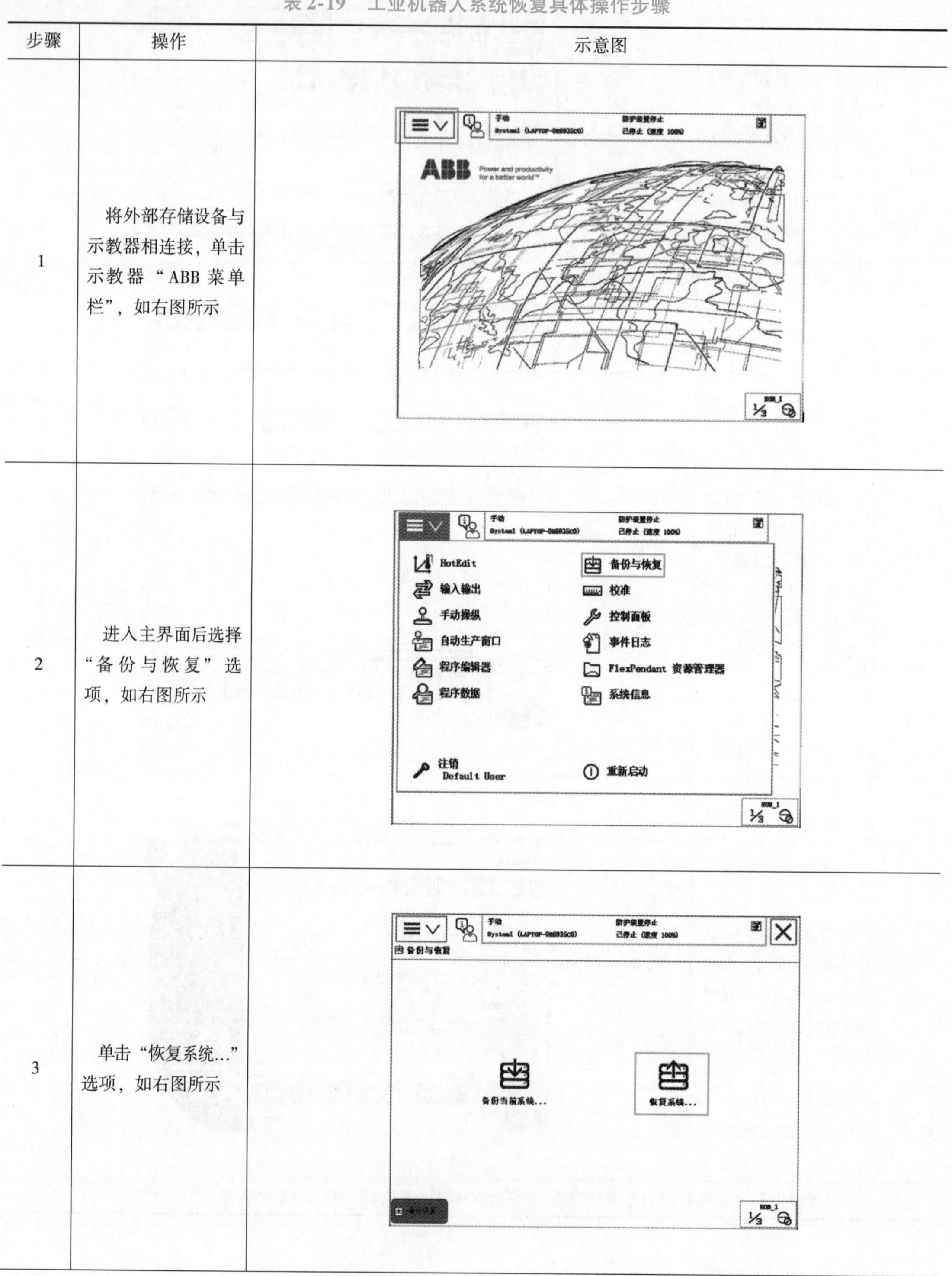

步骤	操作	示意图
1	将外部存储设备与示教器相连接，单击示教器“ABB菜单栏”，如右图所示	
2	进入主界面后选择“备份与恢复”选项，如右图所示	
3	单击“恢复系统...”选项，如右图所示	

（续）

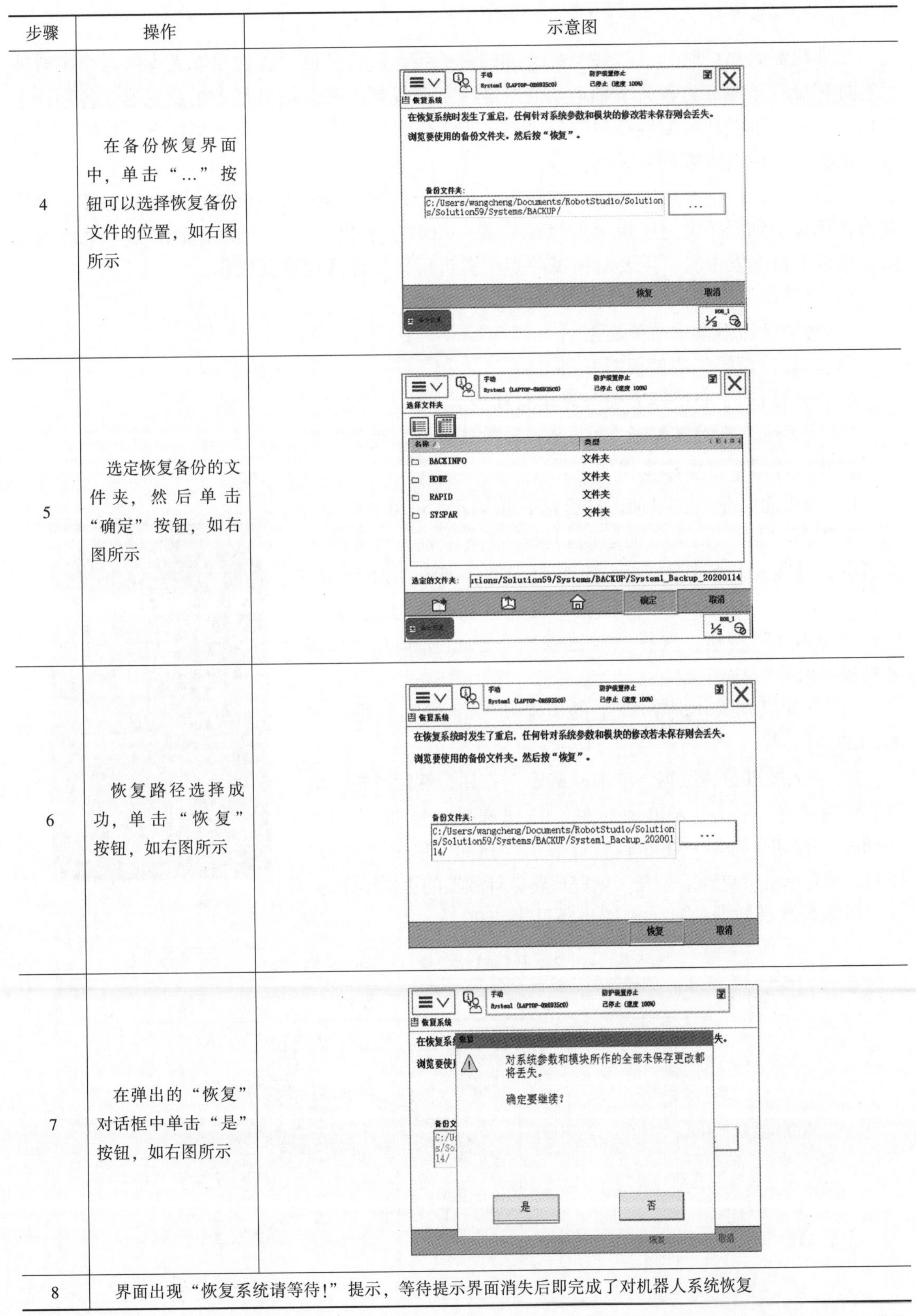

步骤	操作	示意图
4	在备份恢复界面中，单击“...”按钮可以选择恢复备份文件的位置，如右图所示	
5	选定恢复备份的文件夹，然后单击“确定”按钮，如右图所示	
6	恢复路径选择成功，单击“恢复”按钮，如右图所示	
7	在弹出的“恢复”对话框中单击“是”按钮，如右图所示	
8	界面出现“恢复系统请等待！”提示，等待提示界面消失后即完成了对机器人系统恢复	

2.9.3 工业机器人转数计数器更新

工业机器人出厂时，已对各个关节轴的机械零点进行了设置，在机器人本体六个关节轴上有标记位，该零点为各关节轴运动的基准。工业机器人零点信息是指工业机器人各轴处于机械零点时各轴电动机编码器对应的读数，零点信息存储在本体串行测量板上，数据需要供电才能保存，掉电后数据会丢失。

工业机器人内部有用电池供电的转数计数器，其作用是记录各个轴的数据，保证工业机器人正确移动到程序设定或指定的坐标位置。ABB 工业机器人 6 个关节轴都有一个机械原点，在以下情况发生时，需要对机械原点位置进行转数计数器更新操作。

1）更换伺服电动机转数计数器电池后。

2）转数计数器发生故障修复后。

3）转数计数器与测量板断开过以后。

4）断电后当工业机器人关节发生移动后。

5）当系统出现报警提示“10036，转数计数器未更新”时。

转数计数器更新操作步骤如下：

1）使用前面介绍的单轴运动方法，按照4－5－6－1－2－3 的顺序操作机械人的关节轴运动到机械原点位置，每轴的机械原点在机器人上都有显著标识，容易识别，如图 2-21 所示。

2）单击“ABB 菜单栏”按钮，选择“校准”功能选项，单击“ROB_1”按钮，选择“校准参数”选项，单击“编辑电机校准偏移”按钮。

3）查看机器人本体铭牌上的电动机校准偏移数据，如图 2-27所示。

4）输入校准偏移数据，单击“确定”按钮，然后按提示信息重启控制器，单击“ABB 菜单栏”按钮选择“校准”，单击“ROB_1”按钮，选择“更新转数计数器”按钮，单击“全选”按钮，然后单击“更新”按钮，就完成转数计数器的更新操作。

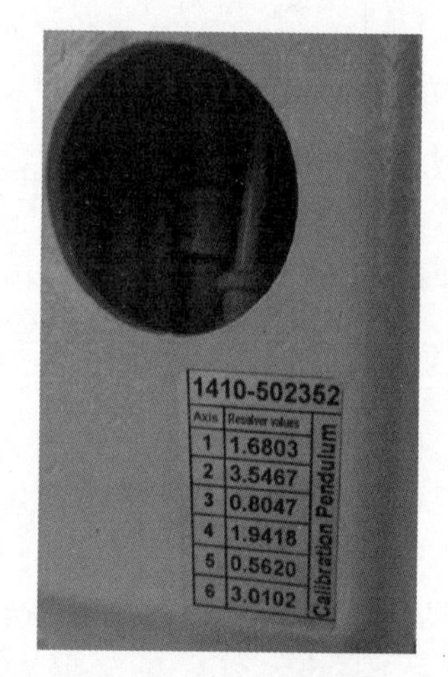

图 2-27 电动机校准偏移数据

更新转数计数器的具体操作步骤见表 2-20。

表 2-20 更新转数计数器具体操作步骤

步骤	操作	示意图
1	单击示教器“ABB 菜单栏”，如右图所示	

（续）

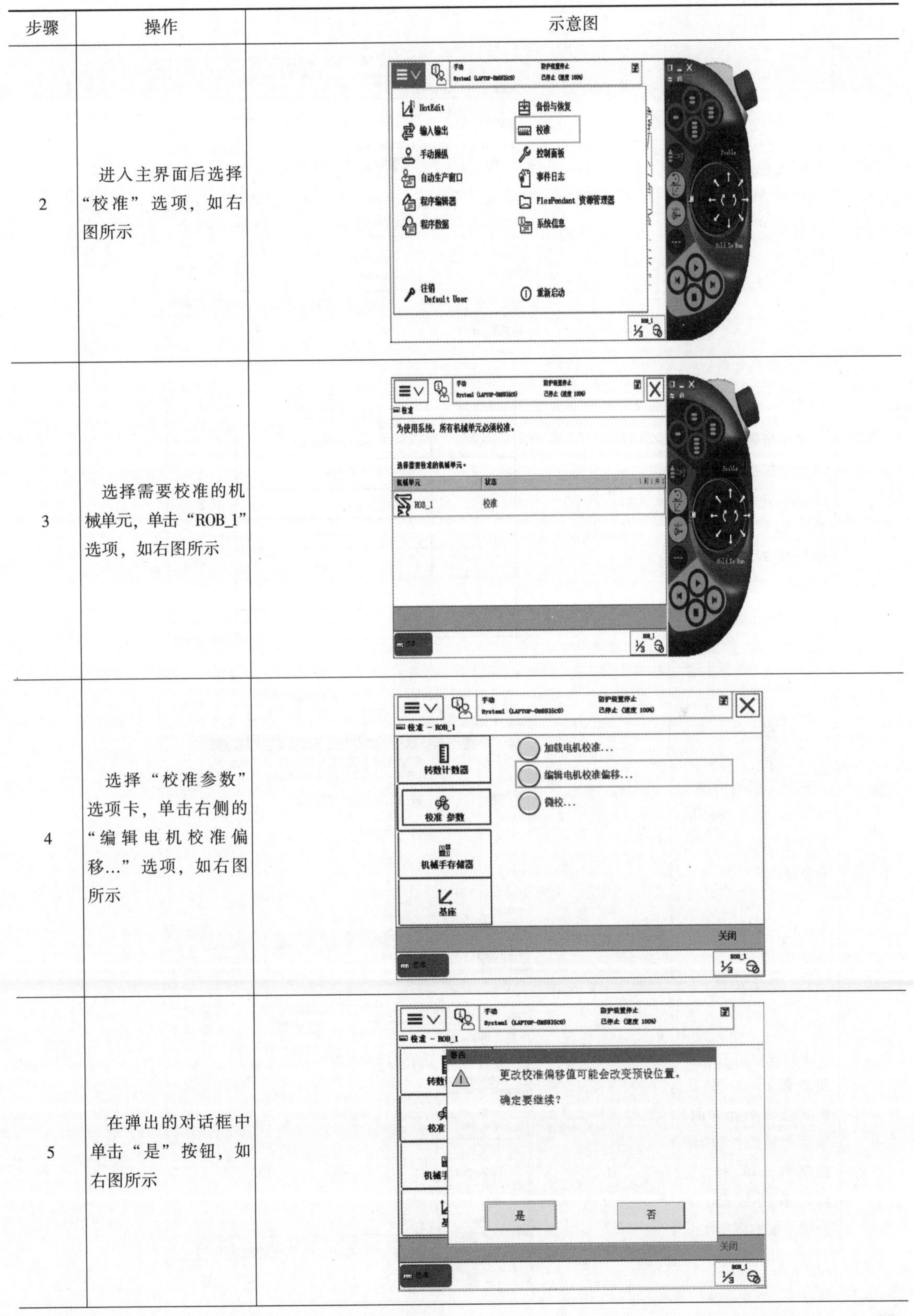

步骤	操作	示意图
2	进入主界面后选择“校准”选项，如右图所示	
3	选择需要校准的机械单元，单击“ROB_1”选项，如右图所示	
4	选择“校准参数”选项卡，单击右侧的“编辑电机校准偏移...”选项，如右图所示	
5	在弹出的对话框中单击“是”按钮，如右图所示	

（续）

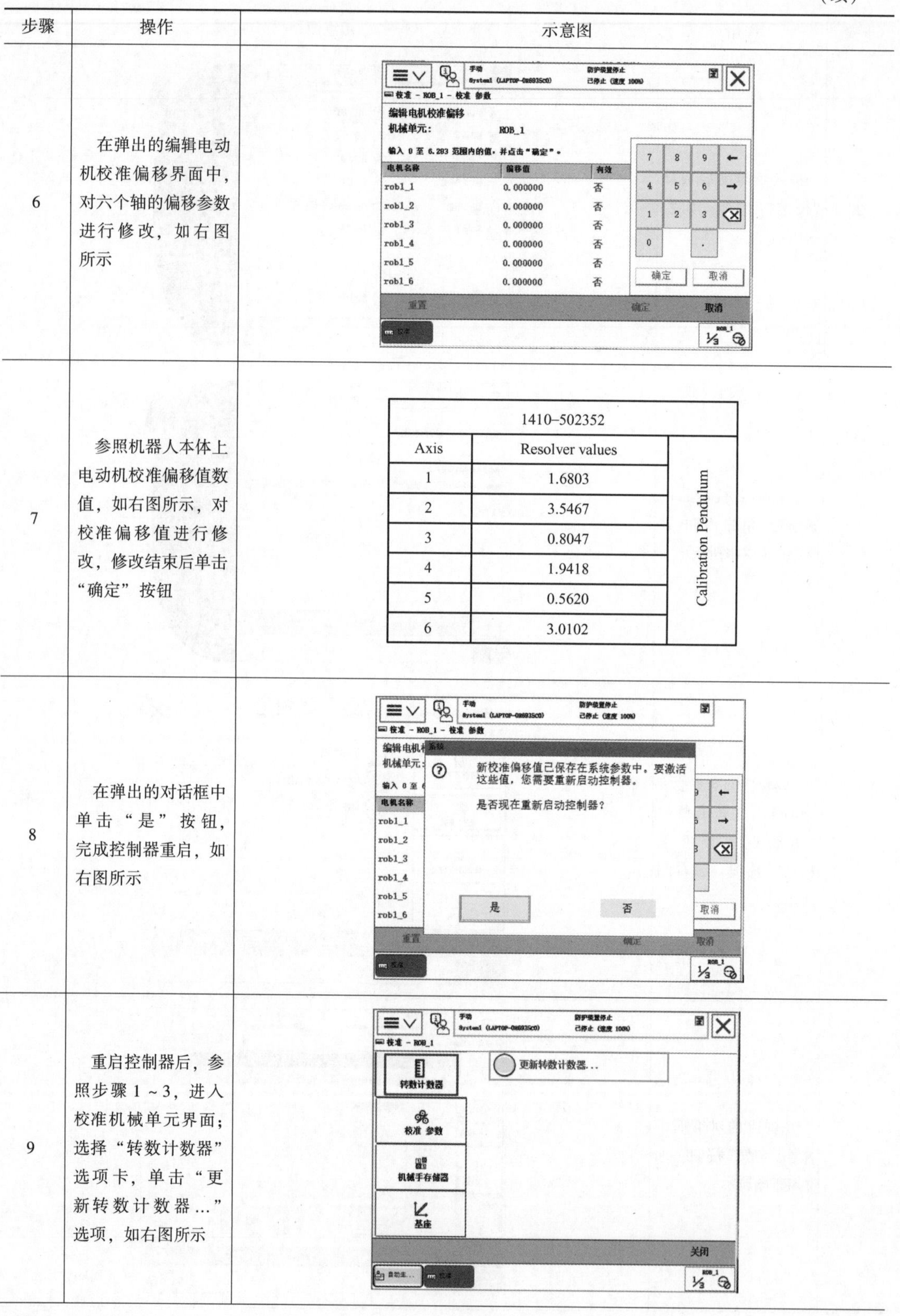

步骤	操作	示意图
6	在弹出的编辑电动机校准偏移界面中，对六个轴的偏移参数进行修改，如右图所示	
7	参照机器人本体上电动机校准偏移值数值，如右图所示，对校准偏移值进行修改，修改结束后单击“确定”按钮	
8	在弹出的对话框中单击“是”按钮，完成控制器重启，如右图所示	
9	重启控制器后，参照步骤1～3，进入校准机械单元界面；选择“转数计数器”选项卡，单击“更新转数计数器…”选项，如右图所示	

1410–502352		
Axis	Resolver values	Calibration Pendulum
1	1.6803	
2	3.5467	
3	0.8047	
4	1.9418	
5	0.5620	
6	3.0102	

（续）

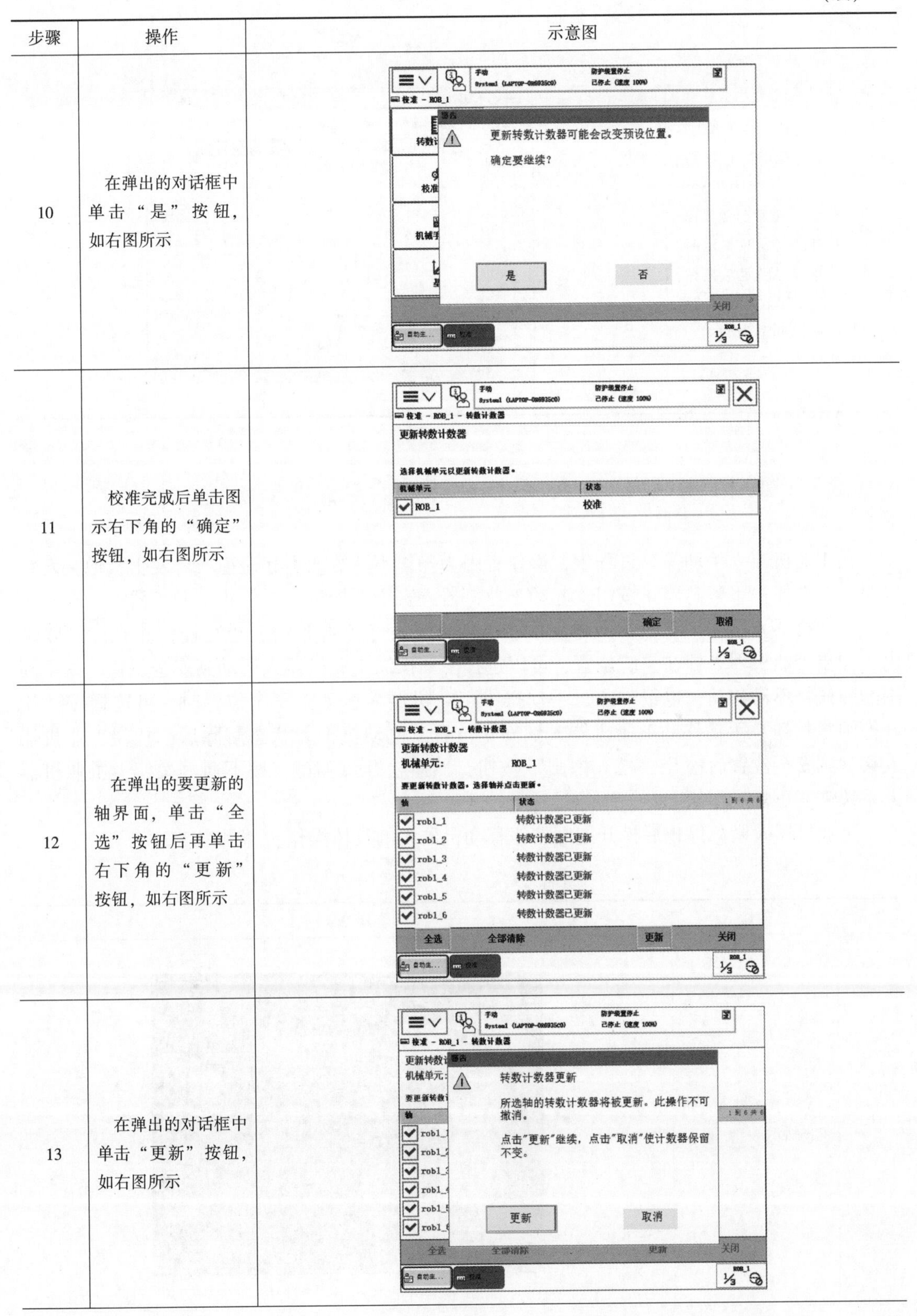

步骤	操作	示意图
10	在弹出的对话框中单击“是”按钮，如右图所示	
11	校准完成后单击图示右下角的“确定”按钮，如右图所示	
12	在弹出的要更新的轴界面，单击“全选”按钮后再单击右下角的“更新”按钮，如右图所示	
13	在弹出的对话框中单击“更新”按钮，如右图所示	

（续）

步骤	操作	示意图
14	等待工业机器人系统完成更新工作，当界面上显示如右图所示“转数计数器更新已完成”提示时，单击“确定”按钮，完成转数计数器的更新，如右图所示	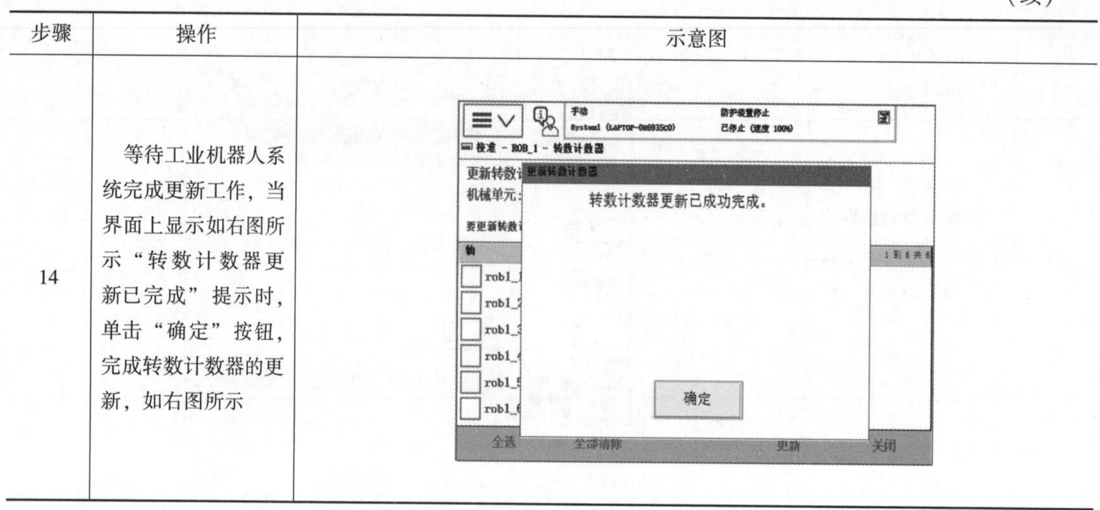

2.10 工业机器人紧急停止后的恢复方法

在工业机器人手动操纵过程中，操作者因为操作不熟练而引起碰撞或者发生其他突发状况时，会选择按下紧急停止按钮，起动工业机器人安全保护机制，停止工业机器人。在紧急停止工业机器人后，工业机器人停止的位置可能会处于空旷位置，也可能停止在障碍物区内，如果工业机器人处在空旷位置，可以选择手动操纵工业机器人运动到安全位置。如果周围的障碍物不易移动，也很难通过手动操纵工业机器人运动至安全位置时，可选择按“松开抱闸”按钮，手动移动工业机器人到安全位置。电动机抱死状态解除后，托住工业机器人移动到安全位置后松开“松开抱闸”按钮，然后松开急停键，按下通电按钮，工业机器人系统恢复正常工作状态。

工业机器人紧急停止后松开抱闸按钮移动机器人的具体操作步骤见表2-21。

表2-21 工业机器人紧急停止后恢复的具体操作步骤

步骤	操作	示意图
1	先托住机器人，如右图所示	

（续）

步骤	操作	示意图
2	同时，一人按住“松开抱闸”按钮（长按），如右图所示。另一人移动机器人本体至安全区域后，再复位紧急停止按钮	

注意：“松开抱闸”按钮功能必须由至少两名操作人员相互配合完成。紧急停止按钮按下时，工业机器人无法通过示教器进行动作，在操作其运动前，需要复位紧急停止按钮。

2.11　小结

工业机器人基本操作是工业机器人学习的主要内容之一，经过本章的系统性学习，学习者应该掌握安全操作工业机器人的基本要求及工业机器人的基本操作方法，能够正确使用示教器对机器人进行单轴运动、线性运动、重定位运动等操作，能够正确设定工件数据、工具数据及其他机器人参数，为进行工业机器人编程与调试奠定基础。

练习题

1. 操作工业机器人的作业人员应遵守哪些着装要求？
2. DSQC1000 主计算机的功能是什么？
3. ABB 工业机器人示教器上使能按钮分几档？什么状态下使能通电成功，工业机器人可运行？
4. 机器人手动运行模式下的增量模式的特点是什么？
5. 单轴运动、线性运动、重定位运动的运动特点是什么？它们分别适用于哪些场合？
6. 工具数据包含哪些主要参数？简述利用六点法定义工具坐标系的操作步骤。
7. 如何建立工件坐标系？举例说明如何利用工件坐标系。
8. 机器人中转数计数器的主要作用是什么？哪些情况下需要更新转数计数器？
9. 当工业机器人处于紧急停止状态时，如何恢复？

第3章 工业机器人I/O通信

ABB工业机器人提供了丰富的I/O通信接口，可以方便地与外围设备进行通信。ABB的标准I/O板提供的常用输入/输出信号有数字量输入、数字量输出、组输入、组输出、模拟量输入、模拟量输出。本章主要介绍这些信号的功能、配置及使用方法。

3.1 工业机器人I/O通信与I/O板

工业机器人I/O系统在工业机器人系统中占有极其重要的位置，它是工业机器人与周边外围设备完成信息交互的主要通道。在一个工业机器人工作站中，一般工业机器人本体的成本大约占1/3，而外围设备及工业软件占2/3，工业机器人要实现相关功能的控制，就需要有相应的输入输出部件完成相应的功能。例如，工业机器人要完成上下料功能，可能需要与供料单元、外围仓库、传送带、放料单元等完成信号的交互。实际使用中，若将数字输入信号与工业机器人控制信号相关联，便可以通过输入信号对系统进行控制，如工业机器人程序启动、工业机器人急停复位或工业机器人执行相应动作等；若将工业机器人的状态信号与数字输出信号相关联，将机器人的状态发送给外围设备，便可对外围设备进行后续的控制，如工业机器人工作完成、工业机器人急停、工业机器人上下料完成等。

I/O（Input/Output）即输入输出端口，每个外围设备都有一个唯一的I/O地址，用来处理各自的输入输出信息。现在的工业机器人系统，普遍提供了丰富的I/O通信接口，可以方便地与外围设备进行通信，获取外围设备的运行状态并发出可靠的动作指令。ABB工业机器人提供了多种接口，支持多种协议，可以轻松实现与外围设备之间的数据信息传递。支持的现场总线协议如PRofibus、DeviceNet、PROFIBUS-DP、PROFINET等，需要根据实际需要进行选择。

3.1.1 常用的I/O通信

1. DeviceNet通信

DeviceNet通信协议是一种简单、廉价而高效的通信协议，是适用于底层的一种现场总线，可应用于如：过程传感器、执行器、变频器、显示器及其他控制单元的网络通信。DeviceNet是一种串行通信链接，减少了昂贵的硬件接线，它将现场的工业设备直接连接到网络上，不但改善了设备间的通信，而且提供了设备级的诊断功能，支持不同厂商间同类零部件的互换。ABB标准I/O板采用DeviceNet总线式通信。

DeviceNet有三种不同的传输速度，分别为125kbit/s、250kbit/s、500kbit/s。其通信距离依据使用的通信线种类不同而有所不同，一般若使用圆的粗电缆，通信线长度最长可以达

500m，一般的圆电缆长度可达100m，扁平型电缆在比特率125kbit/s时可达380m，500kbit/s时则只能达75m。

2. Profibus通信

Profibus是一个广泛应用在自动化技术领域的现场总线标准，它是程序总线网络的简称，是一种国际化、开放式、不依赖于生产商的现场总线。Profibus分为两种，一种是PROFIBUS DP，一种是PROFIBUS PA。PROFIBUS DP主要用于工厂自动化中，可以由中央控制器控制许多的传感器及执行器，也可以利用标准或选用的诊断机能得知各模块的状态；PROFIBUS PA应用在过程自动化系统中，由过程控制系统监控设备控制，适用于防爆区域。Profibus的通信速度同样受到通信距离的影响，一般通信距离100m时可达12Mbit/s，800m时可达1.5Mbit/s，不加中继器的最远距离是1000m，并且传输波特率要设定在最低。

3. PROFINET通信

PROFINET是一种新的以太网通信系统，是新一代基于工业以太网技术的自动化总线标准。PROFINET是由西门子公司和PROFIBUS用户协会开发的，它具有多制造商产品之间的通信能力及自动化和工程模式，并针对分布式智能自动化系统进行了优化，能够大大节省配置和调试费用。同时，适用于实时以太网、运动控制、分布式自动化、故障安全及网络安全等方面，并且可以完全兼容工业以太网和现有的现场总线技术。

它与外部设备的通信由PROFINETIO来实现，包括I/O控制器、I/O设备和I/O监控器，它们都是PROFINET网络中的节点。I/O控制器完成自动化任务控制，读写I/O设备的过程数据，接收I/O设备的报警诊断信息，执行自动化控制程序。I/O设备一般是现场设备，受I/O控制器的控制及监控，连接现场分散的检测装置、执行机构，传递现场采集的各类数据，传递执行机构的控制指令。I/O监控器是一个计算机软件，可以进行参数设定及状态诊断，读写I/O控制器的数据，上位机可编写、上传、下载、调试控制器的程序，上位机、人机界面HMI可对系统实现可视化监控。PROFINET网段长度在100m时的最大传输速度可达100Mbit/s，并且主站个数无限制，诊断功能更强、运动控制中响应速度更快。

4. Modbus通信

Modbus是一种串行通信协议，现在已经成为工业领域通信协议的业界标准，并且是工业电子设备之间常用的连接方式。Modbus允许多个设备连接在同一个网络上进行通信，标准的Modbus接口使用RS-232C兼容串行接口，定义了接口的针脚、电缆、信号位、传输波特率、奇偶检验。同时由于它只定义了协议层，也同样支持RS-485、以太网等多种电气接口。

5. RS-232通信

RS-232（又称EIA RS-232）是常用的串行通信接口标准之一，其全名是“数据终端设备（DTE）和数据通信设备（DCE）之间串行二进制数据交换接口技术标准”。工业控制用的RS-232接口，一般使用RXD、TXD、GND三条线，针对不同速率的设备，可以灵活设置波特率，标准的传送速率有50bit/s、75bit/s、110bit/s、150bit/s、300bit/s、600bit/s、1200bit/s、2400bit/s、4800bit/s、9600bit/s、19200bit/s，传输距离可达30m，若采用光电隔离20mA的电流环进行传送，其传输距离可以达到1000m。另外，如果在RS-232总线接口上再加上调制解调器，通过有线、无线或光纤进行传送，其传输距离可以更远。但RS－232总线接口传输速率较低，接口电路芯片容易受损。

6. 数字I/O接口

按钮、行程开关、限位开关、接近开关、传感器及电磁阀、继电器等设备通过端子的形式与工业机器人I/O接口相连接，对其进行数据采集或控制。一般情况下数字量输入/输出类型都是直流（DC型）输入/输出，采用24V电压。开关量信号或数字信号只有“0”和“1”两种状态。I/O接口是工业机器人系统和外部各控制单元之间信号交换的转换接口，其功能完成需要I/O接口电路实现。I/O接口电路主要完成以下两方面的功能：

1）进行必要的电隔离，其隔离措施一般采用光电耦合隔离，防止高频干扰信号的串入影响系统的稳定运行和强电对系统的破坏。它将输入与输出端两部分电路的地线分开，各自使用一套电源供电，信息通过光电转换单向传递。另外，由于光电耦合器输入与输出端之间的绝缘电阻非常大，寄生电容很小，所以干扰信号很难从输出端反馈到输入端，从而较好地隔离了干扰信号。

2）进行电平转换和功率放大，工业机器人系统的信号往往是TTL脉冲或电平信号，而外部开关器件提供和需要的信号大多是24V电平信号，而且有的负载比较大，因此需要进行信号的电平转换和功率放大。

如图3-1所示为开关量信号输入接口电路，常用于手持按钮、到位检测、机械原点、传感器的输入等，对于一些有过渡过程的开关量还要增加防抖动措施，使其能稳定可靠地工作。

图3-2所示为开关量信号输出接口电路，可用于驱动24V小型继电器。在这些电路中要根据信号特点选择相应速度、耐压、负载能力的光电耦合器和晶体管。

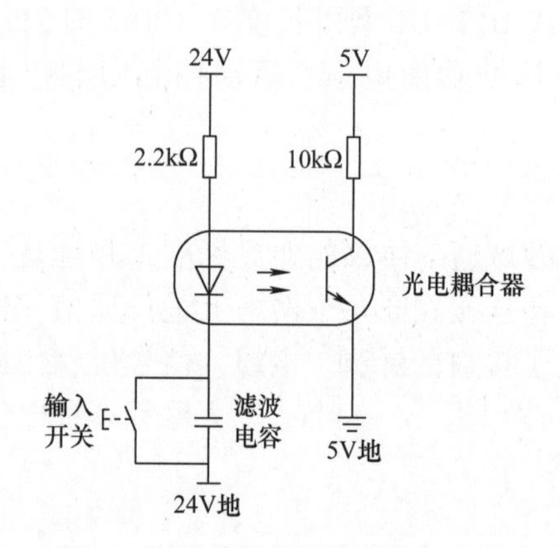

图3-1　开关量信号输入接口电路

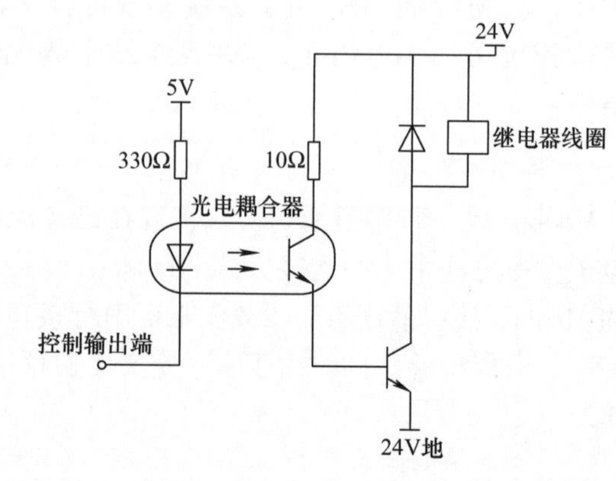

图3-2　开关量信号输出接口电路

ABB标准的I/O板提供了数字输入信号DI、数字输出信号DO，模拟输入信号AI，模拟输出信号AO以及输送链跟踪单元。常用的I/O板型号有DSQC651、DSQC652、DSQC653、DSQC355A、DSQC377A等，这些I/O板均挂接在Device Net总线上。表3－1为ABB工业机器人常用的标准I/O板，ABB工业机器人可以选配标准的PLC，省去了原来与外部PLC通信设置的麻烦。

表 3-1　ABB 工业机器人常用标准 I/O 板

序号	型号	说明
1	DSQC651	分布式 I/O 模块，DI8、DO8、AO2
2	DSQC652	分布式 I/O 模块，DI8、DO8
3	DSQC653	分布式 I/O 模块，DI8、DO8 带继电器
4	DSQC355A	分布式 I/O 模块，AI4、AO4
5	DSQC377A	输送链跟踪单元

使用标准 I/O 板，可通过 ABB 示教器创建数字输入信号 DI、数字输出信号 DO、组输入信号 GI、组输出信号 GO、模拟量输入信号 AI、模拟量输入信号 AO。

3.1.2　ABB 标准 I/O 板

ABB 标准 I/O 板在设置相应的输入输出信号参数后才可以正常使用，需要设定的参数包括 I/O 单元和 I/O 信号，设置完成后需要重启系统生效。

在系统中标准配置的 I/O 单元需要设置的参数至少包括以下 4 个，见表 3－2。

表 3-2　标准 I/O 板参数设置表

序号	型号	说明
1	Name	I/O 单元名称
2	Type of Unit	I/O 单元类型
3	Connected to Bus	I/O 单元所在总线
4	Device Net Address	I/O 单元占用的总线地址

I/O 标准板参数设置完成后，需要对 I/O 标准板上的信号进行定义，设置一个数字 I/O 信号需要定义的参数至少包括以下 4 个，见表 3-3。

表 3-3　I/O 信号参数设置表

序号	型号	说明
1	Name	I/O 信号名称
2	Type of Signal	I/O 信号类型
3	Assigned to Unit	I/O 信号所在的 I/O 单元
4	Device Net Address	I/O 信号占用的单元地址

1. ABB 标准 I/O 板 DSQC651

DSQC651 板主要提供 8 个数字量输入、8 个数字量输出和 2 个模拟量输出信号的处理功能，如图 3-3 所示，它有 X1、X3、X5、X6 四个模块接口、模块状态指示灯、数字输入信号指示灯及数字输出信号指示灯。

（1）X1 接口　X1 接口有 8 个数字信号输出，接口引脚的定义及地址分配见表 3-4。X1 接口的 8 个数字输出信号，均设置有短路保护功能，输出电压为 DC 24V，每通道的输出电流为 500mA。

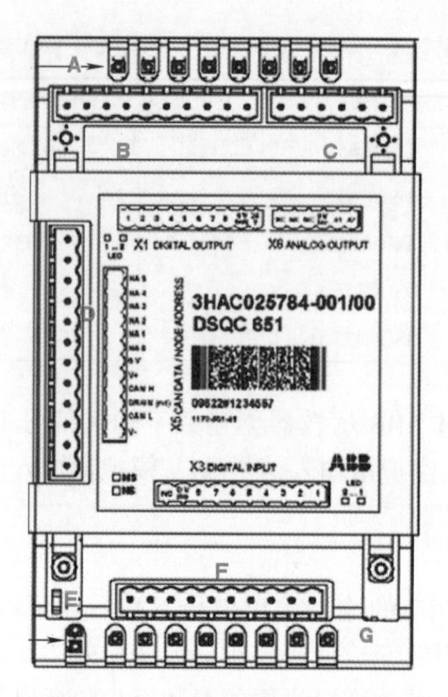

图 3-3　DSQC651 板端口组成

A—数字输出信号指示灯　B—X1 数字输出接口　C—X6 模拟输出接口
D—X5 DeviceNet 总线接口　E—模块状态指示灯　F—X3 数字输入接口　G—数字输入信号指示灯

表 3-4　X1 接口各引脚定义及地址分配表

X1 端子号	使用定义	地址分配
1	OUTPUT CH1	32
2	OUTPUT CH2	33
3	OUTPUT CH3	34
4	OUTPUT CH4	35
5	OUTPUT CH5	36
6	OUTPUT CH6	37
7	OUTPUT CH7	38
8	OUTPUT CH8	39
9	0V	
10	24V	

（2）X3 接口 X3　接口包括 8 个光隔离的数字量输入，典型的输入电压为 DC 24V，输入电压范围为：高电平“1”为 15 ~ 35V，低电平“0”为 − 35 ~ 5V，输入电流为 5mA，其接口引脚的定义见表 3-5。

表 3-5　X3 接口各引脚定义及地址分配表

X3 端子号	使用定义	地址分配
1	INPUT CH1	0
2	INPUT CH2	1
3	INPUT CH3	2
4	INPUT CH4	3

（续）

X3 端子号	使用定义	地址分配
5	INPUT CH5	4
6	INPUT CH6	5
7	INPUT CH7	6
8	INPUT CH8	7
9	0V	
10	未使用	

（3）X6 接口　X6 接口包括两路模拟量输出，其引脚及地址分配见表 3-6。

表 3-6　X6 接口各引脚定义及地址分配表

X6 端子号	使用定义	地址分配
1	未使用	
2	未使用	
3	未使用	
4	模拟输出量 0V	
5	模拟输出量 AO1	0 ~ 15
6	模拟输出量 AO2	16 ~ 31

其内部电路如图 3-4 所示，方框内部为 DSQC651 板的接口电路，电压输出范围为 0 ~ 10V。

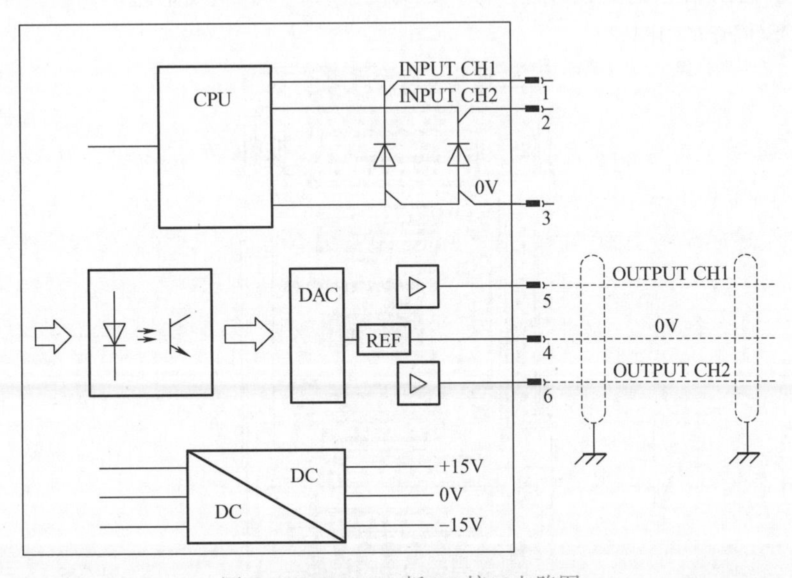

图 3-4　DSQC651 板 X6 接口电路图

（4）X5 接口　X5 接口为 Device Net 总线接口，挂在 DeviceNet 网络上，该端口用来设定模块在网络中的地址。其接口上各引脚的定义见表 3-7，其中，编号 6 ~ 12 的跳线用来决定该 I/O 模块在 Device Net 总线中的地址，使用该模块时必须要设置地址，地址范围在 10 ~ 63。

表 3-7　X5 接口各引脚定义

X5 端子号	使用定义
1	电源 GND，黑色
2	CAN 信号线低，蓝色
3	屏蔽线
4	CAN 信号线高，白色
5	24V 电源，红色
6	GND，地址选择公共端
7	模块 ID bit0（LSB）
8	模块 ID bit1
9	模块 ID bit2
10	模块 ID bit3
11	模块 ID bit4
12	模块 ID bit5（MSB）

地址设定方法如图 3-5 所示，剪掉相应的引脚跳线，即可设定相应的模块地址，如将 8 号引脚和 10 号引脚的跳线剪掉，该模块的地址被设定为 10（8+2）。

图 3-5　DSQC651 板 X5 接口地址设定方法

2. ABB 标准 I/O 板 DSQC652

DSQC652 板端口组成如图 3-6 所示，主要提供 16 个数字输入信号和 16 个数字输出信号的处理功能。其 X5 端子接口、功能及地址设置方法与 DSQC651 相同。

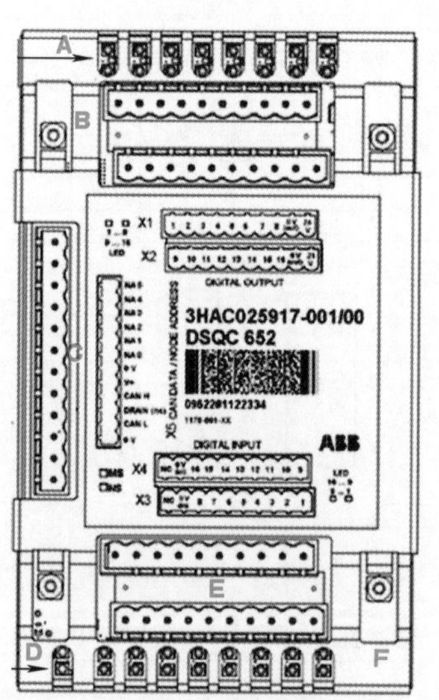

图 3-6　DSQC652 板端口组成

A—数字输出信号指示灯　B—X1、X2 数字输出接口　C—X5 DeviceNet 接口
D—模块状态指示灯　E—X3、X4 数字输入接口　F—数字输入信号指示灯

（1）X1、X2 接口 X1、X2 接口分别包括 8 个数字输出信号，具有短路保护功能，输出

电压为DC 24V，输出电流每通道500mA。X1、X2接口各引脚定义及地址分配见表3-8。

表3-8 X1、X2接口各引脚定义及地址分配表

X1端子号	使用定义	地址分配	X2端子号	使用定义	地址分配
1	OUTPUT CH1	0	1	OUTPUT CH9	8
2	OUTPUT CH2	1	2	OUTPUT CH10	9
3	OUTPUT CH3	2	3	OUTPUT CH11	10
4	OUTPUT CH4	3	4	OUTPUT CH12	11
5	OUTPUT CH5	4	5	OUTPUT CH13	12
6	OUTPUT CH6	5	6	OUTPUT CH14	13
7	OUTPUT CH7	6	7	OUTPUT CH15	14
8	OUTPUT CH8	7	8	OUTPUT CH16	15
9	0V		9	0V	
10	24V		10	24V	

（2）X3、X4接口　X3接口与X4接口分别包括8个数字输入信号，典型的输入电压为DC 24V，输入电压范围为：高电平“1”为15～35V，低电平“0”为-35～5V，输入电流为5.5mA。X3接口地址分配与DSQC651的X3接口相同，X4接口各引脚定义及地址分配见表3-9。

表3-9 X4接口各引脚定义及地址分配表

X4端子号	使用定义	地址分配
1	INPUT CH8	8
2	INPUT CH9	9
3	INPUT CH10	10
4	INPUT CH11	11
5	INPUT CH12	12
6	INPUT CH13	13
7	INPUT CH14	14
8	INPUT CH15	15
9	0V	
10	未使用	

3. ABB标准I/O板DSQC653

DSQC653板如图3-7所示，主要提供8个数字输入信号和8个数字继电器输出信号的处理功能。其X3接口（10～16脚未使用）、X5接口功能与DSQC651相同。

X1数字继电器输出接口的各引脚定义及地址分配见表3-10。

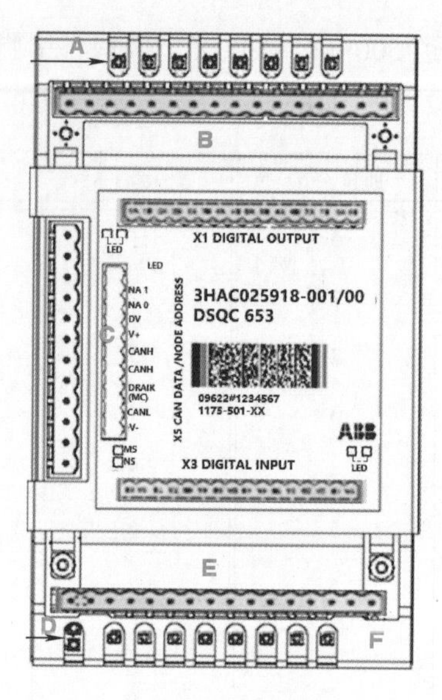

图 3-7　DSQC653 板端口组成

A—数字继电器输出信号指示灯　B—X1 数字继电器输出信号接口　C—X5 DeviceNet 接口
D—模块状态指示灯　E—X3 数字输入接口　F—数字输入信号指示灯

表 3-10　X1 数字继电器输出接口各引脚定义及地址分配表

X1 端子号	使用定义	地址分配
1	OUTPUT CH1A	0
2	OUTPUT CH1B	
3	OUTPUT CH2A	1
4	OUTPUT CH2B	
5	OUTPUT CH3A	2
6	OUTPUT CH3B	
7	OUTPUT CH4A	3
8	OUTPUT CH4B	
9	OUTPUT CH5A	4
10	OUTPUT CH5B	
11	OUTPUT CH6A	5
12	OUTPUT CH6B	
13	OUTPUT CH7A	6
14	OUTPUT CH7B	
15	OUTPUT CH8A	7
16	OUTPUT CH8B	

以 OUTPUT CH1A。OUTPUT CH1B 为例，其接口电路图如图 3-8 所示。

4. ABB 标准 I/O 板 DSQC355A

DSQC355A 主要提供了 4 个模拟量输入信号和 4 个模拟量输出信号的处理功能，其接口及功能如图 3-9 所示。

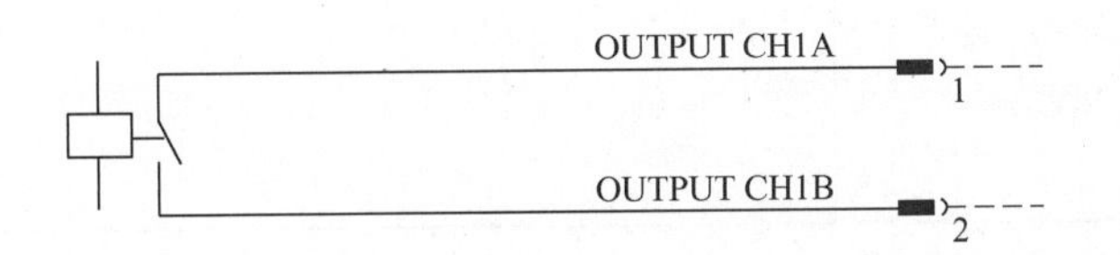

图 3-8　DSQC653 板 X1 接口电路

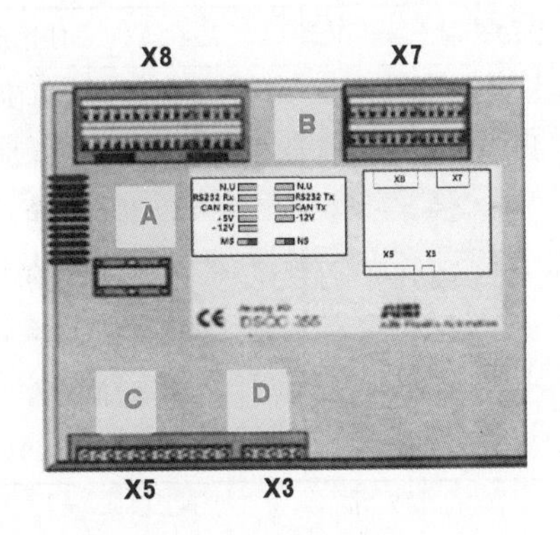

图 3-9　DSQC355A 板端口组成

A—X8 模拟输入接口　B—X7 模拟输出接口

C—X5 DeviceNet 接口　D—X3 电源接口

（1）X7 模拟输出接口　其接口各引脚的定义及地址分配见表 3-11。

表 3-11　X7 接口各引脚定义及地址分配表

X7 端子号	使用定义	地址分配
1	模拟量输出 -1，-10V/+10V	0~15
2	模拟量输出 -2，-10V/+10V	16~31
3	模拟量输出 -3，-10V/+10V	32~47
4	模拟量输出 -4，4~20mA	48~63
5~18	未使用	
19	模拟量输出 -1，0V	
20	模拟量输出 -2，0V	
21	模拟量输出 -3，0V	
22	模拟量输出 -4，0V	
23、24	未使用	

（2）X8 模拟输入接口　其接口各引脚的定义及地址分配见表 3-12。

表 3-12　X8 接口各引脚定义及地址分配表

X8 端子号	使用定义	地址分配
1	模拟量输入 -1，-10V/+10V	0~15
2	模拟量输入 -2，-10V/+10V	16~31
3	模拟量输入 -3，-10V/+10V	32~47
4	模拟量输入 -4，4~20mA	48~63

（续）

X8 端子号	使用定义	地址分配
5～16	未使用	
17～24	+24V	
25	模拟量输入-1，0V	
26	模拟量输入-2，0V	
27	模拟量输入-3，0V	
28	模拟量输入-4，0V	
29～32	0V	

（3）X3 电源接口　其接口各引脚的定义见表 3-13。

DSQC355A 的 X5 接口为 DeviceNet 接口，其功能模块地址设置方法与 DSQC651 板相同。

表 3-13　X3 接口各引脚定义

X3 端子号	使用定义
1	0V
2	未使用
3	接地
4	未使用
5	24V

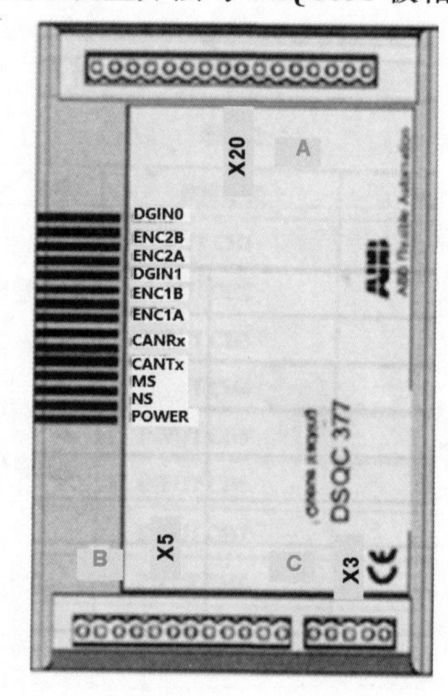

图 3-10　DSQC377A 板端口组成

A—X20 编码器与同步开关端子

B—X5 DeviceNet 接口　C—X3 供电电源接口

5. ABB 标准 I/O 板 DSQC377A

DSQC377A 板为输送链跟踪单元，主要提供机器人输送链跟踪功能所需要的编码器与同步开关信号的处理功能，其部分接口功能如图 3-10 所示。其中 X3 接口与 DSQC355A 板相同，X5 接口与 DSQC651 板相同，X20 编码器与同步开关端子的引脚及引脚定义见表 3-14。

表 3-14　X20 接口各引脚定义

X20 端子号	使用定义
1	24V
2	0V
3	编码器 1，24V
4	编码器 1，0V
5	编码器 1，A 相
6	编码器 1，B 相
7	数字输入信号 1，24V

（续）

X20 端子号	使用定义
8	数字输入信号1，0V
9	数字输入信号1，信号
10~16	未使用

3.2　ABB 标准 I/O 板应用

以上介绍的 ABB 标准 I/O 板除给不同的模块分配不同的地址外，其配置的方法基本相同，下面以 DSQC651 板为例，介绍标准 I/O 板的配置及数字输入信号 DI、数字输出信号 DO、组输出信号 GO、组输入信号 GI 及模拟量输出信号 AO 的配置方法。

3.2.1　DSQC651 板及信号配置

1. DSQC651 板的配置

ABB 标准的 I/O 板都是挂接在 DeviceNet 的现场总线下的设备，通过 X5 端口与 DeviceNet 的现场总线进行通信，定义 DSQC651 板总线连接的相关参数见表 3-15。

表 3-15　DSQC651 板参数设置表

参数名称	设定值	说明
Name	d651	设定 I/O 板在系统中的名字
Address	10（出厂默认）	设定 I/O 板在总线中的地址

设定模块参数的操作步骤见表 3-16。

表 3-16　DSQC651 板参数设定步骤

步骤	操作	示意图
1	单击示教器“ABB 菜单栏”，进入主菜单页面	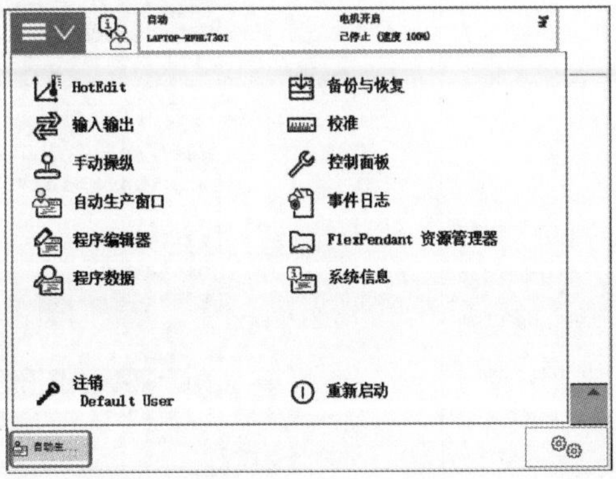

DSQC651
板的配置

（续）

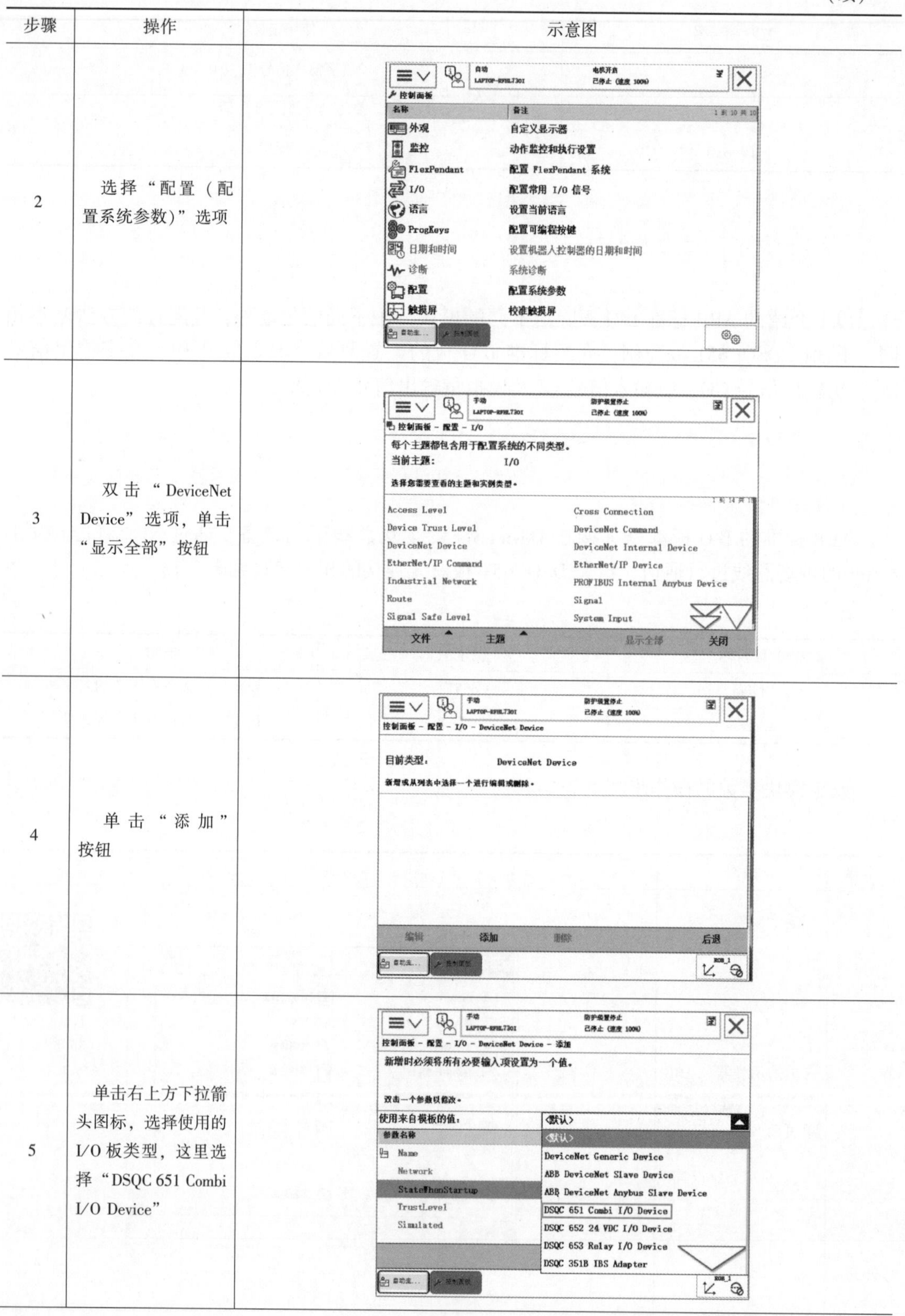

步骤	操作	示意图
2	选择“配置（配置系统参数）”选项	
3	双击“DeviceNet Device”选项，单击“显示全部”按钮	
4	单击“添加”按钮	
5	单击右上方下拉箭头图标，选择使用的I/O板类型，这里选择“DSQC 651 Combi I/O Device”	

（续）

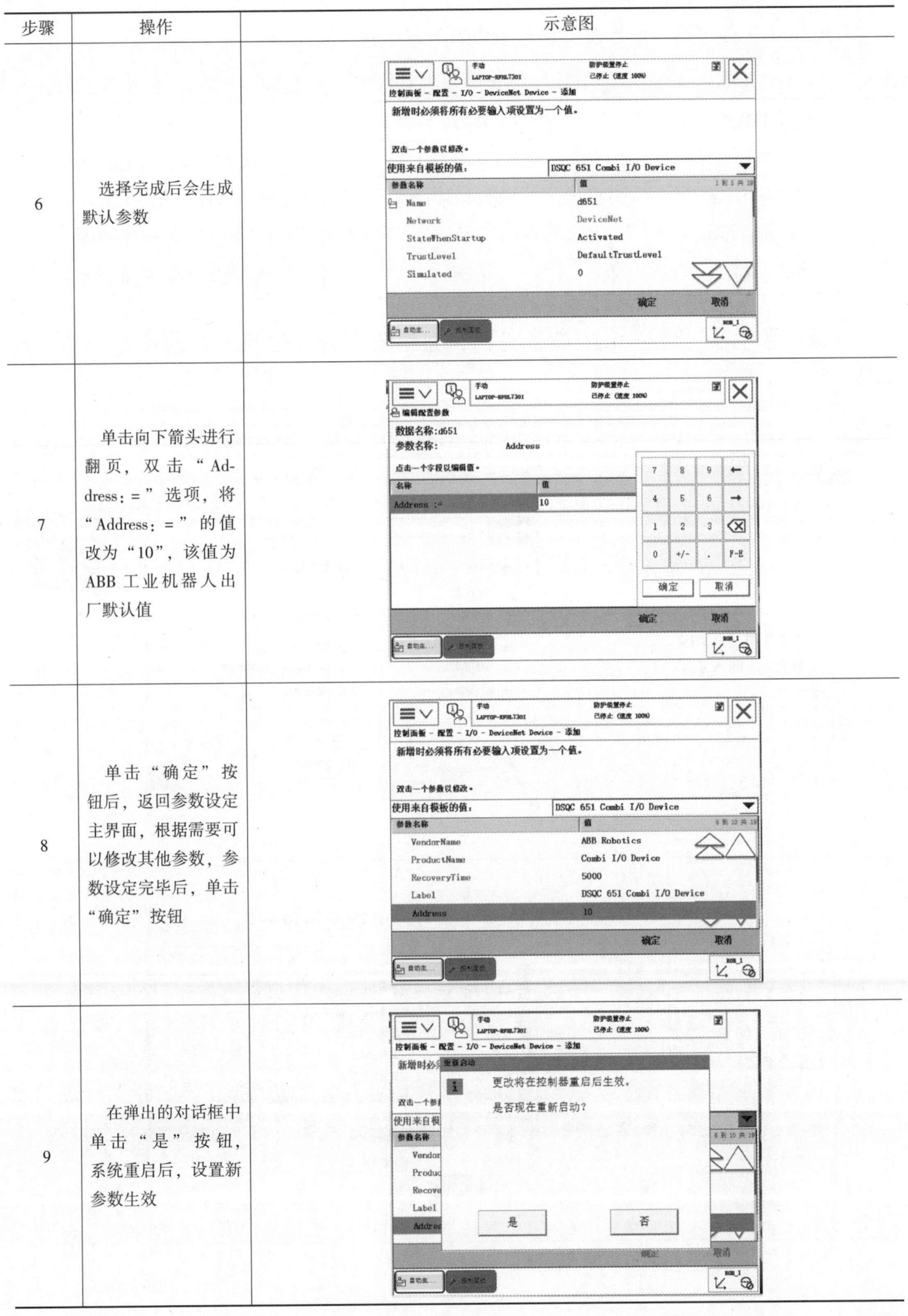

步骤	操作	示意图
6	选择完成后会生成默认参数	
7	单击向下箭头进行翻页，双击“Address：=”选项，将“Address：=”的值改为“10”，该值为ABB工业机器人出厂默认值	
8	单击“确定”按钮后，返回参数设定主界面，根据需要可以修改其他参数，参数设定完毕后，单击“确定”按钮	
9	在弹出的对话框中单击“是”按钮，系统重启后，设置新参数生效	

2. 数字量输入信号的设置

DSQC651 板数字输入信号需要设置的相关参数见表 3-17。

表 3-17 DSQC651 板数字输入信号相关参数设置表

参数名称	设定值	含义
Name	Dig1	设定数字输入信号的名称
Type of Signal	Digital Input	设定信号的种类
Assigned to Device	d651	设定信号所在 I/O 模块
Device Mapping	0 ~ 7	设定 I/O 信号所占用的地址

下面以数字输入信号 Dig1 设置为例，介绍数字输入信号参数的设置步骤，见表 3-18。

表 3-18 数字输入信号参数设置步骤

步骤	操作	示意图
1	单击示教器“ABB 菜单栏”，进入主菜单页面	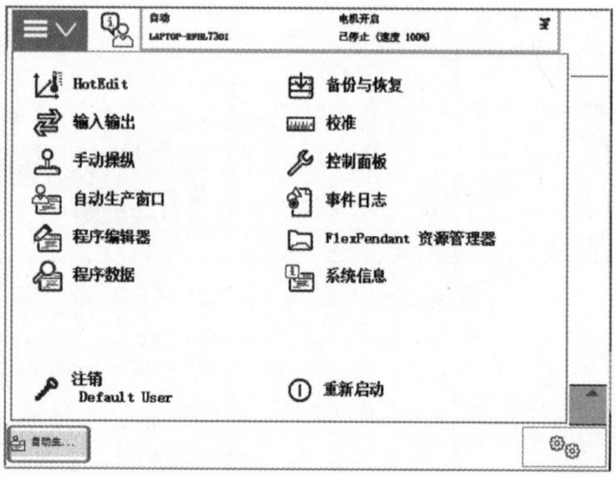 自动 LAPTOP-RFHL7301 电机开启 已停止 (速度 100%) HotEdit 备份与恢复 输入输出 校准 手动操纵 控制面板 自动生产窗口 事件日志 程序编辑器 FlexPendant 资源管理器 程序数据 系统信息 注销 Default User 重新启动 自动生...
2	选择“配置（配置系统参数）”选项	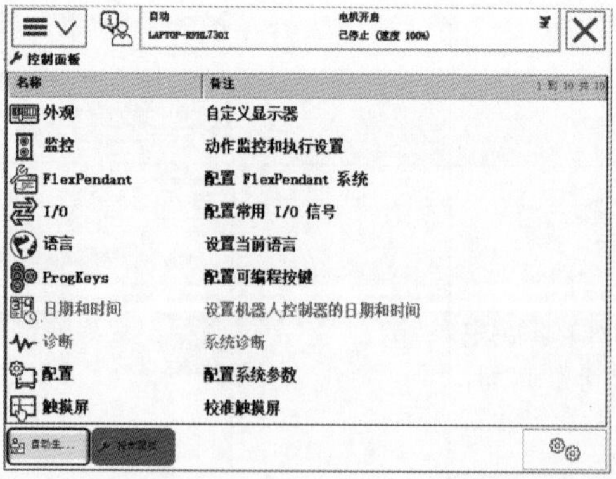 自动 LAPTOP-RFHL7301 电机开启 已停止 (速度 100%) 控制面板 名称 备注 1 到 10 共 10 外观 自定义显示器 监控 动作监控和执行设置 FlexPendant 配置 FlexPendant 系统 I/O 配置常用 I/O 信号 语言 设置当前语言 ProgKeys 配置可编程按键 日期和时间 设置机器人控制器的日期和时间 诊断 系统诊断 配置 配置系统参数 触摸屏 校准触摸屏 自动生... 控制面板

数字输入/输出信号的配置

（续）

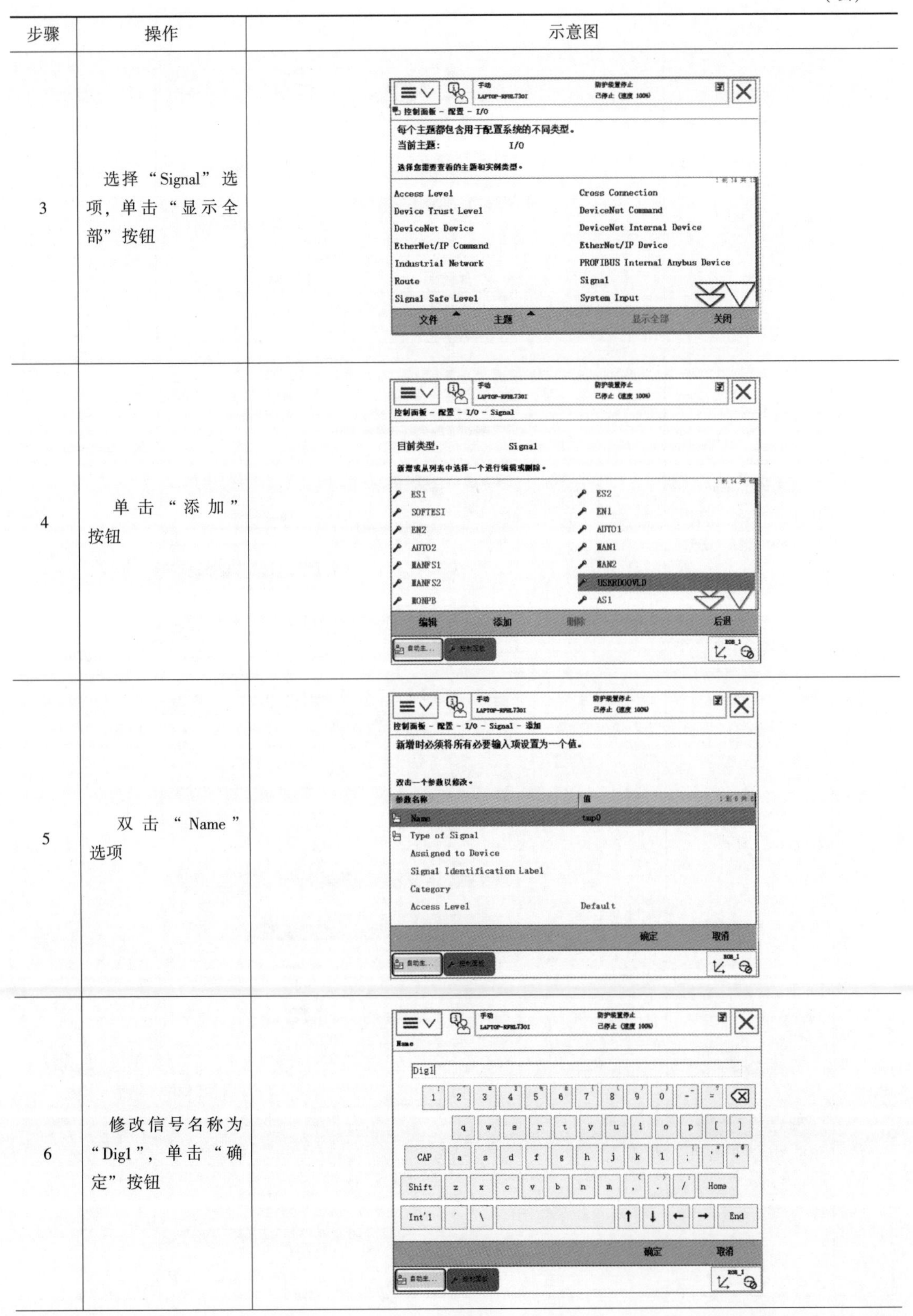

步骤	操作	示意图
3	选择“Signal”选项，单击“显示全部”按钮	
4	单击“添加”按钮	
5	双击“Name”选项	
6	修改信号名称为“Dig1”，单击“确定”按钮	

（续）

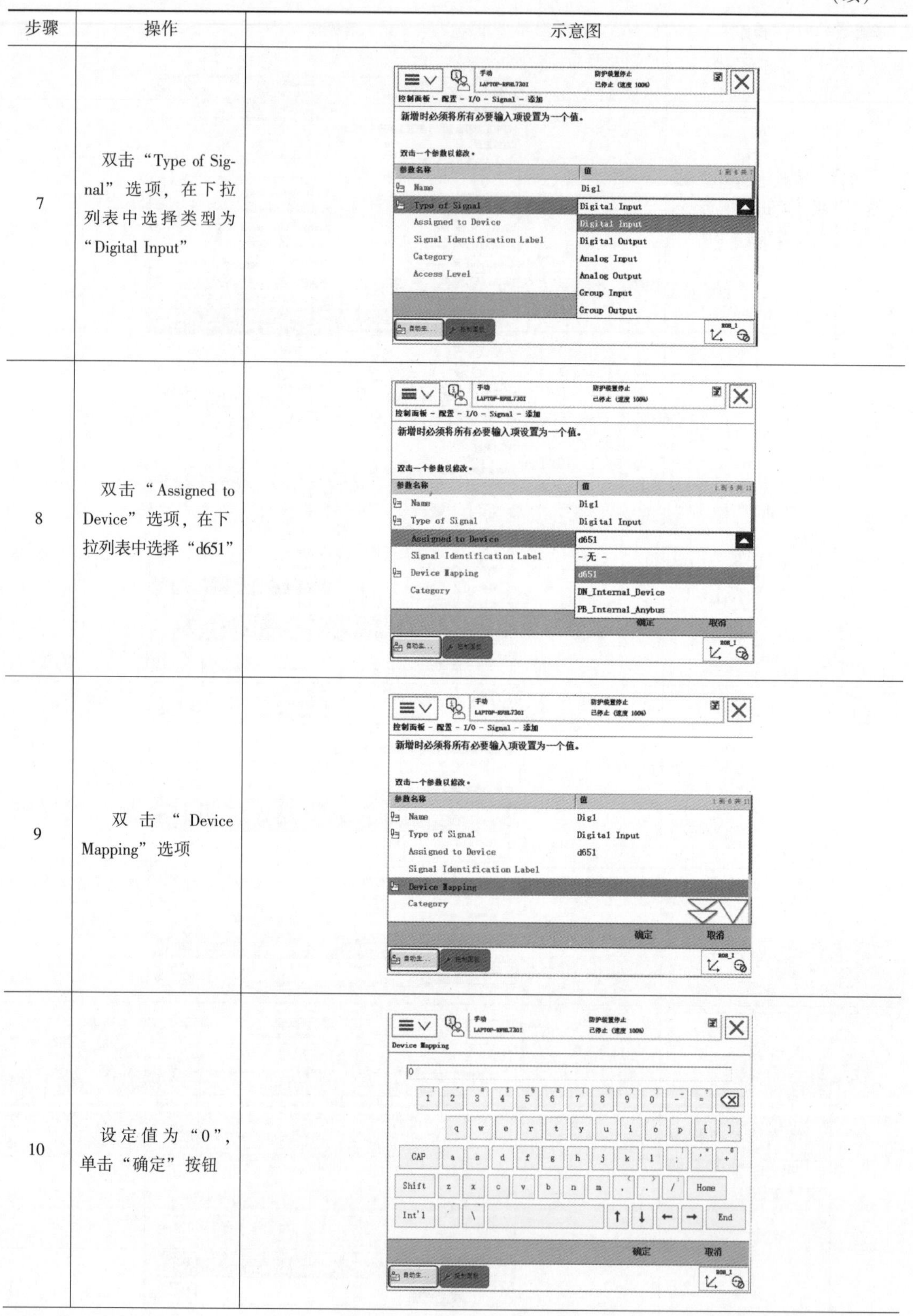

步骤	操作	示意图
7	双击“Type of Signal”选项，在下拉列表中选择类型为“Digital Input”	
8	双击“Assigned to Device”选项，在下拉列表中选择“d651”	
9	双击“Device Mapping”选项	
10	设定值为“0”，单击“确定”按钮	

（续）

步骤	操作	示意图
11	其他参数保持默认值，单击“确定”按钮	手动 LAPTOP-RFHL730I 防护装置停止 已停止（速度 100%） 控制面板 - 配置 - I/O - Signal - 添加 新增时必须将所有必要输入项设置为一个值。 双击一个参数以修改。 参数名称 值 1到6共11 Name Dig1 Type of Signal Digital Input Assigned to Device d651 Signal Identification Label Device Mapping 0 Category 确定 取消 ROB_1
12	进入“重新启动”对话框，单击“是”按钮，控制器重启后，设定的输入信号Digl生效	手动 LAPTOP-RFHL730I 防护装置停止 已停止（速度 100%） 控制面板 - 配置 - I/O - Signal - 添加 重新启动 更改将在控制器重启后生效。 是否现在重新启动？ 是 否 参数名称 1到6共11 Name Type o Assign Signal Device Categ 确定 取消 ROB_1

3. 数字量输出信号的设置

DSQC651板数字输出信号需要设置的相关参数见表3-19。

表3-19 DSQC651板数字输出信号相关参数设置

参数名称	设定值	含义
Name	Dog1	设定数字输出信号的名称
Type of Signal	Digital Output	设定信号的种类
Assigned to Device	d651	设定信号所在I/O模块
Device Mapping	32~39	设定I/O信号所占用的地址

下面以数字输出信号Dog1设置为例，介绍数字输出信号的设置步骤，见表3-20。

表3-20　数字输出信号参数设置步骤

步骤	操作	示意图
1	单击示教器“ABB菜单栏”，进入主菜单页面	自动 LAPTOP-RFHL730I 电机开启 已停止（速度 100%） HotEdit　备份与恢复 输入输出　校准 手动操纵　控制面板 自动生产窗口　事件日志 程序编辑器　FlexPendant 资源管理器 程序数据　系统信息 注销 Default User　重新启动 自动生...
2	选择“配置（配置系统参数）”选项	自动 LAPTOP-RFHL730I 电机开启 已停止（速度 100%） 控制面板 名称　备注　1 到 10 共 10 外观　自定义显示器 监控　动作监控和执行设置 FlexPendant　配置 FlexPendant 系统 I/O　配置常用 I/O 信号 语言　设置当前语言 ProgKeys　配置可编程按键 日期和时间　设置机器人控制器的日期和时间 诊断　系统诊断 配置　配置系统参数 触摸屏　校准触摸屏 自动生...　控制面板
3	选择“Signal”选项，单击“显示全部”按钮	手动 LAPTOP-RFHL730I 防护装置停止 已停止（速度 100%） 控制面板 - 配置 - I/O 每个主题都包含用于配置系统的不同类型。 当前主题：　I/O 选择您需要查看的主题和实例类型。 1 到 14 共 14 Access Level　Cross Connection Device Trust Level　DeviceNet Command DeviceNet Device　DeviceNet Internal Device EtherNet/IP Command　EtherNet/IP Device Industrial Network　PROFIBUS Internal Anybus Device Route　Signal Signal Safe Level　System Input 文件　主题　显示全部　关闭
4	单击“添加”按钮	手动 LAPTOP-RFHL730I 防护装置停止 已停止（速度 100%） 控制面板 - 配置 - I/O - Signal 目前类型：　Signal 新增或从列表中选择一个进行编辑或删除。 1 到 14 共 62 ES1　ES2 SOFTES1　EN1 EN2　AUTO1 AUTO2　MAN1 MANFS1　MAN2 MANFS2　USERDOOVLD MONPB　AS1 编辑　添加　删除　后退 自动生...　控制面板　ROB_1

（续）

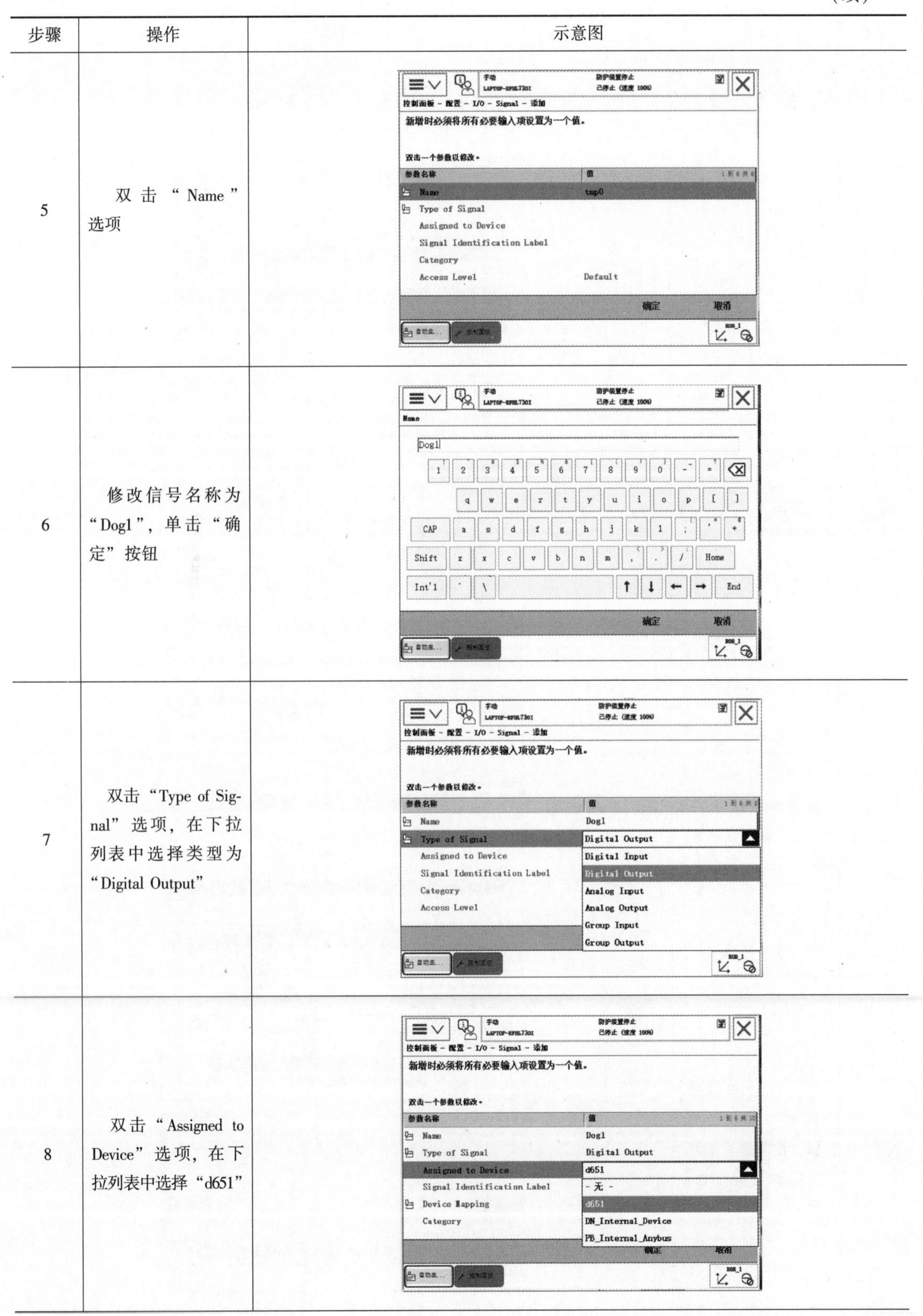

步骤	操作	示意图
5	双击“Name”选项	
6	修改信号名称为“Dog1”，单击“确定”按钮	
7	双击“Type of Signal”选项，在下拉列表中选择类型为“Digital Output”	
8	双击“Assigned to Device”选项，在下拉列表中选择“d651”	

（续）

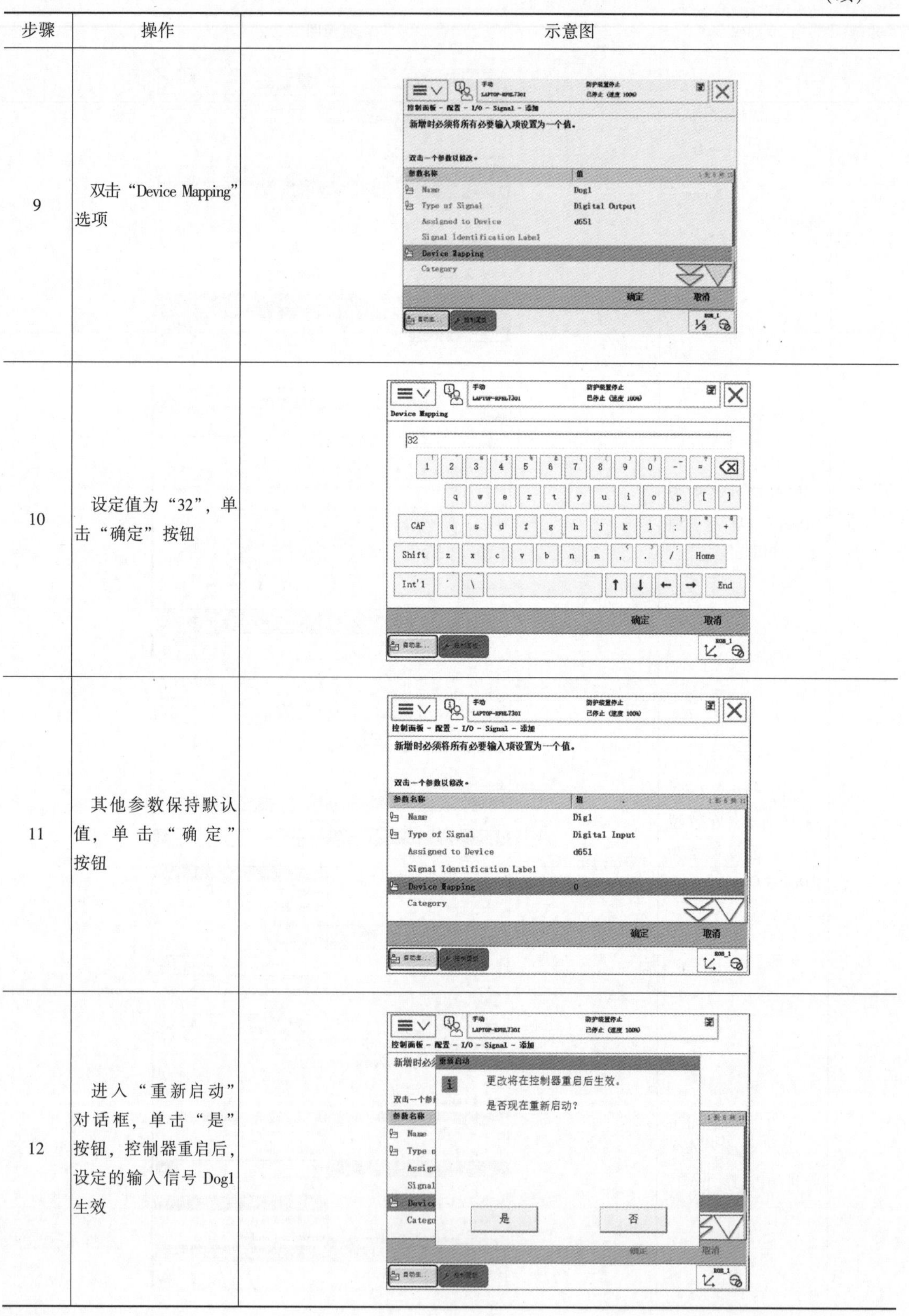

步骤	操作	示意图
9	双击“Device Mapping”选项	
10	设定值为“32”，单击“确定”按钮	
11	其他参数保持默认值，单击“确定”按钮	
12	进入“重新启动”对话框，单击“是”按钮，控制器重启后，设定的输入信号 Dog1 生效	

4. 数字组输入信号的设置

数字组输入信号就是将几个数字开关量输入信号组合起来使用，用于接收外围设备的输入信号。组输入信号的使用可以大大提高信号的利用率，例如，3 位数字开关信号可以表示外围 3 种开关器件的状态，而 3 位数字开关信号的组合可以表示 8 种状态。以 DSCQ651 板端口 5 ~7（地址 4 ~6）为例，组输入信号名称为 Grdi1 其组合后的状态见表 3-21。

表 3-21 Grdi1 组输入信号状态表

输入端子	5	6	7	十进制数
状态 1	0	0	0	0
状态 2	0	0	1	1
状态 3	0	1	0	2
状态 4	0	1	1	3
状态 5	1	0	0	4
状态 6	1	0	1	5
状态 7	1	1	0	6
状态 8	1	1	1	7

数字组输入信号需要设置的相关参数与数字输入信号设置的参数一致，不同的是其 Device Mapping 参数设置的地址为某个地址范围，且该地址范围不能与已使用过的地址重复，现以 Grdi1 组输入信号为例，介绍数字组输入信号的设置过程，具体步骤见表 3-22。

表 3-22 数字组输入信号的设置步骤

步骤	操作	示意图
1 ~4	组输入信号与数字输入信号 Dig1 的设定步骤相同，单击“添加”按钮	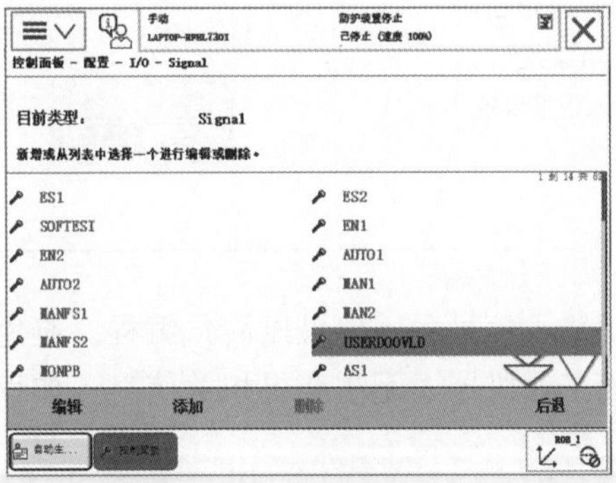
5	双击“Name”选项修改名称为“Grdi1”，双击“Type of Signal”选项，在下拉列表中选择“Group Input”	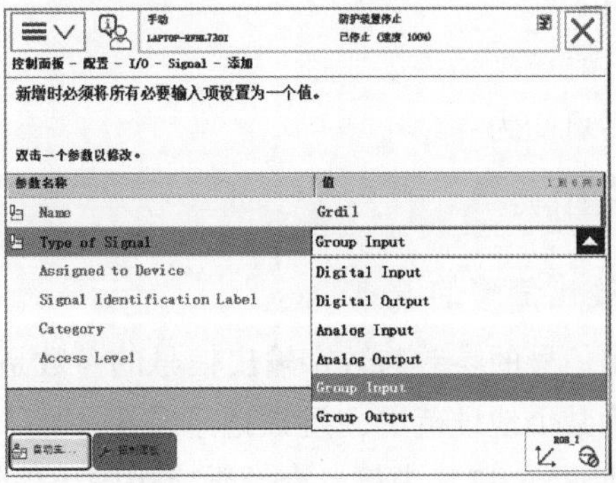

组输入/输出信号的配置

（续）

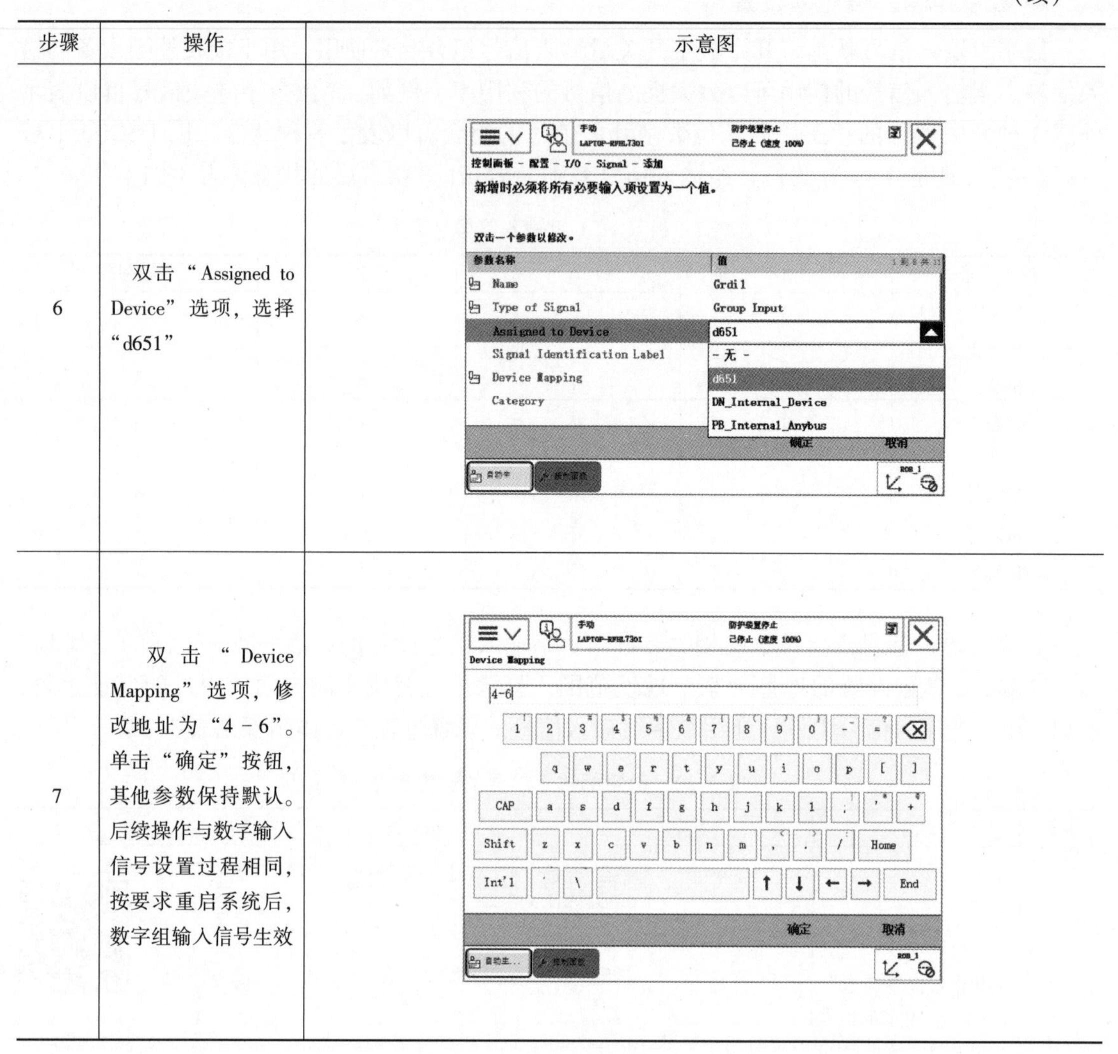

步骤	操作	示意图
6	双击“Assigned to Device”选项，选择“d651”	
7	双击“Device Mapping”选项，修改地址为“4－6”。单击“确定”按钮，其他参数保持默认。后续操作与数字输入信号设置过程相同，按要求重启系统后，数字组输入信号生效	

使用数字组输入信号后，也可以简化编程，避免工业机器人在等待某一信号时，另一信号发生变化，而工业机器人无法获得相关信息。如程序段：

```
WaitDI DI1,1;
WaitDI DI2,1;
WaitDI DI3,1;
```

程序简化后可变为：

```
WaitGI Grdi1,7;
```

5. 数字组输出信号的设置

数字组输出信号的参数与数字输出信号的参数是一致的，不同的是其 Device Mapping 参数设置的地址为某个地址范围，且该地址范围不能与已使用过的地址重复，以 DSCQ651 板端口 4～6（地址 35～37）为例，介绍数字组输出信号 Gro1 的设置步骤，见表 3-23。

表 3-23　数字组输出信号的设置步骤

步骤	操作	示意图
1～4	与数字输出信号 Dog1 的设置步骤相同，单击“添加”按钮	手动 LAPTOP-RFHL730I 防护装置停止 已停止（速度 100%） 控制面板 - 配置 - I/O - Signal 目前类型： Signal 新增或从列表中选择一个进行编辑或删除。 ES1　ES2 SOFTESI　EN1 EN2　AUTO1 AUTO2　MAN1 MANFS1　MAN2 MANFS2　USERDOOVLD MONPB　AS1 编辑　添加　删除　后退 ROB_1
5	双击“Name”选项修改名称为“Gro1”，双击“Type of Signal”选项，在下拉列表中选择“Group Output”	手动 LAPTOP-RFHL730I 防护装置停止 已停止（速度 100%） 控制面板 - 配置 - I/O - Signal - 添加 新增时必须将所有必要输入项设置为一个值。 双击一个参数以修改。 参数名称　值 Name　Gro1 Type of Signal　Group Output Assigned to Device　Digital Input Signal Identification Label　Digital Output Category　Analog Input Access Level　Analog Output Group Input Group Output ROB_1
6	双击“Assigned to Device”，选择“d651”	手动 LAPTOP-RFHL730I 防护装置停止 已停止（速度 100%） 控制面板 - 配置 - I/O - Signal - 添加 新增时必须将所有必要输入项设置为一个值。 双击一个参数以修改。 参数名称　值 Name　Gro1 Type of Signal　Group Output Assigned to Device　d651 Signal Identification Label　- 无 - Device Mapping　d651 Category　DN_Internal_Device PB_Internal_Anybus 确定　取消 ROB_1
7	双击“Device Mapping”选项，修改地址为“35－37”。单击“确定”按钮，其他参数保持默认。后续操作与数字输出信号设置过程相同。按要求重启系统后，数字组输出信号生效	手动 LAPTOP-RFHL730I 防护装置停止 已停止（速度 100%） Device Mapping 35-37 1 2 3 4 5 6 7 8 9 0 - = q w e r t y u i o p [ ] CAP a s d f g h j k l ; ' Shift z x c v b n m , . / Home Int'l ` \ End 确定　取消 ROB_1

6. 模拟量输出信号的定义

DSQC651 板带有两路模拟量输出信号，可对外部模拟量进行控制，模拟量输出信号需要设置的参数见表3-24。

表 3-24　模拟量输出信号的相关参数设置表

参数名称	设定值	含义
Name	Ano1	设定模拟量输出信号的名称
Type of Signal	Analog Input	设定信号的种类
Assigned to Device	d651	设定信号所在 I/O 模块
Device Mapping	0 ~ 15	设定 I/O 信号所占用的地址
Analog Encoding Type	Unsigned	设定模拟信号属性
Maximum Logical Value	10	设定最大逻辑值
Maximum Physical Value	10	设定最大物理值
Maximum Bit Value	65535	设定最大位置

下面以模拟量输出信号 Ano1 为例，介绍模拟量输出信号的设置过程，其设置步骤见表3-25。

表 3-25　模拟量输出信号的设置步骤

步骤	操作	示意图
1 ~ 4	与数字输出信号 Dog1 的设定步骤相同，单击“添加”按钮	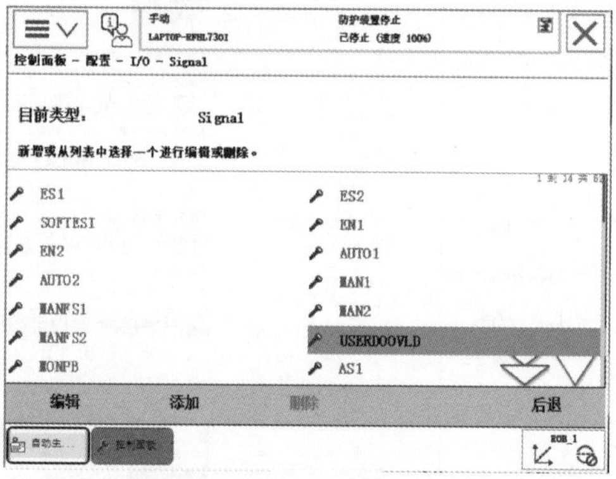
5	双击“Name”选项修改名称为“Ano1”，单击“确定”按钮	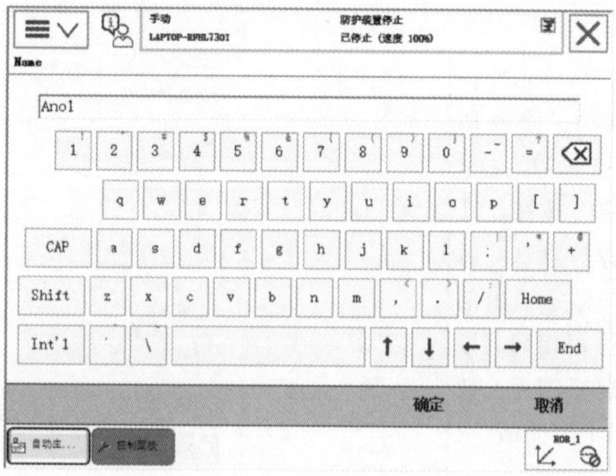

模拟输出信号的配置

（续）

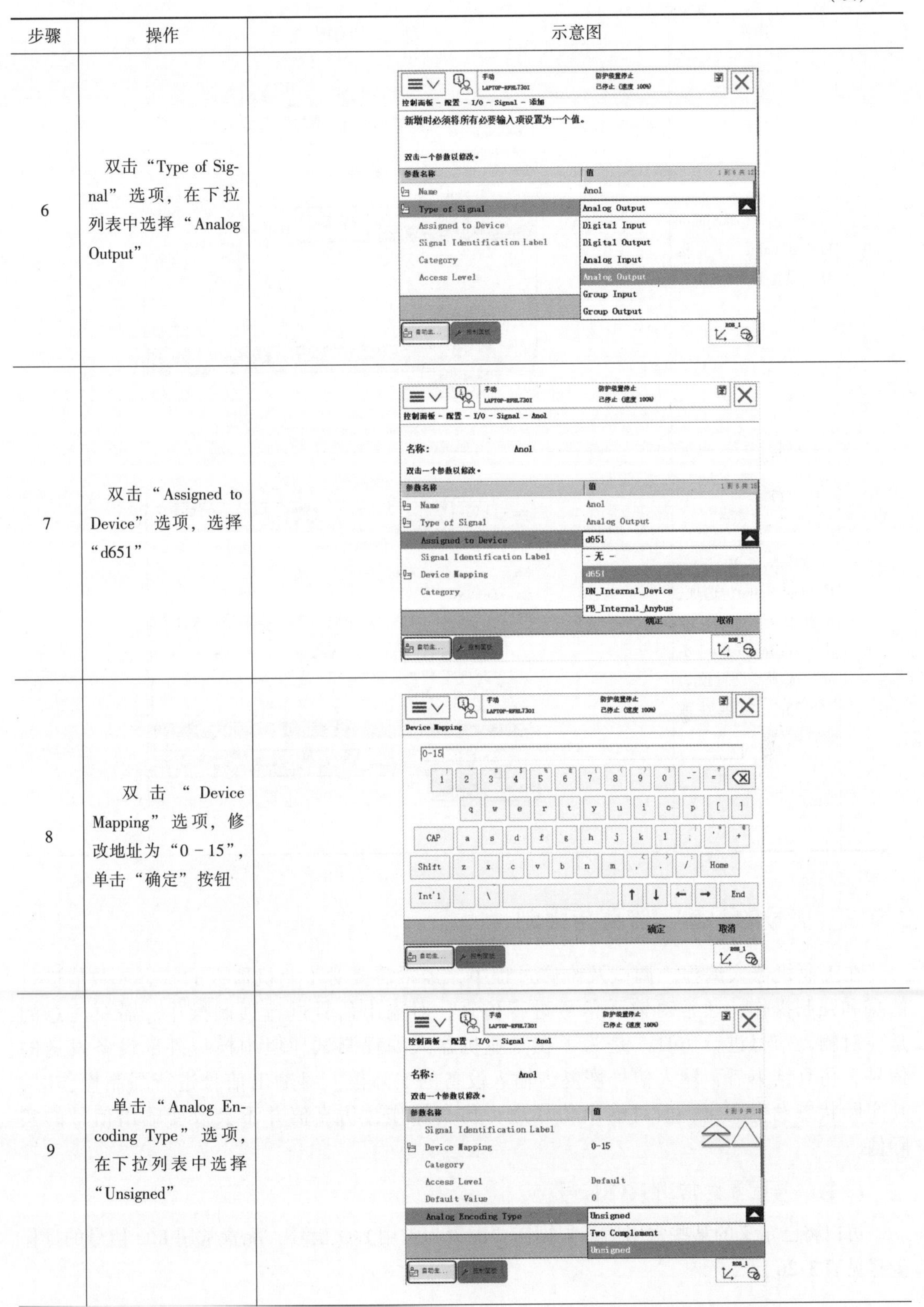

步骤	操作	示意图
6	双击“Type of Signal”选项，在下拉列表中选择“Analog Output”	
7	双击“Assigned to Device”选项，选择“d651”	
8	双击“Device Mapping”选项，修改地址为“0-15”，单击“确定”按钮	
9	单击“Analog Encoding Type”选项，在下拉列表中选择“Unsigned”	

（续）

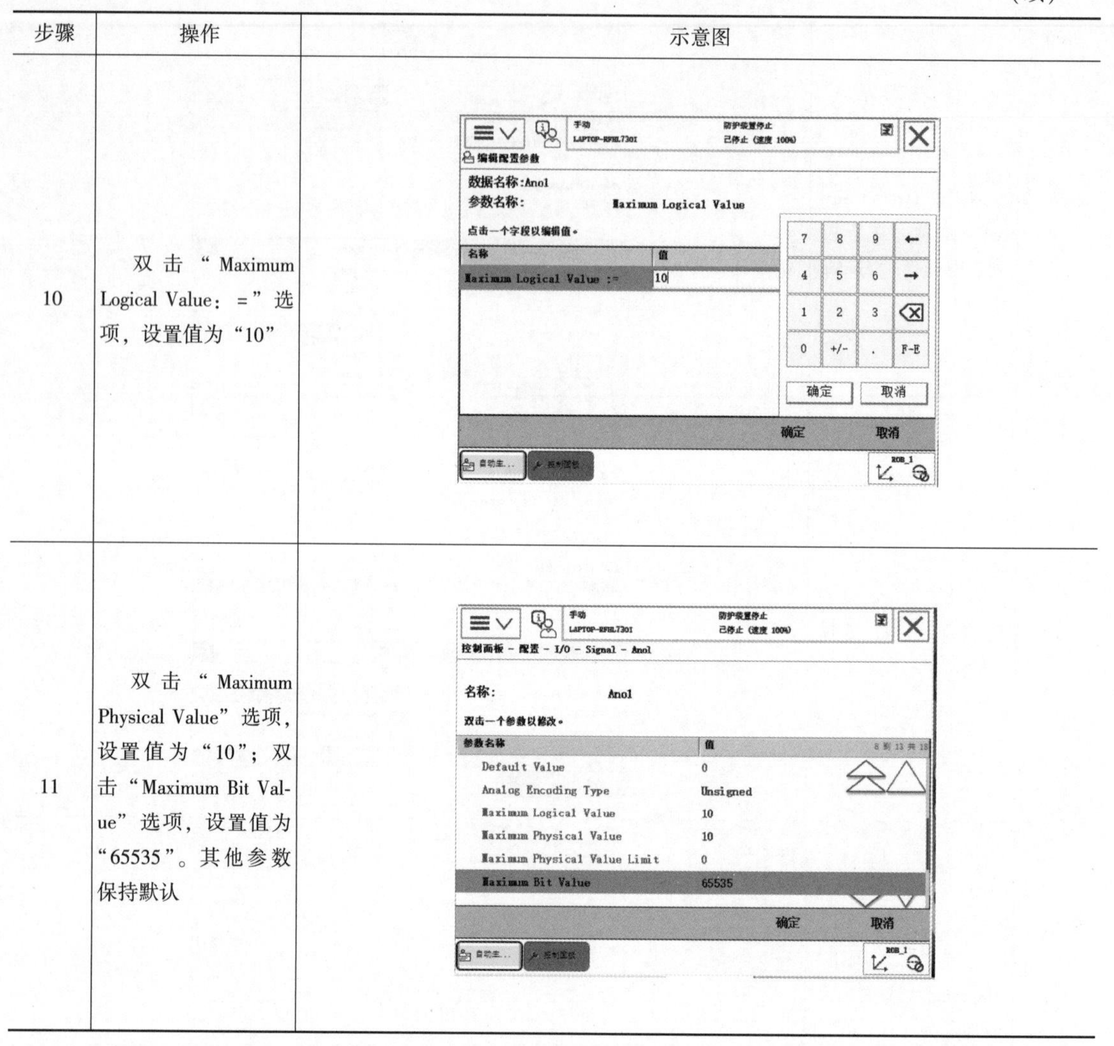

步骤	操作	示意图
10	双击“Maximum Logical Value：=”选项，设置值为“10”	
11	双击“Maximum Physical Value”选项，设置值为“10”；双击“Maximum Bit Value”选项，设置值为“65535”。其他参数保持默认	

3.2.2 信号的配置、仿真与强制

在工业机器人编程、调试及维修过程中，经常需要对工业机器人的状态或数值进行仿真和强制操作，通常对输入信号进行仿真，对输出信号进行强制操作。需要注意的是，对输入信号进行仿真，是为了在工业机器人编程测试环境中模拟外部设备发送的信号，仿真结束后，输入信号恢复为输入设备的实际值。对输出信号进行强制操作时，其实际状态发生变化，而对输出信号进行仿真操作，仿真值并不会改变输出信号的实际值。

1. 将信号配置为常用I/O信号

可以将已定义的某些常用信号根据需要配置为常用I/O信号，配置常用I/O信号的操作步骤见表3-26。

表 3-26　配置常用 I/O 信号的操作步骤

步骤	操作	示意图
1	单击“ABB 主菜单”，选择“控制面板”选项，单击“I/O”（配置常用I/O信号）	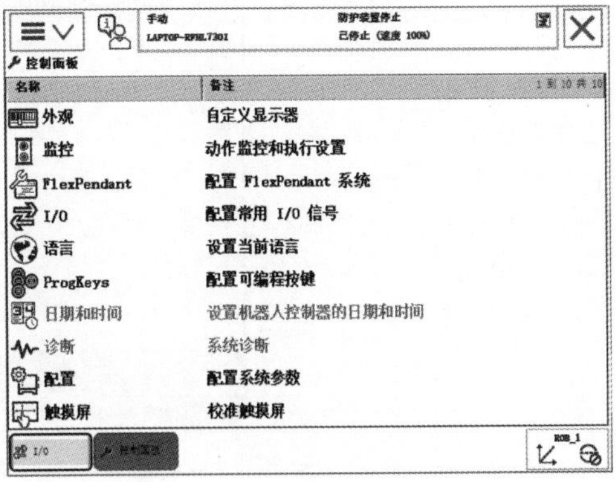
2	在已定义的I/O信号中，勾选需要定义为常用I/O信号的信号名称（这里将前面定义的信号均选中）	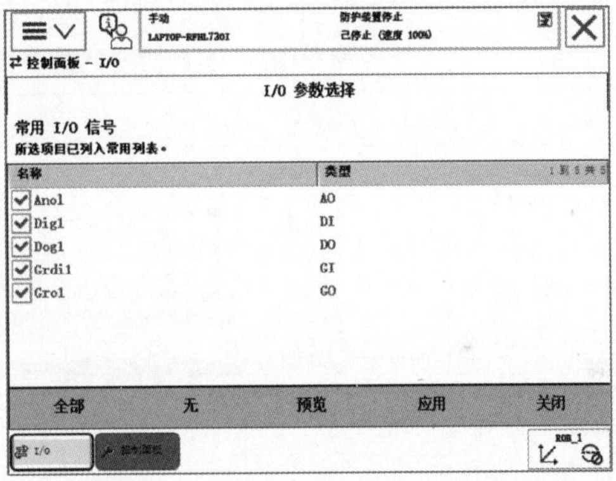
3	进入主页面，选择“输入输出”选项	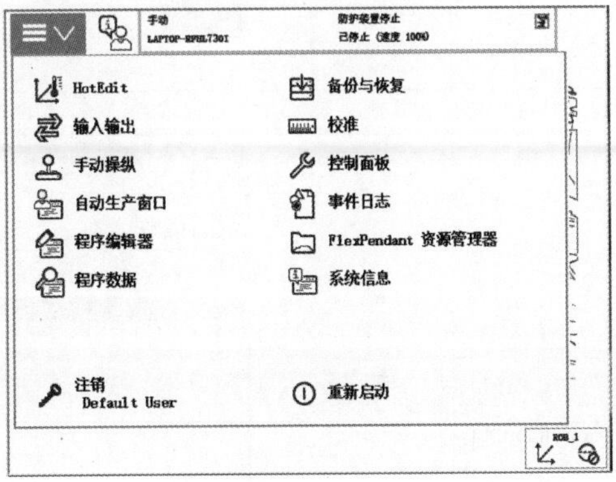

（续）

<table>
<tr><th>步骤</th><th>操作</th><th>示意图</th></tr>
<tr><td>4</td><td>在“输入输出”界面中选择右下角“视图”，勾选“常用”，即可显示已配置为常用的I/O信号名称</td><td>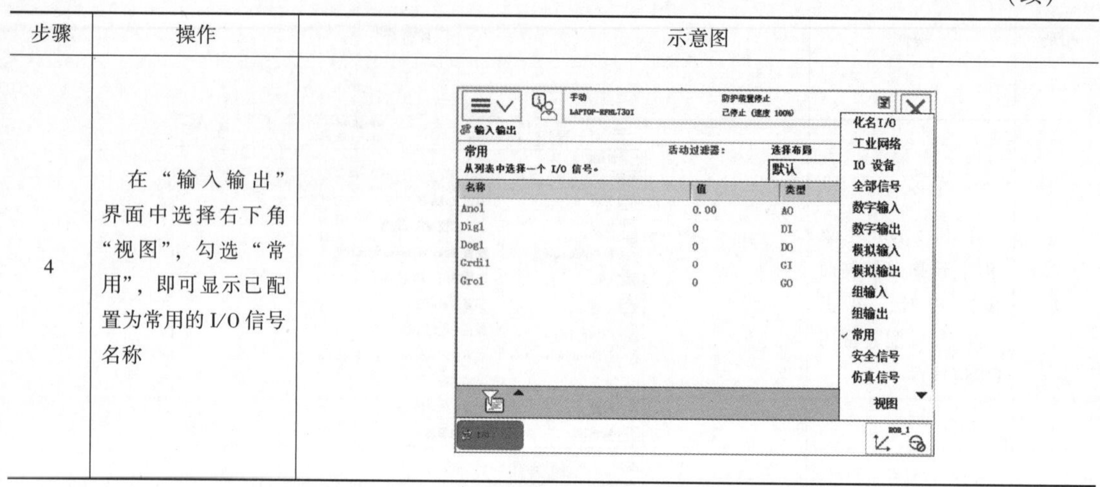
</td></tr>
</table>

2. 对数字输入/组输入信号进行仿真

以所定义的Dig1及Grdi1信号为例介绍输入信号的仿真操作步骤，见表3-27。

表3-27　输入信号的仿真操作步骤

<table>
<tr><th>步骤</th><th>操作</th><th>示意图</th></tr>
<tr><td>1</td><td>单击“ABB主菜单”，选择“输入输出”选项，选择右下角“视图”选项，勾选“常用”，显示所有I/O信号，选择Dig1</td><td>手动
LAPTOP-RFHL730I
防护装置停止
已停止 (速度 100%)
输入输出
常用
从列表中选择一个 I/O 信号。
活动过滤器：
选择布局
默认
名称 值 类型 设备
Ano1 0.00 AO d651
Dig1 0 DI d651
Dog1 0 DO d651
Grdi1 0 GI d651
Gro1 0 GO d651
0 1 仿真 视图
ROB_1</td></tr>
<tr><td>2</td><td>选择页面下方“仿真”选项，进入输入信号仿真状态，选择“1”或“0”，可以对仿真值进行修改</td><td>手动
LAPTOP-RFHL730I
防护装置停止
已停止 (速度 100%)
输入输出
常用
从列表中选择一个 I/O 信号。
活动过滤器：
选择布局
默认
名称 值 类型 设备
Ano1 0.00 AO d651
Dig1 1 (Sim) DI d651
Dog1 0 DO d651
Grdi1 0 GI d651
Gro1 0 GO d651
0 1 清除仿真 视图
ROB_1</td></tr>
</table>

（续）

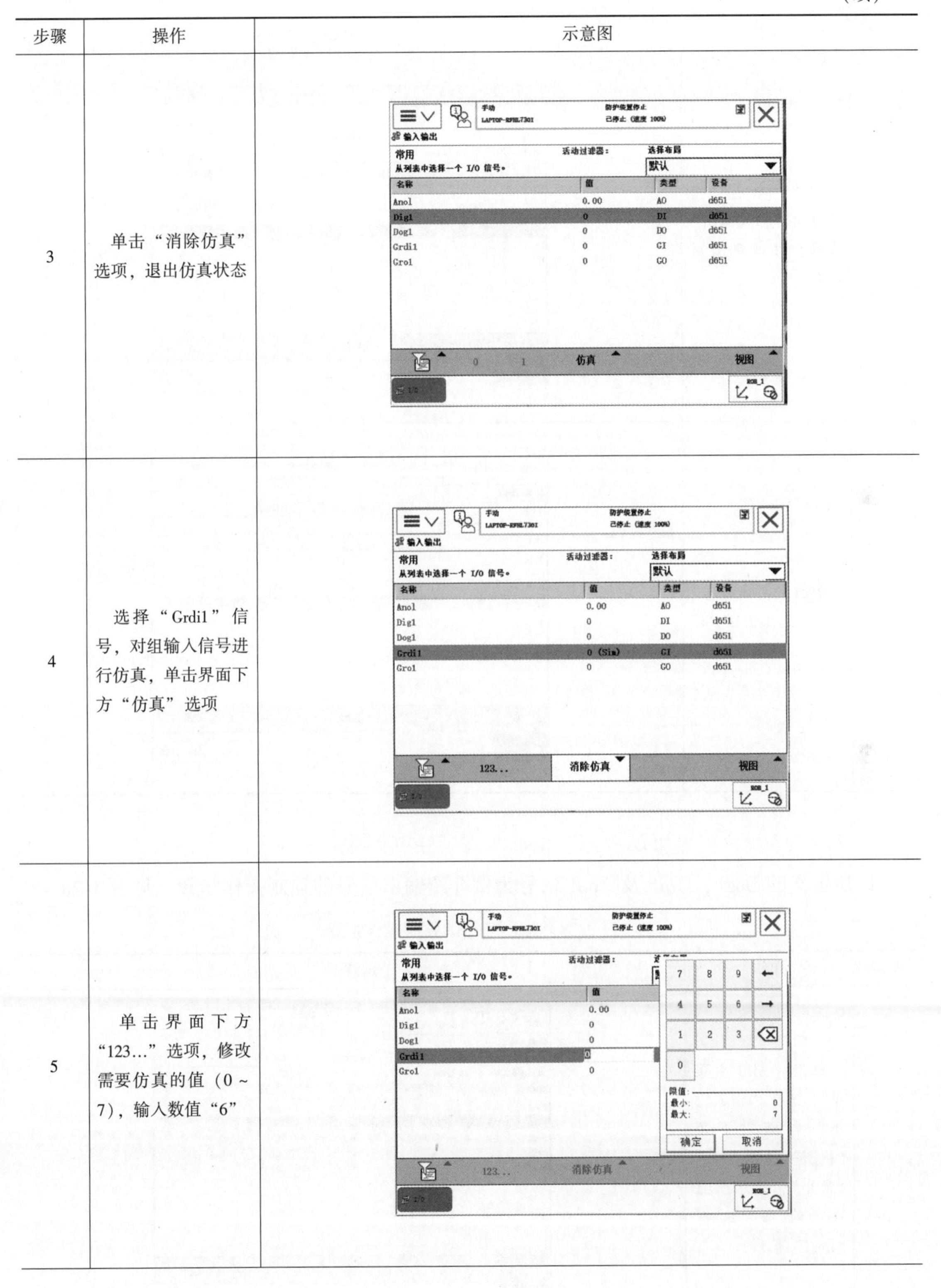

步骤	操作	示意图
3	单击“消除仿真”选项，退出仿真状态	
4	选择“Grdi1”信号，对组输入信号进行仿真，单击界面下方“仿真”选项	
5	单击界面下方“123...”选项，修改需要仿真的值（0~7），输入数值“6”	

（续）

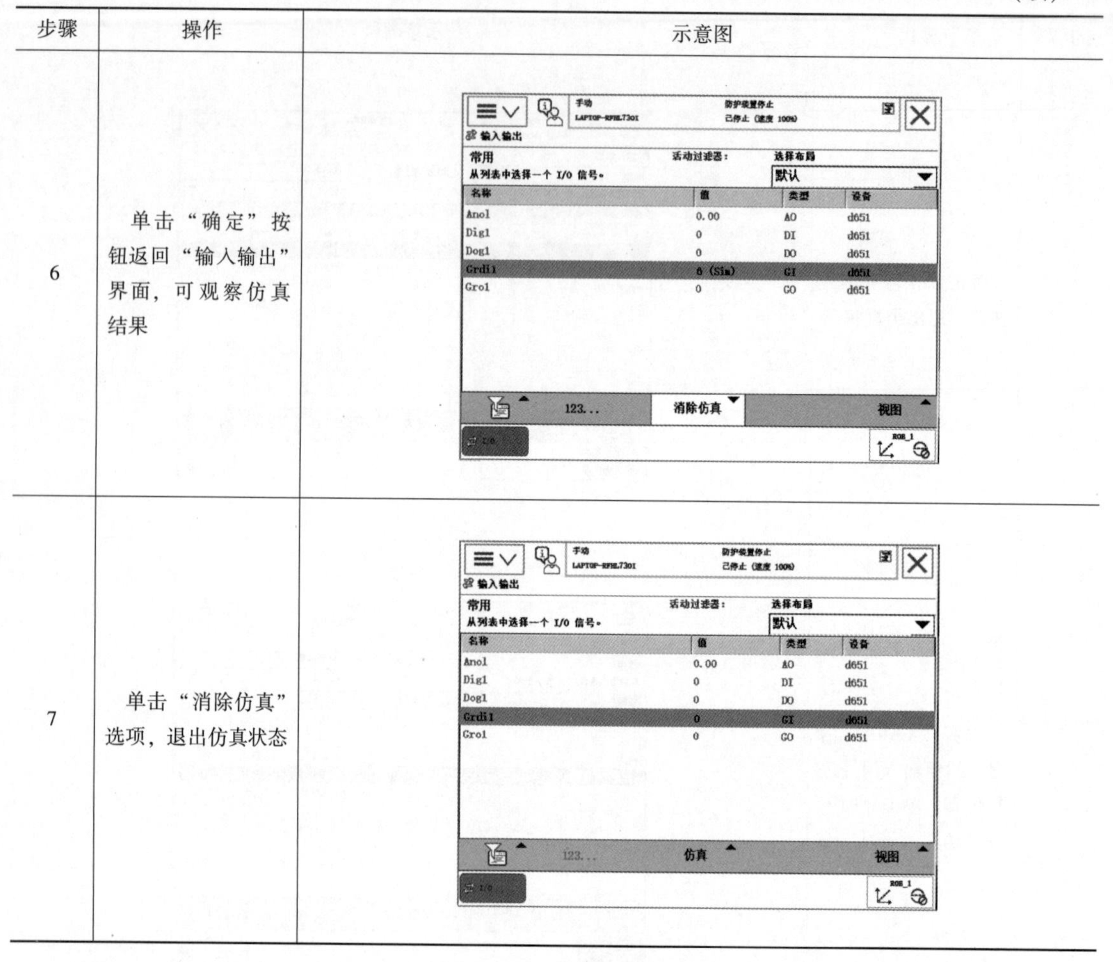

步骤	操作	示意图
6	单击“确定”按钮返回“输入输出”界面，可观察仿真结果	
7	单击“消除仿真”选项，退出仿真状态	

3. 对数字输出/组输出及模拟输出信号进行强制操作

以所定义的Dog1、Gro1及Ano1信号为例介绍输出信号的强制操作步骤，见表3-28。

表3-28　输出信号的强制操作步骤

步骤	操作	示意图
1	单击“ABB主菜单”，选择“输入输出”界面右下角“视图”选项，勾选“常用”，显示所有I/O信号，选择“Dog1”信号	手动 LAPTOP-RFHL7301 防护装置停止 已停止（速度 100%） 输入输出 常用 活动过滤器： 选择布局 从列表中选择一个 I/O 信号。 默认 名称 值 类型 设备 Ano1 0.00 AO d651 Dig1 0 DI d651 Dog1 0 DO d651 Grdi1 0 GI d651 Gro1 0 GO d651 0 1 仿真 视图 I/O ROB_1

（续）

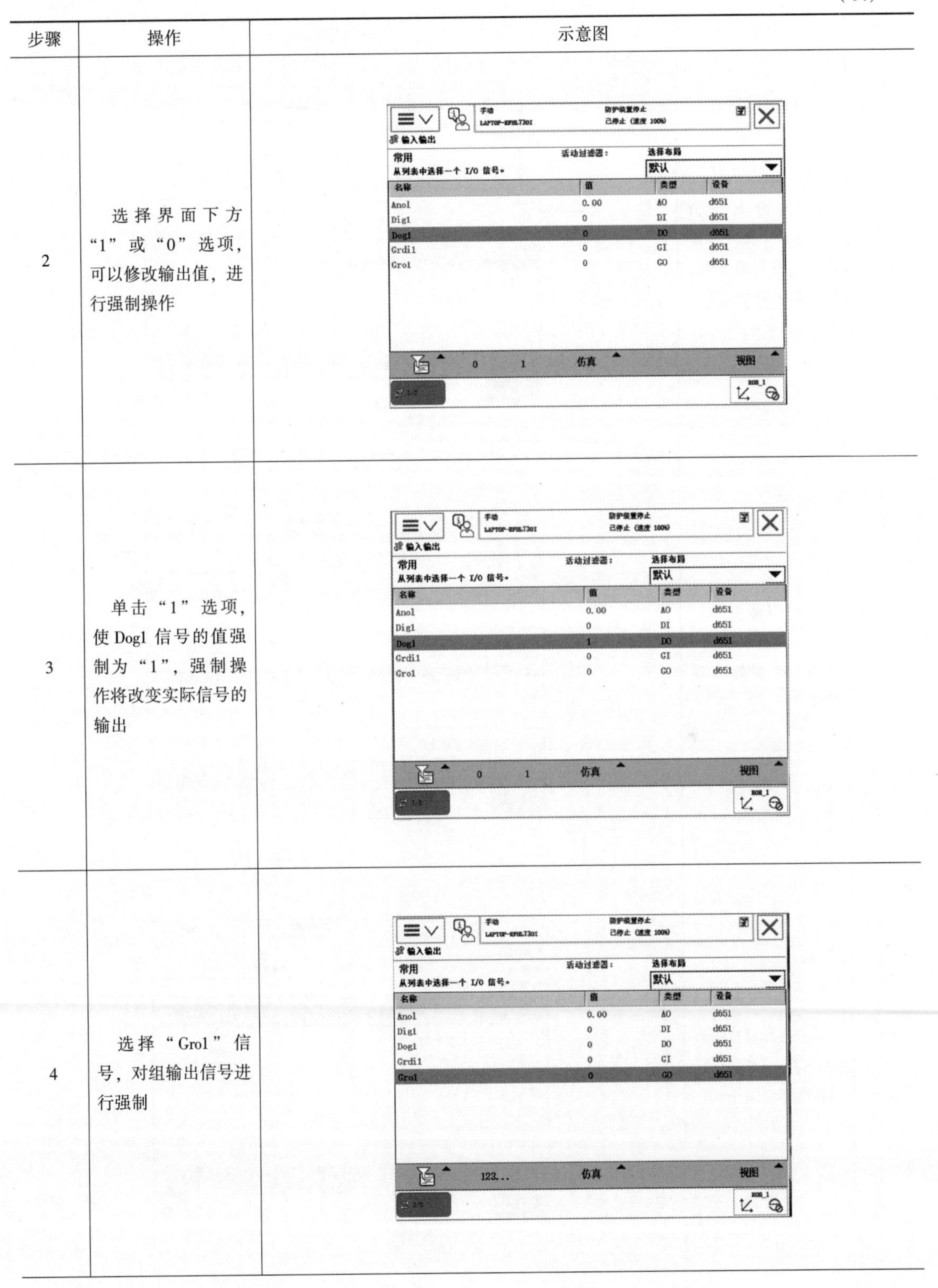

步骤	操作	示意图
2	选择界面下方“1”或“0”选项，可以修改输出值，进行强制操作	
3	单击“1”选项，使Dog1信号的值强制为“1”，强制操作将改变实际信号的输出	
4	选择“Gro1”信号，对组输出信号进行强制	

（续）

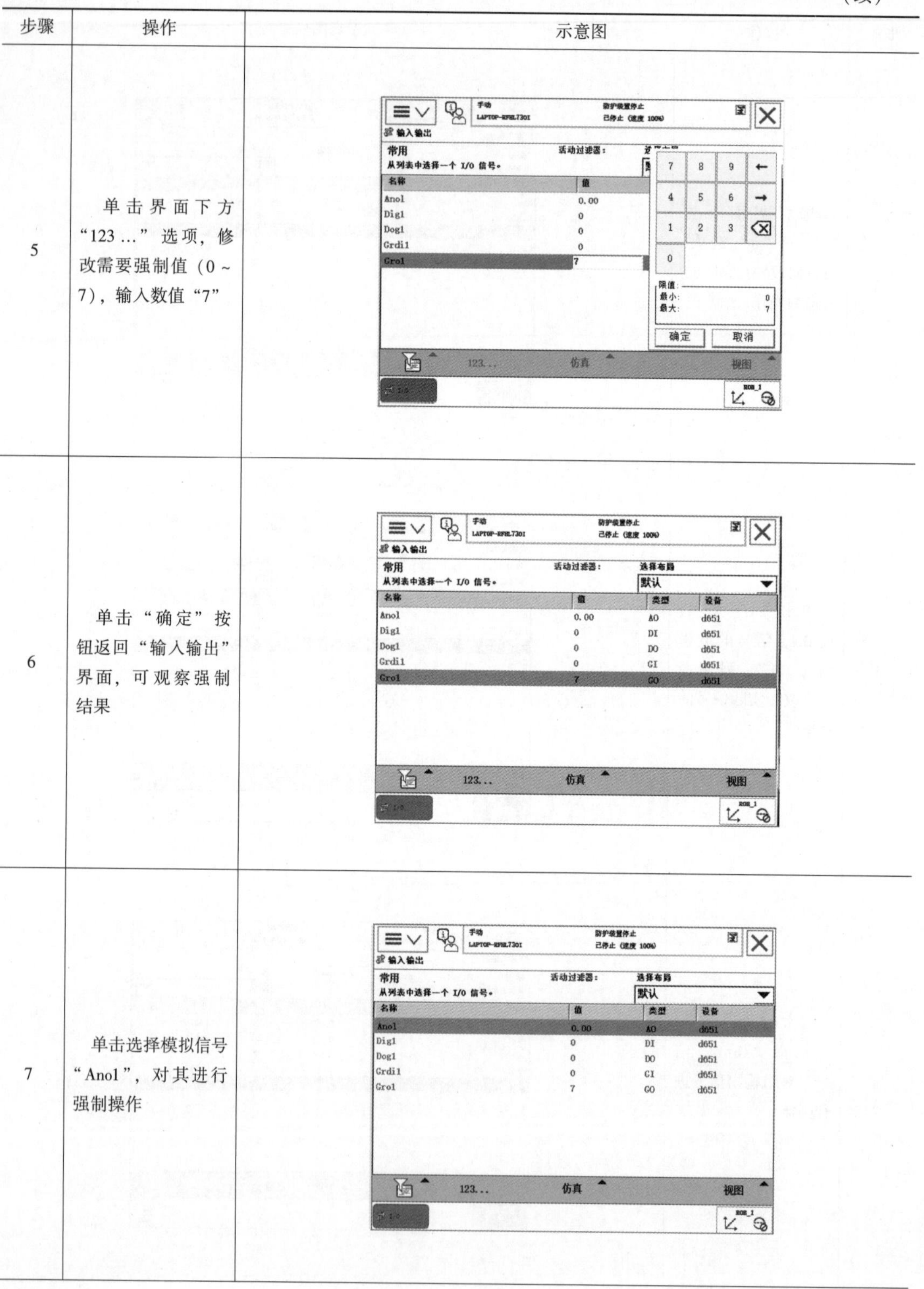

步骤	操作	示意图
5	单击界面下方“123 …”选项，修改需要强制值（0 ~ 7），输入数值“7”	
6	单击“确定”按钮返回“输入输出”界面，可观察强制结果	
7	单击选择模拟信号“Ano1”，对其进行强制操作	

（续）

步骤	操作	示意图
8	单击界面下方“123…”选项，修改需要强制值（0.00～10.00），输入强制值“5.67”	手动 LAPTOP-RFHL730I 防护装置停止 已停止（速度 100%） 输入输出 常用 从列表中选择一个 I/O 信号。 活动过滤器： 名称 值 Ano1 5.67 Dig1 0 Dog1 0 Grdi1 0 Gro1 7 7 8 9 ← 4 5 6 → 1 2 3 0 . 限值：最小：0.00 最大：10.00 确定 取消 123... 仿真 视图 ROB_1
9	单击“确定”按钮，返回“输入输出”界面，可观察强制结果	手动 LAPTOP-RFHL730I 防护装置停止 已停止（速度 100%） 输入输出 常用 从列表中选择一个 I/O 信号。 活动过滤器： 选择布局 默认 名称 值 类型 设备 Ano1 5.67 AO d651 Dig1 0 DI d651 Dog1 0 DO d651 Grdi1 0 GI d651 Gro1 7 GO d651 123... 仿真 视图 ROB_1

3.2.3　示教器可编程按键的使用

示教器上的可编程按键可以和I/O信号进行关联，以方便对I/O信号进行仿真或强制操作，示教器上的可编程按键如图3-11所示。

现以可编程按键配置为数字输出信号Dog1为例介绍其配置步骤，见表3-29。

图3-11　示教器上的可编程按键

表 3-29　可编程按键配置为数字输出信号 Dog1 的操作步骤

步骤	操作	示意图
1	进入 ABB 主界面，单击选择“控制面板”选项，进入控制面板界面	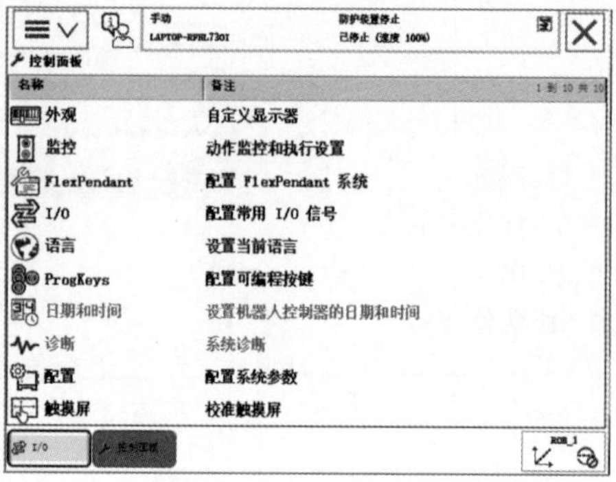
2	单击选择“ProgKeys”（配置可编程按键）选项，进入配置界面。在配置界面中可将可编程按键 1～4 设置为工业机器人的“输入”“输出”“系统”信号 3 种类型。这里选择将按键 1 配置为输出	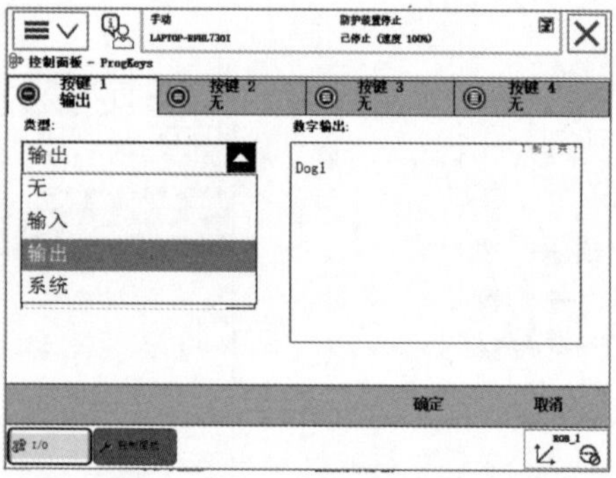
3	在“数字输出:”下拉列表中选择“Dog1”，在“按下按键:”下拉列表中选择为“切换”（可根据需要进行选择）。单击“确定”按钮完成设置	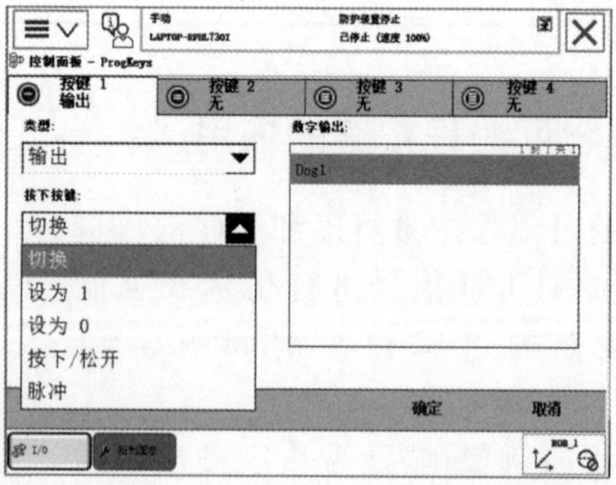

（续）

步骤	操作	示意图
4	配置完成后，切换到“输入输出”界面，手动反复按下按键1可以看到Dog1信号在“0”和“1”之间反复切换。可以依据上述步骤对按键2～4进行配置	

“按下按键”下拉列表中有多种按键方式可以选择，具体说明如下：

1）切换：每按一次按键，信号在1和0之间切换。

2）设为1：按下按键，将信号置位1。

3）设为0：按下按键，将信号置位0。

4）按下/松开：长按按键，信号为1，松开后信号为0。

5）脉冲：按下按键，信号为1，然后自动重置为0，产生一个高脉冲信号。

3.2.4　系统输出与I/O信号的关联

ABB工业机器人定义了固定的工业机器人系统输入输出信号，将工业机器人输入信号与外部数字输入信号进行连接，可实现外部信号对工业机器人系统的控制，如工业机器人电动机通电、工业机器人通电并运行、运行工业机器人程序等；也可以通过工业机器人系统输出状态信息控制某些外围设备的动作，如气爪的打开/关闭，电磁阀的开/关，传送带的起/停等。

工业机器人系统输入是指通过外部某个数字输入信号来控制工业机器人的某种运行状态，工业机器人系统输出是指通过工业机器人的某种运行状态控制数字输出信号，从而控制外围某些设备。表3-30中列举了部分工业机器人系统输入输出信号。

表3-30　部分工业机器人系统输入输出信号

输入信号名称	含义	输出信号名称	含义
Motors On	工业机器人电动机通电	Auto On	处于自动运行状态
Motors On and Start	工业机器人通电并运行	Backup Error	备份错误报警
Motors Off	工业机器人电动机断电	Backup in Progress	备份进行中状态

（续）

输入信号名称	含义	输出信号名称	含义
Load and Start	载入程序运行	Cycle On	程序运行状态
Interrupt	中断	Emergency Stop	紧急停止状态
Start	运行工业机器人程序	Execution Error	运行错误报警
Start at main	重新运行工业机器人程序	Motors Off	电动机断电
Stop	停止运行工业机器人程序	Motors On	电动机通电
System Restart	热起动工业机器人	Motor Off State	电动机断电指示
Backup	系统备份	Motor On State	电动机通电指示

所有系统输入在自动模式下都能启动，但在手动模式下，部分系统输入将失去功能，下面以系统输入信号电动机通电（Motors On）与数字输入信号 Dig1、系统输出信号“紧急停止状态”（Emergency Stop）与数字输出信号 Dog1 关联为例，说明数字 I/O 信号与系统输入输出信号相关联的操作步骤，见表 3-31。

表 3-31　数字 I/O 信号与系统输入输出信号相关联操作步骤

步骤	操作	示意图
1	进入 ABB 主界面，单击选择“控制面板”选项，进入控制面板界面	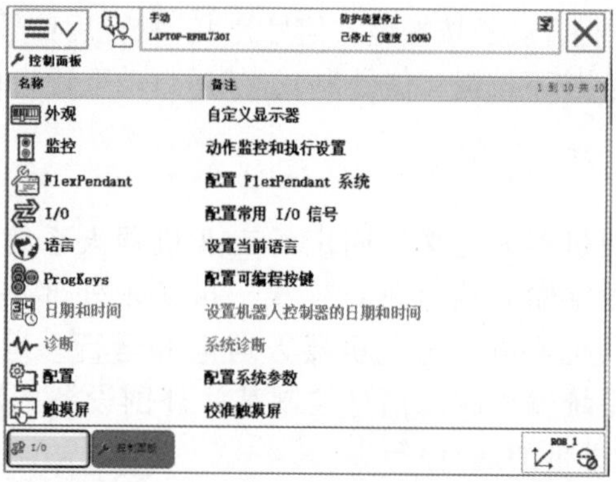手动 防护装置停止 已停止 (速度 100%) 控制面板 名称 备注 外观 自定义显示器 监控 动作监控和执行设置 FlexPendant 配置 FlexPendant 系统 I/O 配置常用 I/O 信号 语言 设置当前语言 ProgKeys 配置可编程按键 日期和时间 设置机器人控制器的日期和时间 诊断 系统诊断 配置 配置系统参数 触摸屏 校准触摸屏
2	单击选择“I/O”（配置常用 I/O 信号）选项，单击“显示全部”按钮进入配置界面，选择“System Input”选项	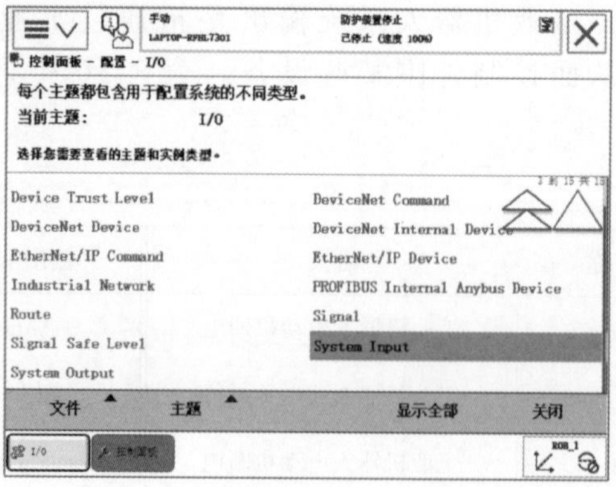手动 防护装置停止 已停止 (速度 100%) 控制面板 - 配置 - I/O 每个主题都包含用于配置系统的不同类型。 当前主题：　I/O 选择您需要查看的主题和实例类型。 Device Trust Level DeviceNet Command DeviceNet Device DeviceNet Internal Device EtherNet/IP Command EtherNet/IP Device Industrial Network PROFIBUS Internal Anybus Device Route Signal Signal Safe Level System Input System Output 文件 主题 显示全部 关闭

（续）

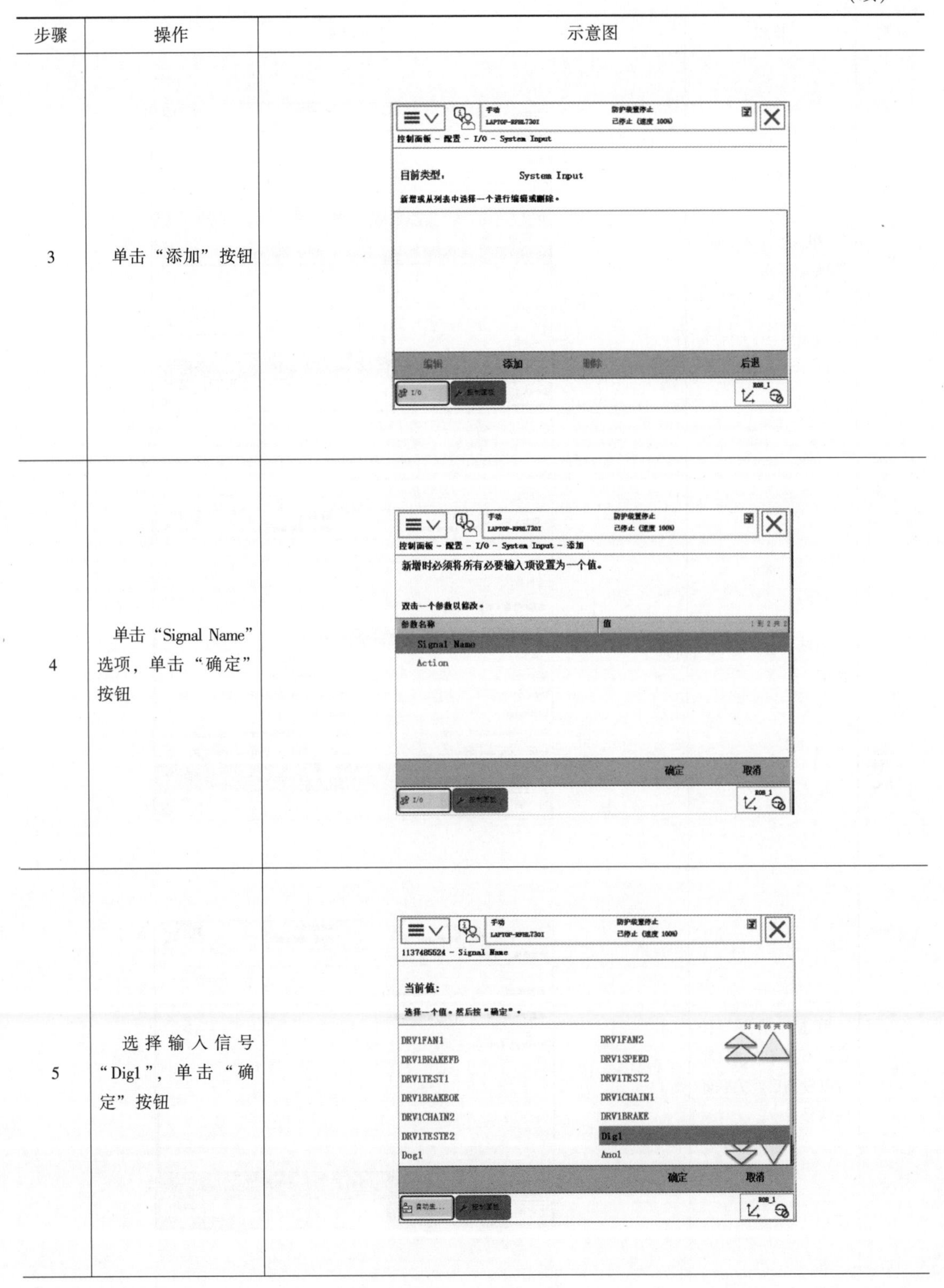

步骤	操作	示意图
3	单击“添加”按钮	
4	单击“Signal Name”选项，单击“确定”按钮	
5	选择输入信号“Digl”，单击“确定”按钮	

（续）

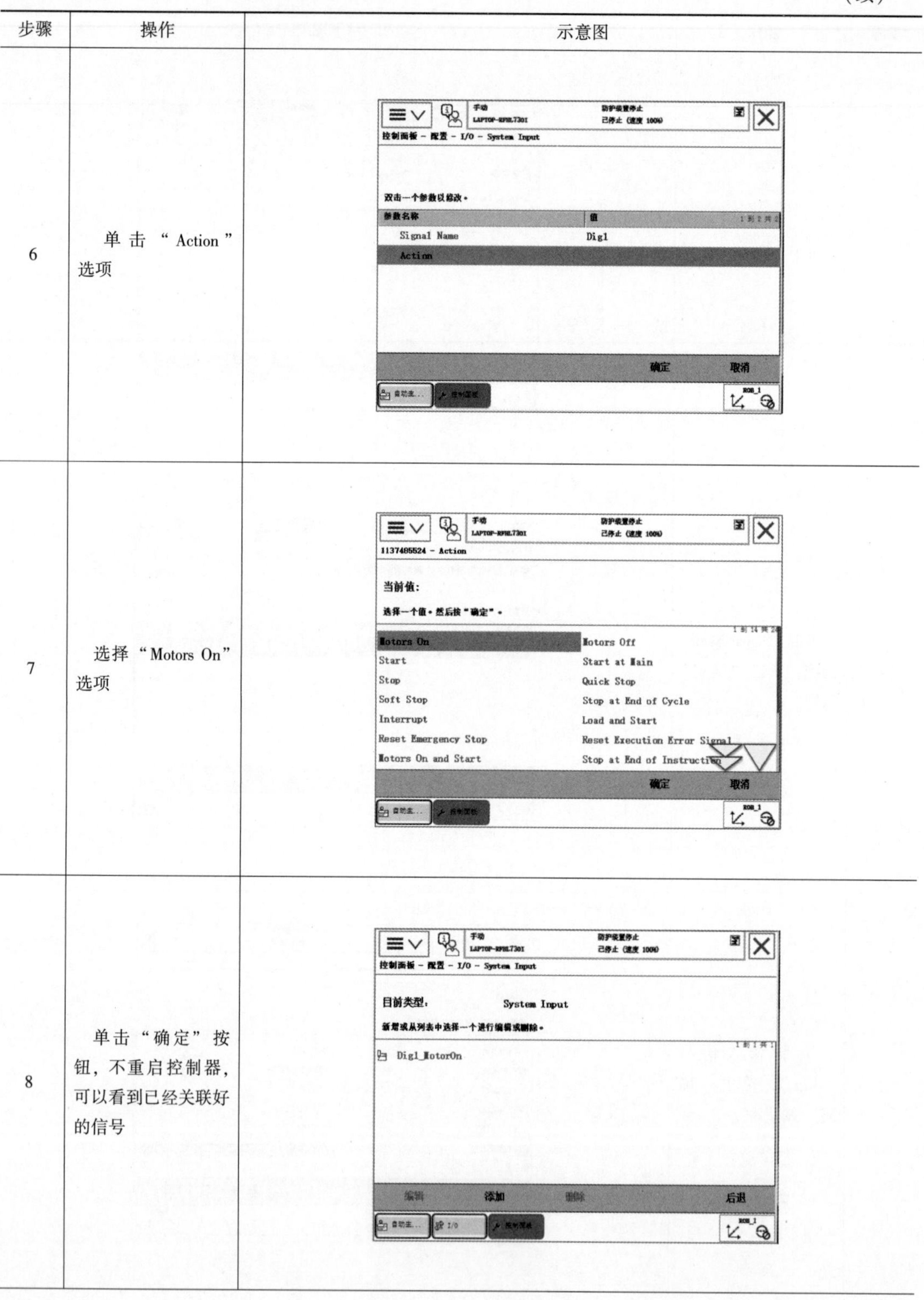

步骤	操作	示意图
6	单击“Action”选项	
7	选择“Motors On”选项	
8	单击“确定”按钮，不重启控制器，可以看到已经关联好的信号	

（续）

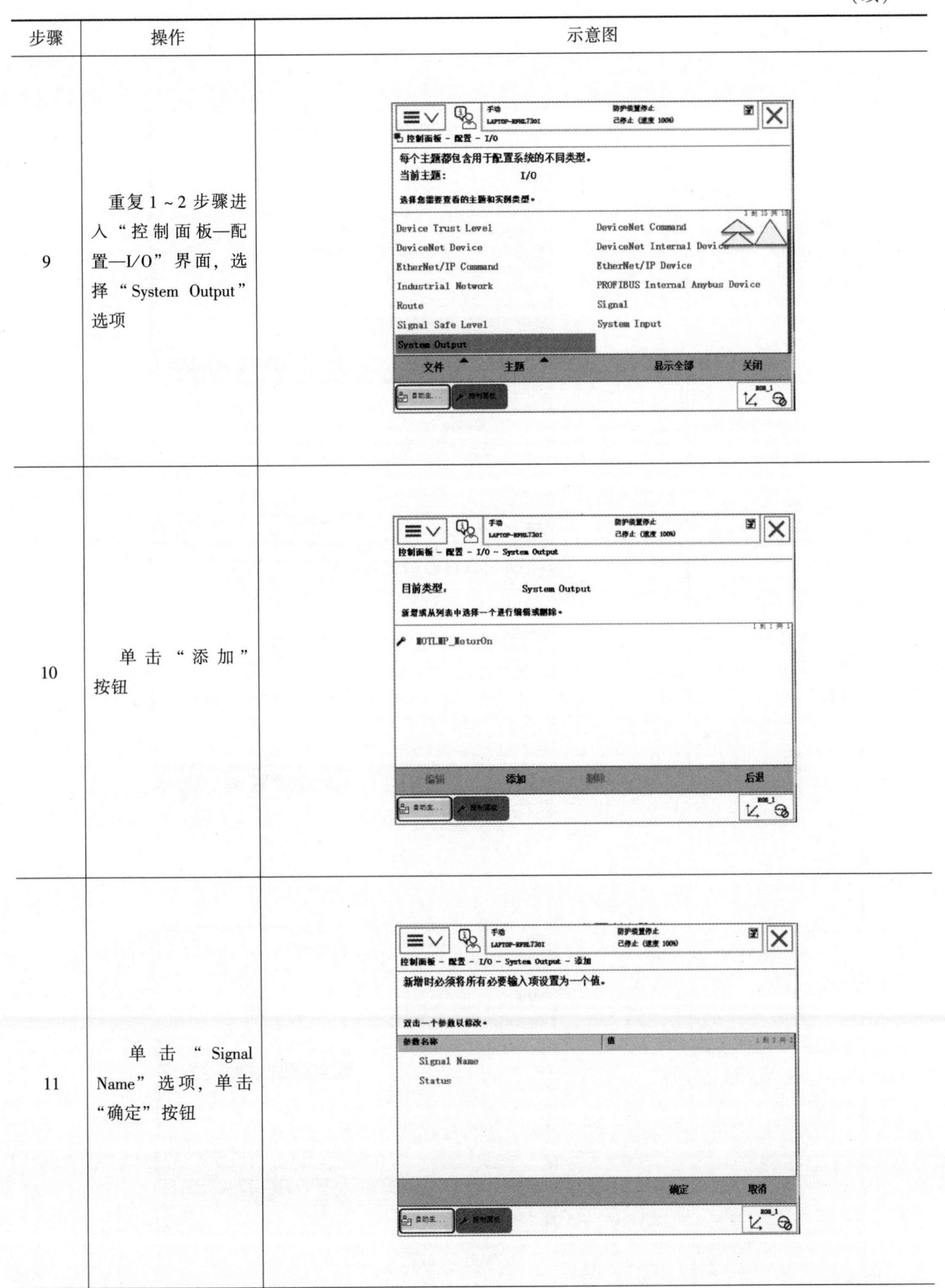

步骤	操作	示意图
9	重复1～2步骤进入“控制面板—配置—I/O”界面，选择“System Output”选项	
10	单击“添加”按钮	
11	单击“Signal Name”选项，单击“确定”按钮	

（续）

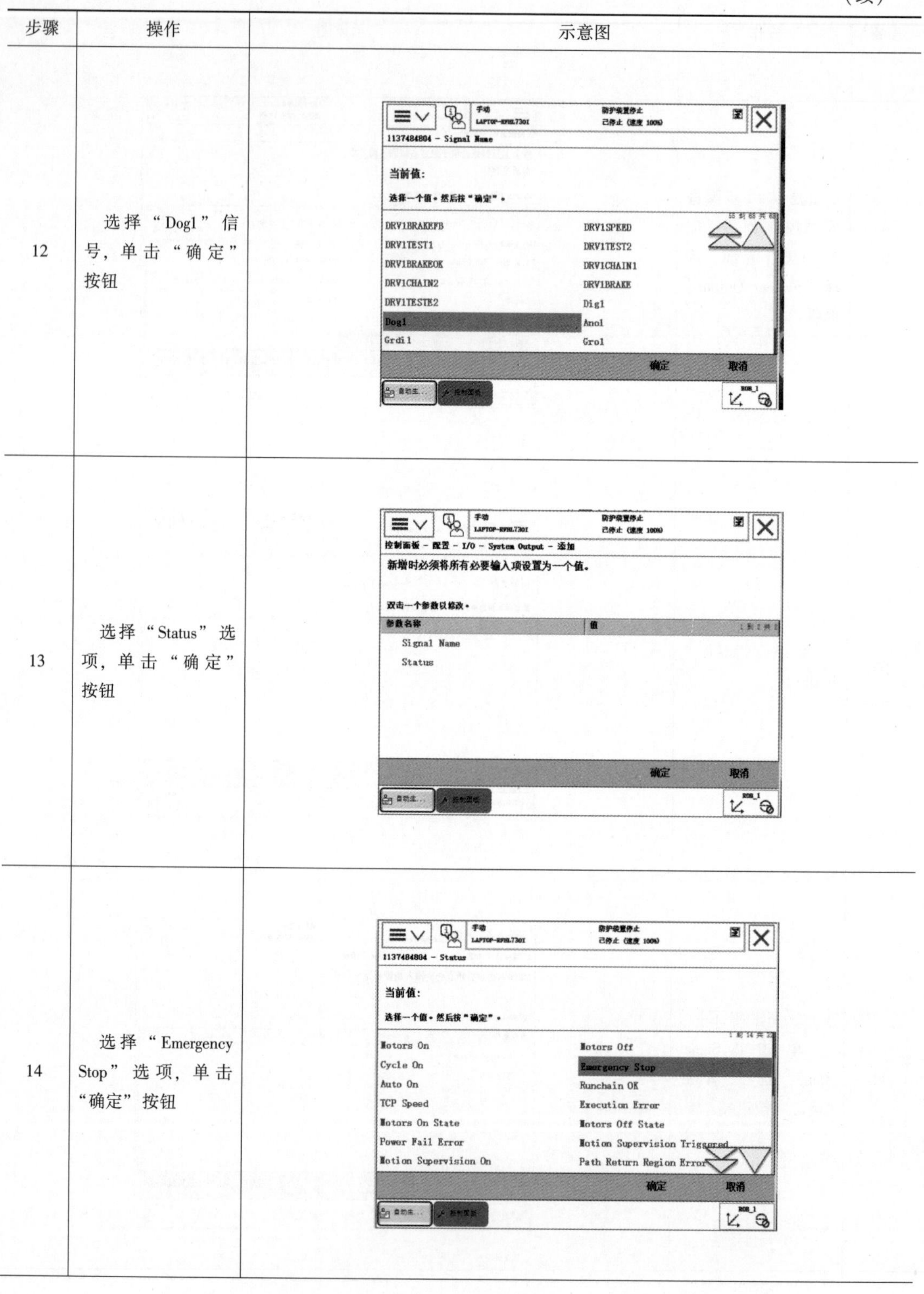

步骤	操作	示意图
12	选择“Dog1”信号，单击“确定”按钮	
13	选择“Status”选项，单击“确定”按钮	
14	选择“Emergency Stop”选项，单击“确定”按钮	

（续）

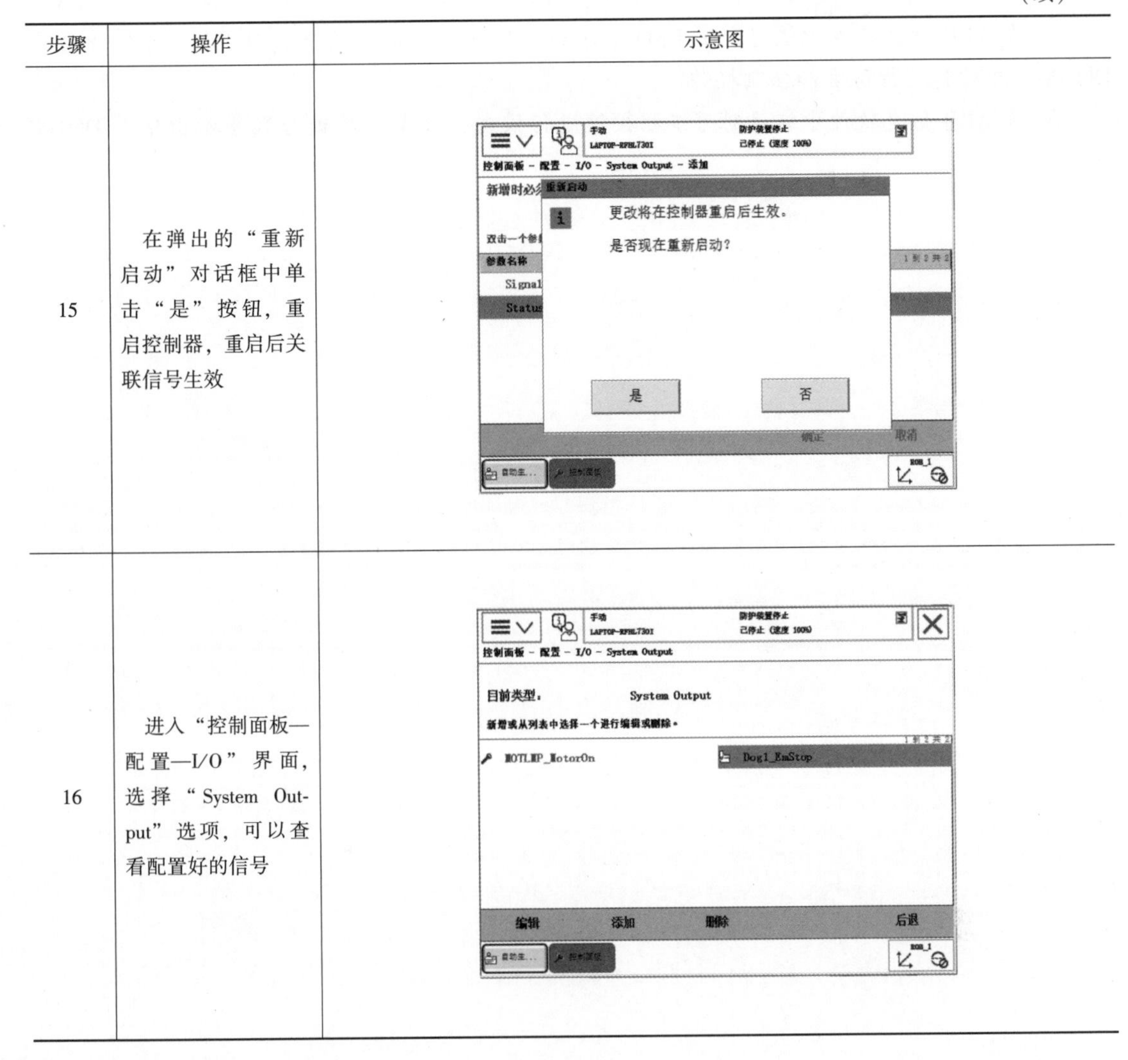

步骤	操作	示意图
15	在弹出的“重新启动”对话框中单击“是”按钮，重启控制器，重启后关联信号生效	
16	进入“控制面板—配置—I/O”界面，选择“System Output”选项，可以查看配置好的信号	

3.3　小结

本章详细讲解了ABB标准I/O板的配置及使用。ABB标准I/O板提供的常用处理信号有数字输入信号DI、数字输出信号DO、模拟输入信号AI和模拟输出信号AO，本章详细讲解了如何进行相关参数设定。学习者通过本章的学习，可以初步掌握I/O信号的使用及相关操作，熟悉工业机器人通过I/O信号与外围设备进行通信的方法，为编制相关工业机器人控制程序奠定基础。

练习题

1. 工业机器人标准I/O板需要配置的基本参数有哪些？
2. 在I/O单元上创建数字信号，需要设置哪些基本参数？

3. ABB 标准 I/O 板提供了哪些信号类型？常用标准 I/O 板有哪些？可以提供何种信号？

4. 在 ABB 仿真软件中练习配置 DSQC651 板，定义数字输入信号 DI100 和数字输出信号 DO100，并对其进行仿真和强制操作。

5. 在 ABB 仿真软件中练习对可编程按键进行设定，将某一按键与数字输出信号 DO100 进行关联。

第4章 工业机器人编程与调试

在前面的章节中我们学习了工业机器人基础知识、基本操作和工业机器人I/O通信。本章主要学习工业机器人的编程与调试，内容包括工业机器人程序结构、工业机器人数据类型与运算符、工业机器人编程指令、工业机器人程序流程控制、工业机器人程序的编辑与调试。

4.1 工业机器人程序结构

ABB工业机器人采用RAPID编程语言进行工业机器人应用程序开发。RAPID应用程序中包含ABB机器人的指令，执行这些指令可以实现需要的操作。

ABB工业机器人程序由模块（Modules）组成，包括用户建立的模块和系统模块。编写程序时，通过新建模块来构建工业机器人程序，可以根据不同的用途建立多个模块。ABB工业机器人自带两个系统模块：USER模块和BASE模块，系统模块用于工业机器人系统控制，一般用户无须修改系统模块。

用户建立的模块包含四种对象：例行程序（Procedure）、程序数据（Data）、函数（Function）、中断（Trap），通常需建立不同的模块来分类管理不同用途的例行程序和程序数据。所有例行程序与数据无论存在于哪个模块都可以被其他模块调用，其命名必须是唯一的。在所有模块中，只能有一个例行程序被命名为main，main程序存在的模块称为主模块，主模块是工业机器人程序执行的入口，RAPID程序组成框图如图4-1所示。

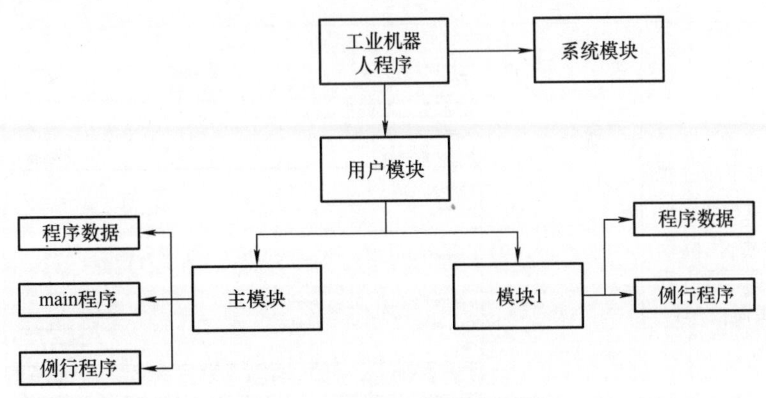

图4-1 RAPID程序组成框图

4.1.1　程序数据

程序数据是在程序模块或系统模块中设定的值和定义的一些环境数据。创建的程序数据由同一个模块或其他模块中的指令进行引用。例如下面这条常用的工业机器人关节运动的指令就调用了4个程序数据，如图4-2所示。

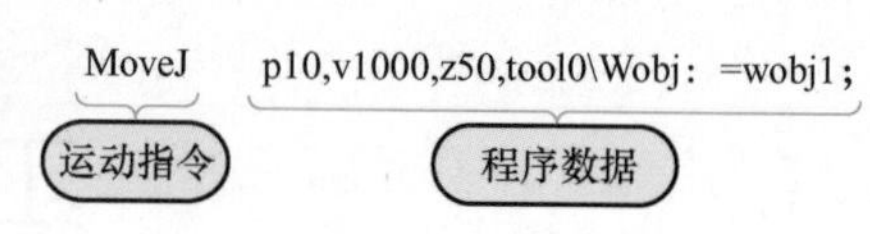

图4-2　工业机器人指令构成

举例指令：MoveJ p10，v1000，z50，tool0。

程序数据：①p10；②v1000；③z50；④tool0。

数据类型：①robtarget，位置数据；②speeddata，运动速度数据；③zonedata，运动转弯半径数据；④tooldata，工具数据。

新建数据

程序数据的建立一般有两种方式：一种是直接在示教器的程序数据中建立；另一种是在建立程序指令时，同时自动生成对应的程序数据。

在示教器中新建程序数据步骤见表4-1。

表4-1　示教器中新建程序数据步骤

步骤	操作	示意图
1	单击ABB主菜单按钮，然后单击“程序数据”选项	程序数据 - 已用数据类型 从列表中选择一个数据类型。 范围：RAPID/T_ROB1　更改范围 clock　loaddata　num tooldata　wobjdata 显示数据　视图
2	单击右下角“视图”下拉列表，选择“全部数据类型”选项，进入程序数据页面	程序数据 - 全部数据类型 从列表中选择一个数据类型。 范围：RAPID/T_ROB1　更改范围 accdata　aiotrigg　bool btnres　busstate　buttondata byte　cameradev　cameraextdata camerasortdata　cameratarget　cfgdomain clock　cnvcmd　confdata confsupdata　corrdescr　cssframe datapos　dionum　dir dnum　egmident　errdomain 显示数据　视图

（续）

步骤	操作	示意图
3	选择“bool”选项，双击显示所有布尔数据，单击“新建...”按钮	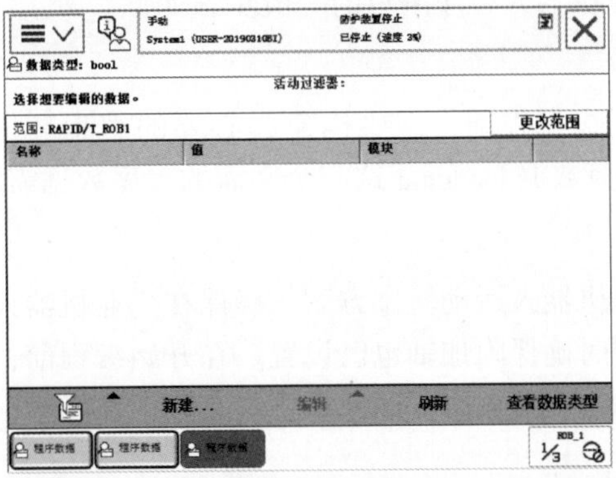
4	单击“新建...”按钮后，弹出“新数据声明”页面，进行数据定义	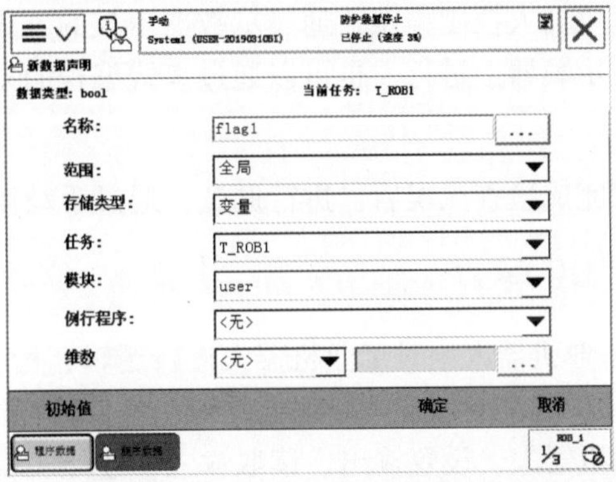

ABB 工业机器人的程序数据有 98 个，还可以根据实际情况创建新的程序数据。ABB 根据不同的数据用途定义了不同的程序数据，工业机器人系统部分常用程序数据的含义见表 4-2。

表 4-2　工业机器人系统部分常用程序数据含义

程序数据	含　义	程序数据	含　义
bool	布尔量	byte	整数数据
clock	计时数据	dionum	数字输入/输出信号
extjoint	外部轴位置数据	intmun	中断标志符
jointtarget	关节位置数据	loaddata	载荷数据
mecunit	机械位置数据	num	数值数据
orient	姿态数据	pos	位置数据
pose	坐标转换	robjoint	工业机器人轴角度数据
robtarget	目标位置数据	speeddata	工业机器人速度数据
string	字符串	tooldata	工具数据
zonedata	TCP 转弯半径数据	wobjdata	工件数据

4.1.2 编写程序的一般步骤

ABB 工业机器人程序编写的一般步骤如下。

1. 设定关键程序数据

在进行正式编程前，需要构建起必要的编程环境，其中工具数据 tooldata、工件坐标 wobjdata 和载荷数据 loaddata 这三个必需的程序数据需要在编程前进行定义。

2. 确定运动轨迹方案和坐标系

确定工业机器人运动轨迹方案，确保在工业机器人系统安装过程中设置了基坐标系和大地坐标系，同时确保附加轴也已设置。在开始编程前，根据需要定义工具坐标系和工件坐标系，以后添加更多对象时，同样需要定义相应坐标系。

3. 编写程序

编写工业机器人控制程序，通过示教器示教的方式确定程序重要节点和运行轨迹。编写的程序可以在示教器上进行，也可以通过离线编程的方式进行。

4. 调试

程序编写完成检查无误后，进行调试，通过手动播放方式确定程序运行是否符合预期。

4.1.3 RAPID 程序

在 ABB 工业机器人中对工业机器人进行逻辑、运动以及 I/O 控制的编程语言称为 RAPID 语言。RAPID 语言类似于高级编程语言，与计算机编程语言 VB、C 结构相近。所包含的指令可以移动机器人、设置输出、读取输入，还能实现决策、重复其他指令、构造程序，与系统操作员交流等，只要有计算机高级语言编程的基础，就能快速掌握 RAPID 语言。

4.2 数据类型与运算符

4.2.1 数据类型

1. 注释

注释是对程序代码的解释和说明，使代码更易于阅读与维护。RAPID 程序注释以感叹号（!）开始，以换行符结束，占一整行，不包含换行符。

```
! Comment
IF reg 1 >5 THEN
! Comment
Reg2:=0;
ENDIF
```

2. 标识符

标识符用于程序编写中对模块、例行程序、程序数据和标签命名。标识符的首个字符必须为字母，其余部分可采用字母、数字或下划线组成，标识符最长不超过 32 个字符，不区分大小写。

3. 保留字

保留字是RAPID语言事先定义并赋予特殊意义的字符，不能用作标识符，RAPID中的保留字见表4-3。此外，还有许多预定义数据类型名称、系统数据和指令也不能用作标识符。

表4-3 保留字

ALIAS	AND	BACKWARD	CASE
CONNECT	COSNT	DEFAULT	DIV
DO	ELSE	ELSEIF	ENDFOR
ENDFUNC	ENDIF	ENDMODULE	ENDPROC
ENDRECORD	ENDTEST	ENDTRAP	ENDWHILE
ENDOR	EXIT	FALSE	FOR
FROM	FUNC	GOTO	IF
INOUT	LOCAL	MOD	MODULE
NOSTEPIN	NOT	NOVIEW	OR
PERS	PROC	RAISE	READONLY
RECORD	RETRY	RETURN	STEP
SYSMODULE	TEST	THEN	TO
TRAP	TRUE	TRYNEXT	UNDO
VAR	VIEWONLY	WHILE	WITH
XOR			

4. 基本数据类型

RAPID的基本数据类型有bool、num和string。

1）bool类型。布尔型，其值为真或假（TRUE或FALSE）。

```
VAR bool active;
active: = TRUE;
```

2）num类型。数值型，用于表示－8388607～8388608的整数（或小数）。

```
VAR num counter;
counter: =250;
```

3）string类型。字符串，包含图形字符和控制字符（ASCII值为0～255中的非可见字符）。字符串长度为0～80，以双引号（"）包围。如果在字符串中存在反斜杠字符或双引号字符，则必须将反斜杠字符或双引号字符书写两次。

```
VAR string name;
name: = "Kobe Bean Bryant";
```

字符串示例：

```
"This is a string"
"This string contains a" "character"
"This string contains a \\character"
```

5. 记录型数据

记录型数据就是含多个有名称的有序分量的复合型数据。记录型数据有 pos 型、orient 型和 pose 型。

例如：pos 型表示空间位置（x，y，z），pos 型有 3 个分量［x，y，z］，分别表示 x 轴、y 轴和 z 轴。

```
VAR pos p1;
P1:=[10,10,55.7];
P1.z:=p1.z+250;
P1:=p1+p2;
```

6. ALIAS 类型

ALIAS 类型可对数据对象进行分类，常用来定义数据类型的别名。

```
ALIAS num level;                    ！定义 num 类型的别名为 level
CONST level low:=2:5;
CONST level high:=4.0;
```

7. 变量

用 VAR 定义的数据变量，其值在程序运行中可随时被修改。

```
LOCAL VAR num counter;              ！用 LOCAL 定义局部变量
VAR num x:=5;                       ！定义全局变量并赋值
TASK VAR pos curpos:=[b+1,cy,0];    ！用 TASK 定义任务记录变量
```

定义变量可以在模块内，也可以在程序内。模块内定义的变量称为模块变量，程序内定义的变量称为程序变量。

8. 数组

RAPID 语言支持在定义数组时指定其为 1 维、2 维或 3 维数组。数组下标为正整数，数组第一个元素下标为 1。

```
VAR pos pallet{14,18};                   ！定义 14 行,18 列的二维数组
VAR nummaxno{7}:=[1,2,3,9,8,7,6];        ！定义 7 个元素的数组
CONST posseq{3}:=[[614,778,1020],[914,998,1021],[14,998,1022]];
                                         ！定义记录型数组常量
PERS num grid{2,2}:=[[0,0],[0,0]];       ！定义全局记录型数组
```

9. 常量

常量用 CONST 定义，在程序运行过程中其值不能修改，只能在定义时赋值。

```
CONST num pi:=3.141592654;
```

与变量类似，常量也可以声明为模块变量和程序常量。

10. 永久数据

用 PERS 声明的为永久数据变量。永久数据只能在模块内进行声明，不能在程序内声明。永久数据可声明为系统全局、任务全局或局部变量。

```
PERS num globalpers:=123;                    ！声明全局永久数值变量
LOCAL PERS numlocalpers:=789;                ！声明局部永久数值变量
PERS posrefpnt:=[100.23,778.55,1183.98];     ！声明全局永久 pos 型记录变量
TASK PERS numlasttemp:=19.2;                 ！声明任务永久数值变量
```

常量或变量的初始化值可为常量表达式，永久数据对象的初始化值只能用数值直接赋值。

```
CONST num a:=2;
CONST num b:=3;
CONST num ab:=a+b;
VAR numa_b:=a+b;
PERS numa_b:=5;                              ！正确写法
PERS num a _b:=a+b;                          ！错误写法
```

局部永久数据和任务永久数据在定义时需进行初始化，作用范围为本模块。定义全局永久数据时可不初始化，其值在所有模块均可访问。程序运行中如果改变了全局永久数据的值，虽然不会立刻更新初始值，但当保存或备份模块、编辑或保存程序时，都会更新初始值，下次再运行时，就是更新后的值起作用了。

```
MODULE...
PERS pos refpnt:=[0,0,0];
...
refpnt:=[x,y,z];
...
ENDMODULE
```

如果执行程序时变量 x、y 和 z 的值分别为 100.23、778.55 和 1183.98，则保存模块或程序时，该值将更新全局永久记录变量 refpnt 的值，执行后结果如下：

```
MODULE...
PERS pos refpnt:=[100.23,778.55,1183.98];
...
refpnt:=[x,y,z];
...
ENDMODULE
```

11. 变量作用域

全局变量：不加额外修饰符、默认定义的变量是全局变量，其作用范围为全部模块。

局部变量：加上 LOCAL 定义的变量为局部变量，局部变量的作用范围是当前模块。

任务变量：加上 TASK 定义的变量为任务变量，其作用范围是当前作业任务。

```
VAR num globalvar:=123;                ! 全局变量
LOCAL VAR numlocalvar:=789;            ! 局部变量
TASK VAR numtaskvar:=456;              ! 任务变量
```

12. 模块数据

在程序外定义的数据被称为模块数据（模块变量、模块常量或模块永久数据）。下列范围规则对模块数据对象有效。

1）局部变量作用范围为其所处模块。

2）全局变量作用范围还包括任务缓冲区的其他模块。

3）在范围之内，模块类型定义隐藏了同名的预定义类型。

4）在范围之内，局部类型定义隐藏了同名的全局模块类型。

5）同一模块中声明的两个变量不可同名。

6）任务缓冲区中，两个不同模块中声明的两个全局对象不可同名。

13. 程序数据

在程序内定义的数据被称为程序数据（程序变量，程序常量）。

下列范围规则对程序数据对象有效。

1）程序数据对象的范围包括其所处程序。

2）在范围之内，程序数据对象隐藏了同名的预定义对象或用户定义对象。

3）同一程序中声明的两个程序数据对象不可同名。

4）程序数据对象不可与同一程序中声明的标签同名。

14. 数据的存储类别

按系统为定义的数据对象分配内存和解除内存的类型不同，数据对象的存储可分为静态存储和动态存储。

常量、永久数据对象和模块变量都是静态存储，当声明对象的模块被加载后，将为储存静态数据对象分配所需的内存，即为永久数据对象或模块变量分配的值将一直保持不变，直至下一次赋值。

程序变量属动态存储类。在首次调用含程序变量声明的程序时，即分配存储易失变量值所需的内存。在程序运行结束时，释放变量所占用的内存。

4.2.2 运算符

1. 运算符优先级

运算符优先级见表4-4。

表4-4 运算符优先级

运算优先级（由高到低）	操作符
最高级	* / DIV MOD
↑	+ -
	< > <> <= >= =
	AND
最低级	XOR OR

先求解优先级较高的运算符的值，然后再求解优先级较低的运算符的值。优先级相同的运算符则按照从左到右的顺序逐个求值，见表4-5。

表4-5　运算示例

示例表达式	求值顺序	备　注
a + b + c	(a + b) + c	从左到右求值
a + b / c	a + (b / c)	/ 高于 +
a OR b AND c	a OR (b AND c)	AND 高于 OR
a > b AND c > d	(a > b) AND (c > d)	> 高于 AND

2. 算术运算符

算术运算符运算结果类型见表4-6。

表4-6　算术运算符运算结果类型

运算符	操作	运算元类型	结果类型
+	加法	dnum + num	dnum
+	矢量加法	pos + pos	pos
-	减法	dnum - num	dnum
-	矢量减法	pos - pos	pos
*	乘法	pos * pos	pos
*	矢量乘法	num * pos	pos
/	除法	num / num	num
DIV	整数除法	num DIV num	num
MOD	整数模运算（取余数）	num MOD num	num

3. 关系运算符与逻辑运算符

由关系运算符与逻辑运算符构成的表达式的运算结果为逻辑值（TRUE/FALSE）。

4. 字符串运算符

字符串运算符“+”把两个字符串连接成一个子符串，例如，“IN” + “PUT” 得到结果为“INPUT”。

4.3　工业机器人编程指令

常用工业机器人编程指令，见表4-7。

表4-7　常用工业机器人编程指令

指　令	说　明
:=	赋值指令
MoveAbsJ	绝对位置运动指令

（续）

指　令	说　明
MoveC	圆弧运动指令
MoveJ	关节运动指令
MoveL	线性运动指令
Set、Reset	I/O 控制指令
Compact IF、IF	条件逻辑判断指令
FOR、WHILE	条件逻辑判断指令
ProcCall	调用例行程序指令
RETURN	返回原例行程序指令
WaitTime	等待指定时间指令

4.3.1 “:=”赋值指令

赋值指令

下面以 num 型数据 reg1 赋值为例，说明赋值指令的使用方法，具体操作见表 4-8。

表 4-8　赋值指令基本用法

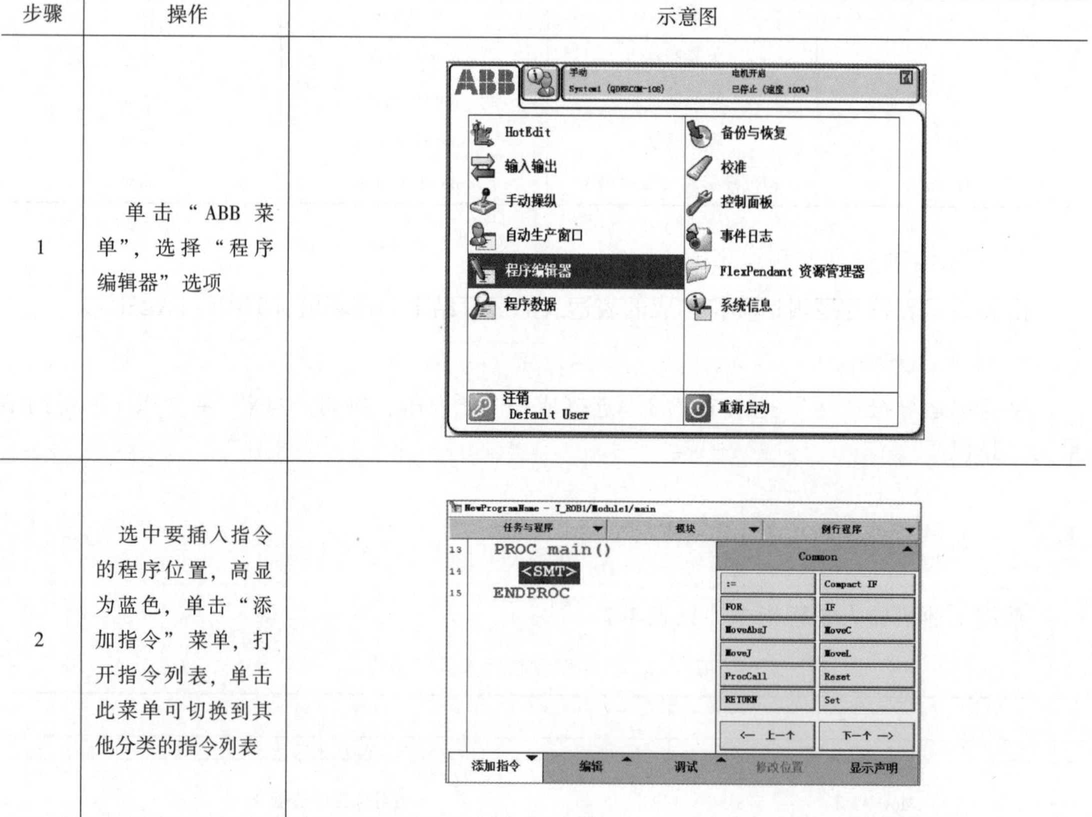

步骤	操作	示意图
1	单击“ABB 菜单”，选择“程序编辑器”选项	
2	选中要插入指令的程序位置，高显为蓝色，单击“添加指令”菜单，打开指令列表，单击此菜单可切换到其他分类的指令列表	

（续）

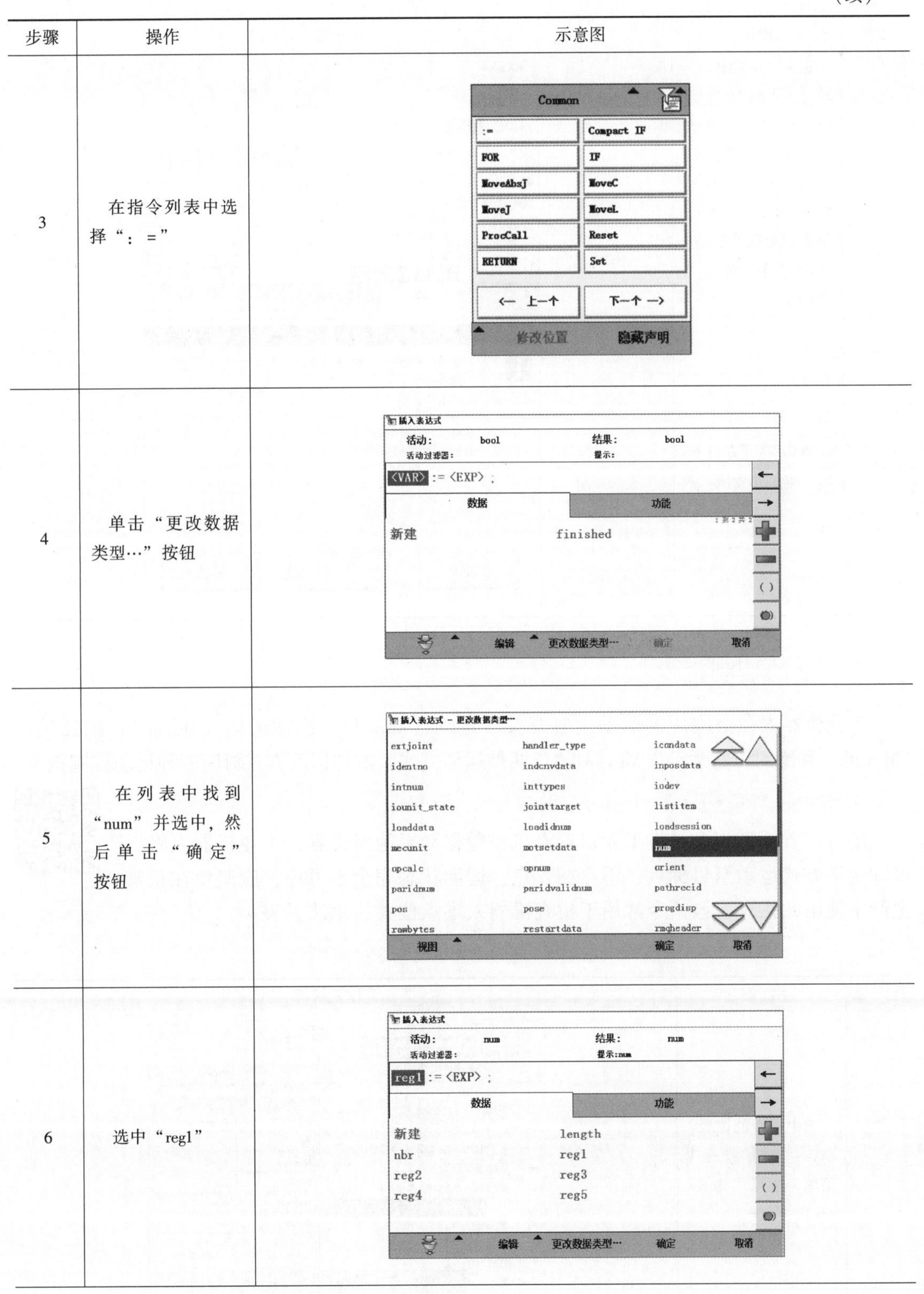

步骤	操作	示意图
3	在指令列表中选择“：=”	
4	单击“更改数据类型…”按钮	
5	在列表中找到“num”并选中，然后单击“确定”按钮	
6	选中“reg1”	

（续）

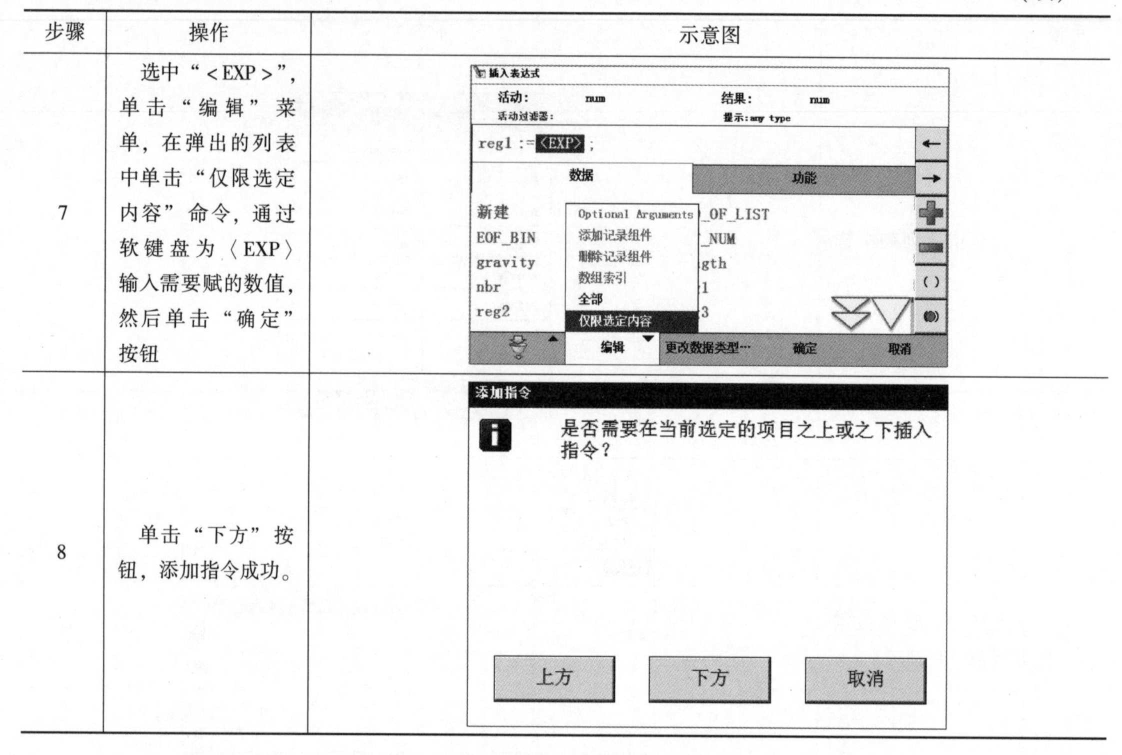

步骤	操作	示意图
7	选中“<EXP>”，单击“编辑”菜单，在弹出的列表中单击“仅限选定内容”命令，通过软键盘为〈EXP〉输入需要赋的数值，然后单击“确定”按钮	
8	单击“下方”按钮，添加指令成功。	

4.3.2 运动控制指令

工业机器人在空间中的运动主要有关节运动（MoveJ）、线性运动（MoveL）、圆弧运动（MoveC）和绝对位置运动（MoveAbsJ）四种运动方式，四种运动方式对应四种运动控制指令。

1. 绝对位置运动（MoveAbsJ）指令

绝对位置运动指令

绝对位置运动指令是将工业机器人机械臂移动至绝对位置，工业机器人将以单轴运动方式运动至目标点，不存在死点，运动状态完全不可控，应避免在正常生产中使用此指令，该指令常用于检查机器人零点位置，用法见表4-9。

表4-9 绝对位置运动指令用法

序 号	用 法	示意图及解析
1	选中指令的位置，单击“添加指令”菜单，选择“MoveAbsJ”指令	手动 System1 (USER-2019031OBI) 电机开启 已停止（速度 100%） T_ROB1 内的<未命名程序>/Module1/Routine1 任务与程序 模块 例行程序 21 ENDPROC 22 PROC rMove() 23 MoveJ p1, v1000, z5 24 MoveL p2, v1000, z5 25 ENDPROC 26 PROC Routine1() 27 MoveAbsJ *\NoEOffs 28 ENDPROC 29 30 ENDMODULE Common := Compact IF FOR IF MoveAbsJ MoveC MoveJ MoveL ProcCall Reset RETURN Set ← 上一个 下一个 → 添加指令 编辑 调试 修改位置 隐藏声明 T_ROB1 Module1 ROB_1

（续）

<table>
<tr><th>序　号</th><th>用　法</th><th>示意图及解析</th></tr>
<tr><td>2</td><td>MoveAbsJ 指令解析</td><td>MoveAbsJ＊\NoEOffs，v1000，z50，tool1\Wobj：=wobj1；
<table>
<tr><th>参　数</th><th>说　明</th></tr>
<tr><td>＊</td><td>目标点位置数据</td></tr>
<tr><td>NoEOffs</td><td>外轴不带偏移数据</td></tr>
<tr><td>v1000</td><td>运动速度数据 1000mm/s</td></tr>
<tr><td>z50</td><td>转弯区数据</td></tr>
<tr><td>tool1</td><td>工具坐标数据</td></tr>
<tr><td>wobj1</td><td>工件坐标数据</td></tr>
</table></td></tr>
</table>

2. 关节运动（MoveJ）指令

关节运动指令是在对路径精度要求不高的情况下，工业机器人的工具中心点 TCP 从一个位置移动到另一个位置，两个位置之间的路径不一定是直线，用法见表 4-10。

表 4-10　关节运动指令用法

<table>
<tr><th>序　号</th><th>用　法</th><th>示意图及解析</th></tr>
<tr><td>1</td><td>关节运动指令适合工业机器人大范围运动时使用，不容易在运动过程中出现关节轴进入机械死点的问题</td><td>p10　p20
关节运动路径</td></tr>
<tr><td>2</td><td>MoveJ 指令解析</td><td>MoveJ p10，v1000，z50，tool1\Wobj：=wobj1；
<table>
<tr><th>参　数</th><th>说　明</th></tr>
<tr><td>p10</td><td>目标点位置数据</td></tr>
<tr><td>v1000</td><td>运动速度数据 1000mm/s</td></tr>
<tr><td>z50</td><td>转弯区数据</td></tr>
<tr><td>tool1</td><td>工具坐标数据</td></tr>
<tr><td>wobj1</td><td>工件坐标数据</td></tr>
</table></td></tr>
</table>

3. 线性运动（MoveL）指令

线性运动指令是使工业机器人的 TCP 从起点到终点之间的路径始终保持为直线。一般如焊接、涂胶等对路径要求高的场合使用此指令。

4. 圆弧运动（MoveC）指令

圆弧运动指令用法见表 4-11。

表 4-11　圆弧运动指令用法

<table>
<tr><th>序　号</th><th>用　　法</th><th>示意图及解析</th></tr>
<tr><td>1</td><td>圆弧运动指令的路径是在工业机器人可到达的控件范围内定义三个位置点，第一个点是圆弧的起点，第二个点用于圆弧的曲率，第三个点是圆弧的终点</td><td>p30
p40
圆弧运动路径
p10</td></tr>
<tr><td>2</td><td>MoveJ 指令解析</td><td>MoveL p10，v1000，fine，tool1 \ Wobj：= wobj1；
MoveC p30，p40，v1000，z1，tool1 \ Wobj：= wobj1
<table>
<tr><th>参　　数</th><th>说　　明</th></tr>
<tr><td>p10</td><td>圆弧的第一个点</td></tr>
<tr><td>p30</td><td>圆弧的第二个点</td></tr>
<tr><td>p40</td><td>圆弧的第三个点</td></tr>
<tr><td>Fine\z1</td><td>转弯区数据</td></tr>
</table></td></tr>
</table>

5. 典型运动案例

例 1　MoveC p1，p2，v500，z30，tool2；

工具 tool2 的 TCP 圆周运动到 p2，速度数据为 v500，TCP 运动转弯半径数据（以下简称 zone 数据）为 z30。圆由开始点、中间点 p1 和目标点 p2 确定。

例 2　MoveC *，*，v500\T：=5，fine，grip3；

工具 grip3 的 TCP 沿圆周运动到存储在指令中的 fine 点（第二个 * 标记）。中间点也存储在指令中（第一个 * 标记）。整个运动时间为 5s。

例 3　用 MoveC 画一个完整的圆。

MoveL p1，v500，fine，tool1；

MoveC p2，p3，v500，z0，tool1；

MoveC p4，pl，v500，fine，tool1；

例 4　MoveCSync p1，p2，v500，z30，tool2，" proc1"；

工具 tool2 的 TCP 圆周移动到位置 p2，速度数据为 v500，zone 数据为 z30。圆周由开始点、中间点 p1 和目标点 p2 确定。在转角路径 p2 的中间位置程序 procl 开始执行。

例 5　MoveCDO p1，p2，v500，z30，tool2，dol，1；

工具 tool2 的 TCP 圆周移动到位置 p2，速度数据为 v500，zone 数据为 z30。圆周由开始点、中间点 p1 和目标点 p2 确定。在转角路径 p2 的中间位置设置输出 do1。

例 6　MoveL p1，v1000，z30，tool2；

工具 tool2 的 TCP 沿直线运动到位置 p1，速度数据为 v1000，zone 数据为 z30。

例 7　MoveL *，VI000 \ T：=5，fine，grip3；

工具 grip3 的 TCP 沿直线运动到存储在指令中的停止点（用 * 标记）。整个的运动过程需时 5s。

4.4 程序流程控制

程序流程控制常用的语句及说明见表4-12。

表4-12 常用的程序流程控制语句及说明

语　　句	说　　明
IF	判断是否满足条件，执行指令
FOR	重复多次执行指令段
WHILE	重复执行指令段，直到满足给定条件
TEST	根据表达式数值的不同执行不同指令

4.4.1 IF语句

IF语句用于求解一个或多个条件表达式的值，如果条件表达式有多个，将连续进行求值，直至其中一个求值为真。然后，将执行相应的语句。如果没有任何条件表达式求值为真，那么将执行ELSE子句。

RAPID语言中的IF语句的一般结构为：

```
IF <条件表达式> THEN
<语句块>                    ! 条件表达式为真时执行
ENDIF
```

```
IF <条件表达式> THEN
<语句块1>                   ! 条件表达式为真时执行
ELSE
<语句块2>                   ! 条件表达式为假时执行
ENDIF
```

如果条件表达式求值为真时要执行的命令只有一条，可以省略THEN和ENDIF。

4.4.2 IF语句嵌套

在IF语句里若还包含一个或多个IF语句则称为IF语句嵌套。其结构如下：

```
IF counter >100 THEN
counter: =100;
ELSEIF counter <0 THEN
counter: =0;
ELSE
counter: =counter +1;
ENDIF
```

4.4.3 TEST语句

TEST语句可以对某一数值或者表达式进行判断，根据不同的数值执行相对应的程序。

如果 TEST 语句表达式的值和 CASE 语句后面的某个常量的值相等，则执行该部分语句，如果都不符合，就执行 DEFAULT 后面的语句，DEFAULT 为可选子句。如果表达式的值与多个常量值相等时都执行相同的语句，可以把多个常量写在一个 CASE 子句中，用“,”分隔。表达式和常量的数据类型为数值型（num）。其结构如下：

```
TEST <表达式>
CASE <常量1>:
 <语句块1>
CASE <常量2>:
 <语句块2>
…
CASE <常量n>:
 <语句块n>
DEFAULT:
 <语句块>
ENDTEST
```

4.4.4 WHILE 循环语句

WHILE 循环语句的结构如下：

```
WHILE <条件表达式> DO
 <语句块>
ENDWHILE
```

每执行一次循环，都要对条件表达式进行求值和核实，只有当条件表达式求值为假时，循环才终止，继续执行后续的语句。

例如：

```
WHILE a <b DO
...
a: =a +1;
ENDWHILE
```

4.4.5 FOR 循环语句

FOR 循环语句根据循环变量在指定范围内递增（或递减）而重复执行语句块。其结构如下：

```
FOR <循环变量> FROM <初始值> TO <终止值> [STEP <步长>] DO
 <语句块>
ENDFOR
```

循环开始时，循环变量以 FROM 初始值开始，如果未指定 STEP 步长值，则默认 STEP 值为 1，如果是递减的情况，STEP 值设为 -1。在每次循环前，将更新循环变量，并对照循环范围核实值。只要循环变量的值不在循环范围内，循环就结束，继续执行后续的语句。

FROM 表达式，TO 表达式和 STEP 表达式均必须为数字型（num）。

例如：

```
FORi FROM 10 TO 1 STEP -1 DO
```

```
A{i}:=b{i};
ENDFOR
```

4.4.6　循环嵌套

循环语句里面又包含有循环语句称为循环嵌套。WHILE 语句和 FOR 语句都可以构成循环嵌套，循环嵌套后构成多层循环。常用的多层循环是两层循环，把外层循环称为外循环，内层循环称为内循环。外循环每执行一次，内循环都要循环执行一遍。

4.4.7　GOTO 语句

GOTO 语句是程序内的无条件跳转语句，程序执行到 GOTO 时，直接跳转到 GOTO 后面的标签语句指示的地方继续执行。GOTO 语句不能跳转到循环语句中。

例如：

```
next:
i:=i+1;
…
GOTO next;
```

标签是用于指示程序位置的语句，以便 GOTO 语句跳转到这里继续执行。例子中的"next"为标签。

4.4.8　等待语句

等待语句指令有 WaitTime 指令和 WaitUntil 指令。

WaitTime 指令等待一个指定的时间，程序再往下执行。

WaitUntil 指令等待一个条件满足后，程序继续往下执行。

4.4.9　程序跳转语句

程序跳转语句有 3 条常用指令，见表 4-13。

表 4-13　程序跳转语句指令

指　　令	用　　途
ProcCall	跳转至其他程序
CallByVar	调用无返回值程序
RETURN	返回原程序

CallByVar 只能被用来调用不带参数的程序，不能用来调用 LOCAL（本地）程序。

例如，调用 proc2，程序如下。

```
regl:=2;
CallByVar"proc".regl;
```

4.4.10　终止程序执行语句

终止程序执行语句指令，见表 4-14。

表 4-14 终止程序执行语句指令

指令	用途
Stop	停止执行程序
EXIT	不允许程序重启时，终止程序执行过程
Break	跳出正在执行的程序
SystemStopAction	终止程序执行过程和机械臂移动
ExitCycle	终止当前循环，将程序指针移至主程序中第一条指令处

4.5 程序的编辑与调试

编写 RAPID 程序的基本步骤如下。

1）确定需要多少个程序模块。程序模块的数量取决于应用的复杂性，可以根据情况把位置计算、程序数据、逻辑控制等分配到不同的程序模块，方便后期管理和使用。

2）确定各个程序模块中要建立的例行程序，不同的功能放到不同的程序模块中，如夹具打开、关闭可以分别建立例行程序，方便调用。

4.5.1 编辑 RAPID 程序

工业机器人空闲时，在位置点 pHome 等待。外部信号 di1 输入为 1 时，工业机器人沿着物体的一条边从 p10 到 p20 走一条直线，结束后回到 pHome 点，其编辑步骤见表 4-15。

表 4-15 编辑 RAPID 程序步骤

步骤	操作	示意图
1	单击 ABB 主菜单，选择“程序编辑器”选项	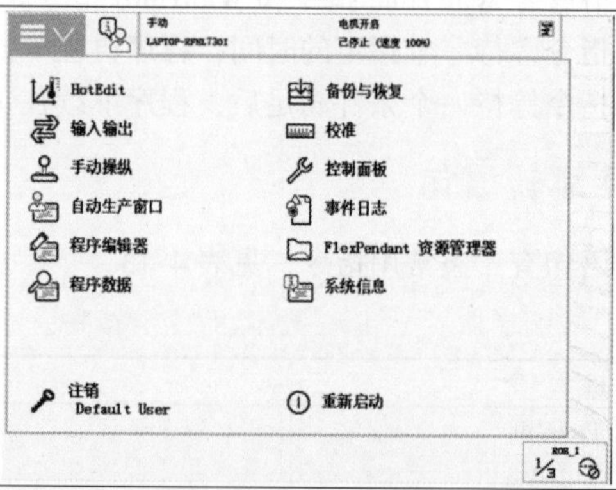
2	如果还未建立过程序模块，会出现“无程序”的提示信息，单击“取消”按钮	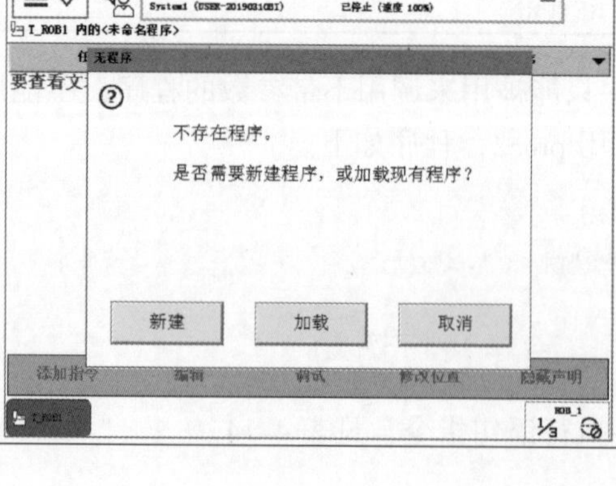

（续）

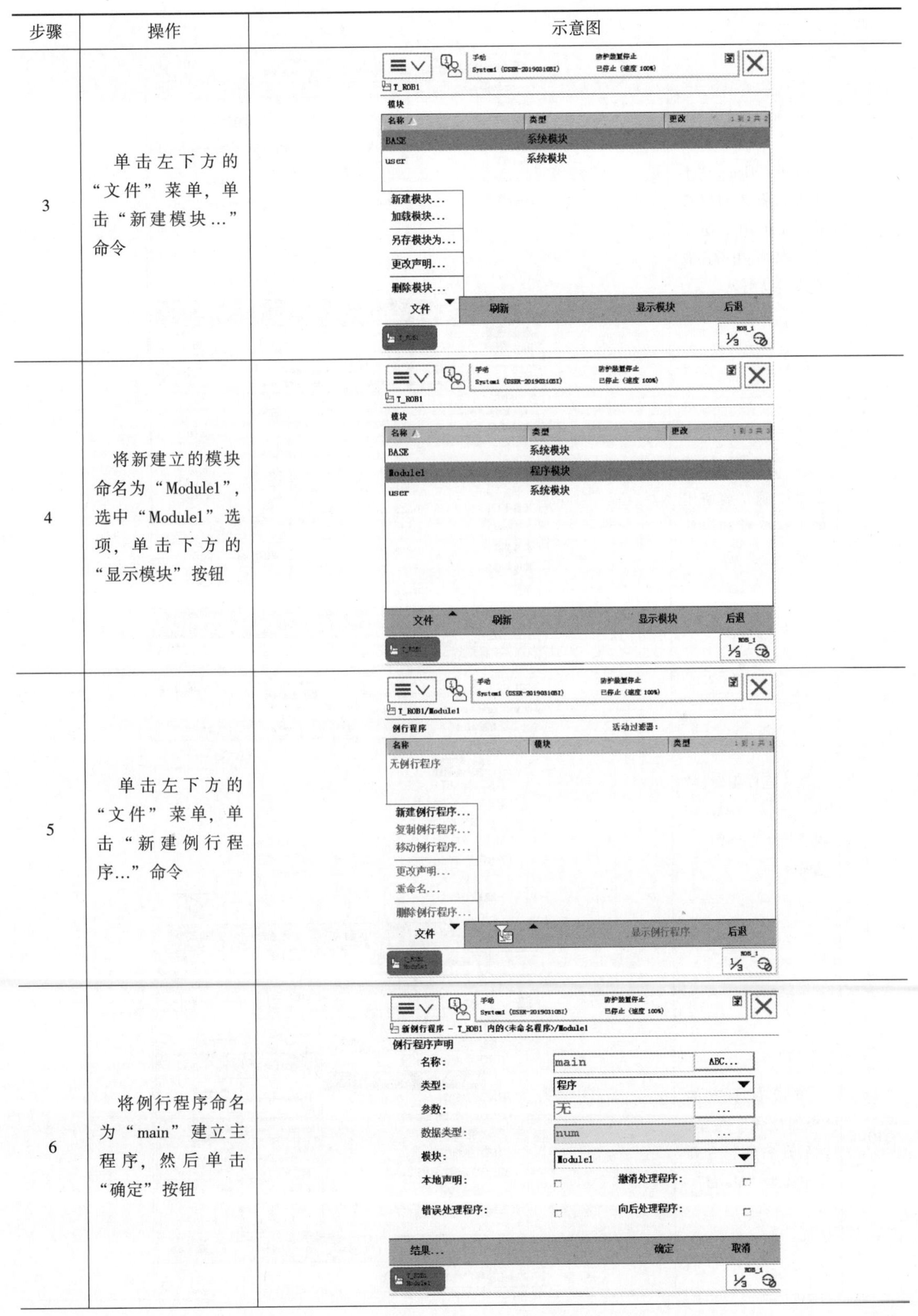

步骤	操作	示意图
3	单击左下方的“文件”菜单，单击“新建模块...”命令	
4	将新建立的模块命名为“Module1”，选中“Module1”选项，单击下方的“显示模块”按钮	
5	单击左下方的“文件”菜单，单击“新建例行程序...”命令	
6	将例行程序命名为“main”建立主程序，然后单击“确定”按钮	

（续）

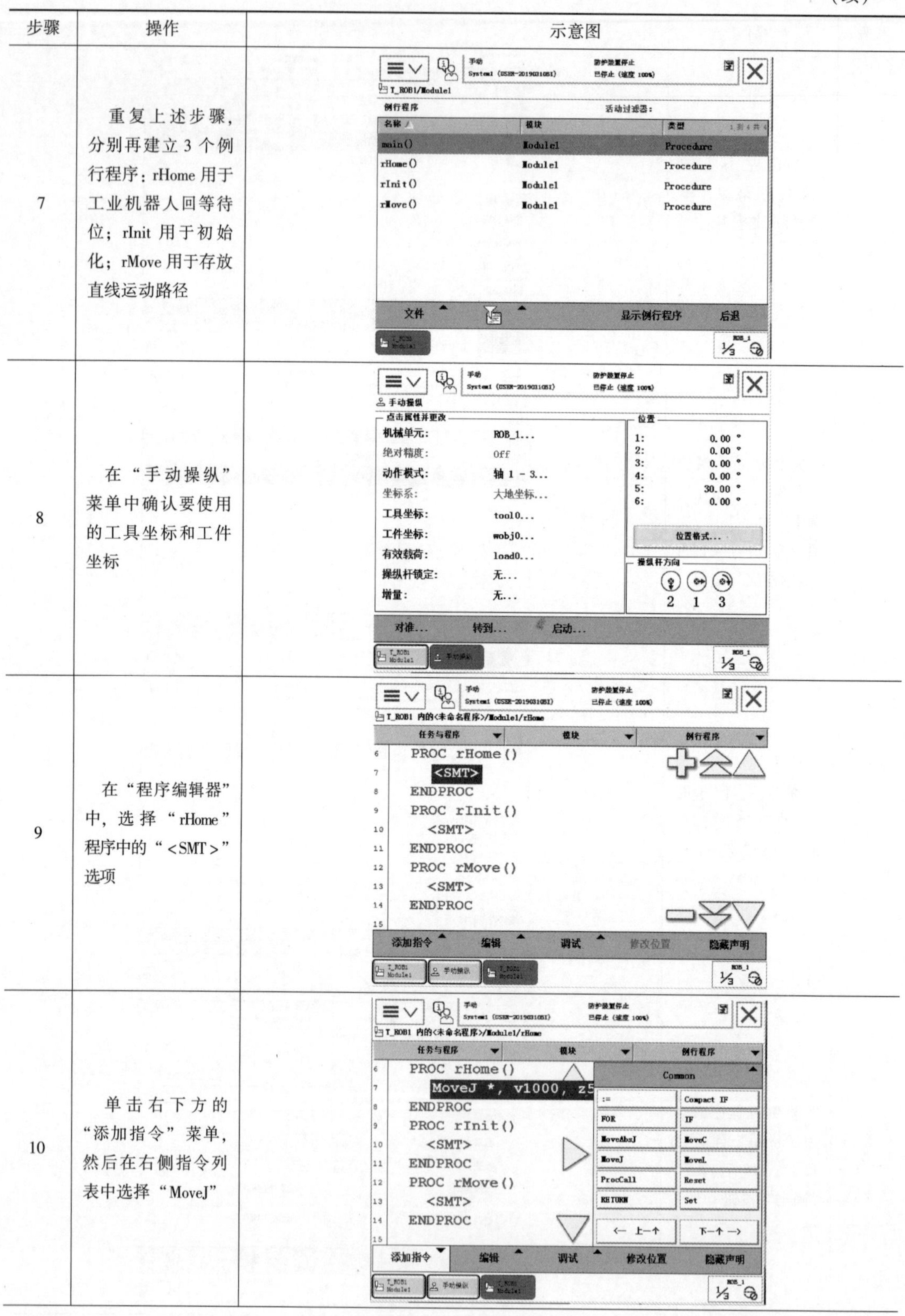

步骤	操作	示意图
7	重复上述步骤，分别再建立3个例行程序：rHome用于工业机器人回等待位；rInit用于初始化；rMove用于存放直线运动路径	
8	在“手动操纵”菜单中确认要使用的工具坐标和工件坐标	
9	在“程序编辑器”中，选择“rHome”程序中的“<SMT>”选项	
10	单击右下方的“添加指令”菜单，然后在右侧指令列表中选择“MoveJ”	

（续）

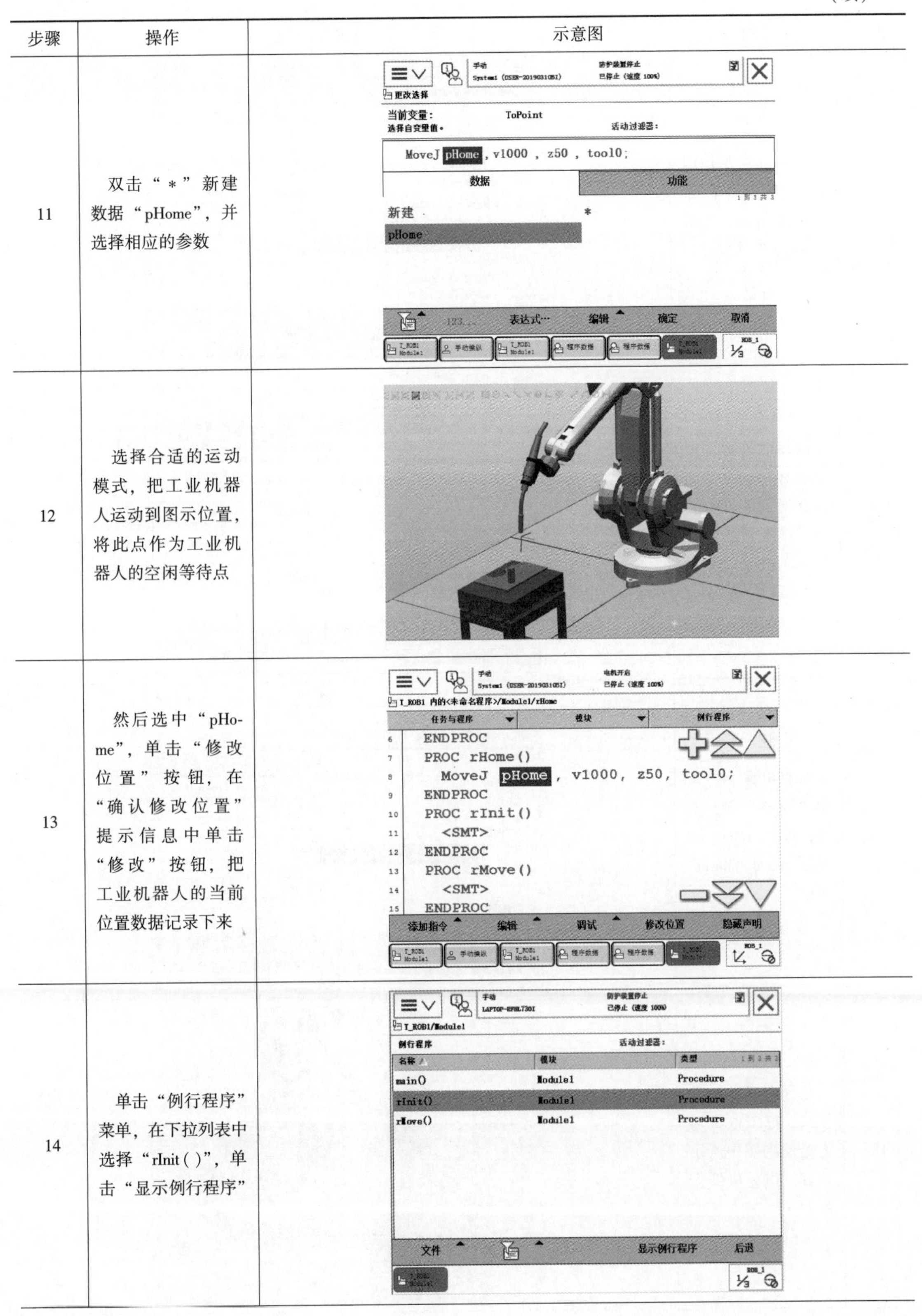

步骤	操作	示意图
11	双击“＊”新建数据“pHome”，并选择相应的参数	
12	选择合适的运动模式，把工业机器人运动到图示位置，将此点作为工业机器人的空闲等待点	
13	然后选中“pHome”，单击“修改位置”按钮，在“确认修改位置”提示信息中单击“修改”按钮，把工业机器人的当前位置数据记录下来	
14	单击“例行程序”菜单，在下拉列表中选择“rInit( )”，单击“显示例行程序”	

（续）

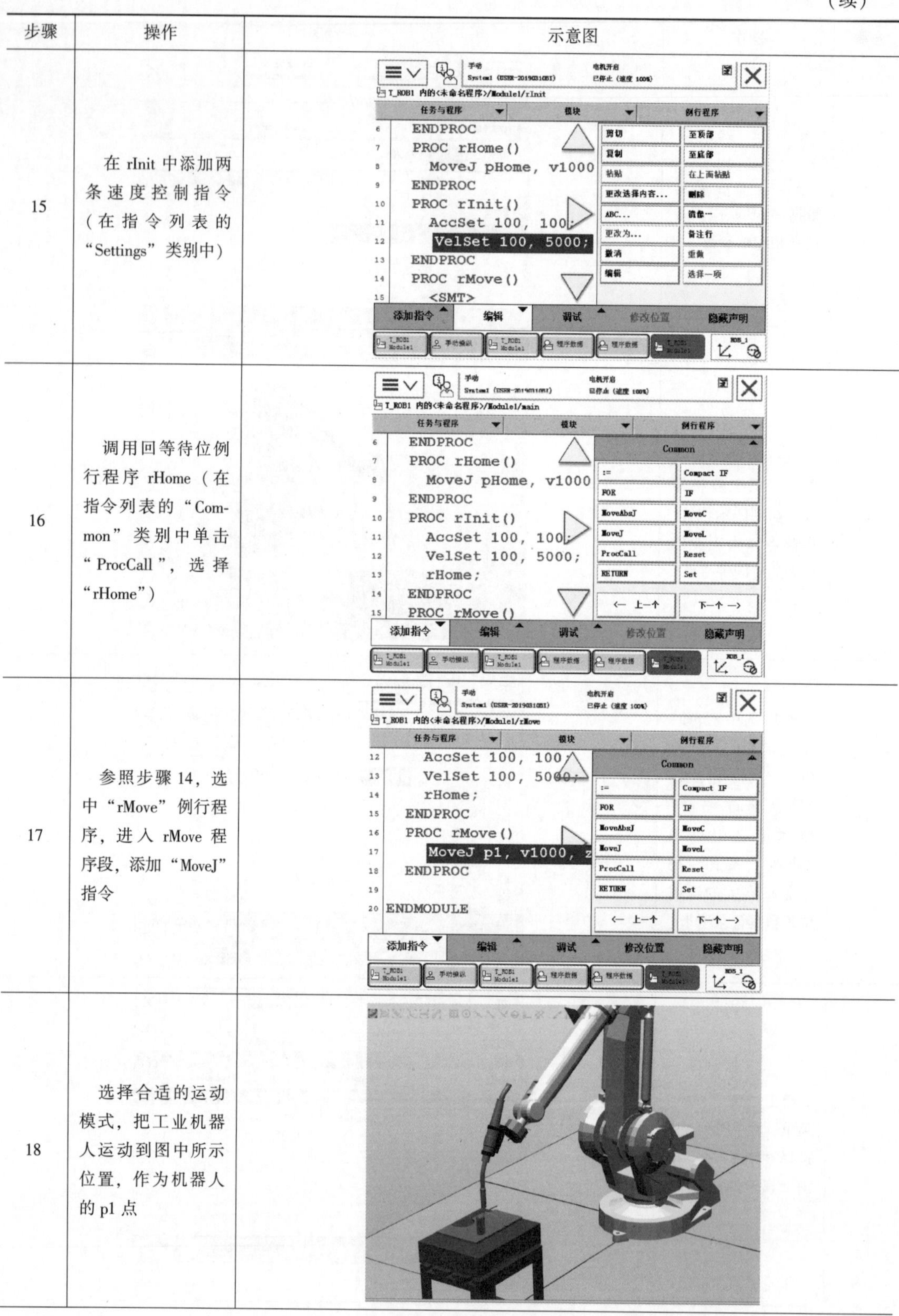

步骤	操作	示意图
15	在 rInit 中添加两条速度控制指令（在指令列表的“Settings”类别中）	
16	调用回等待位例行程序 rHome（在指令列表的“Common”类别中单击“ProcCall”，选择“rHome”）	
17	参照步骤 14，选中“rMove”例行程序，进入 rMove 程序段，添加“MoveJ”指令	
18	选择合适的运动模式，把工业机器人运动到图中所示位置，作为机器人的 p1 点	

（续）

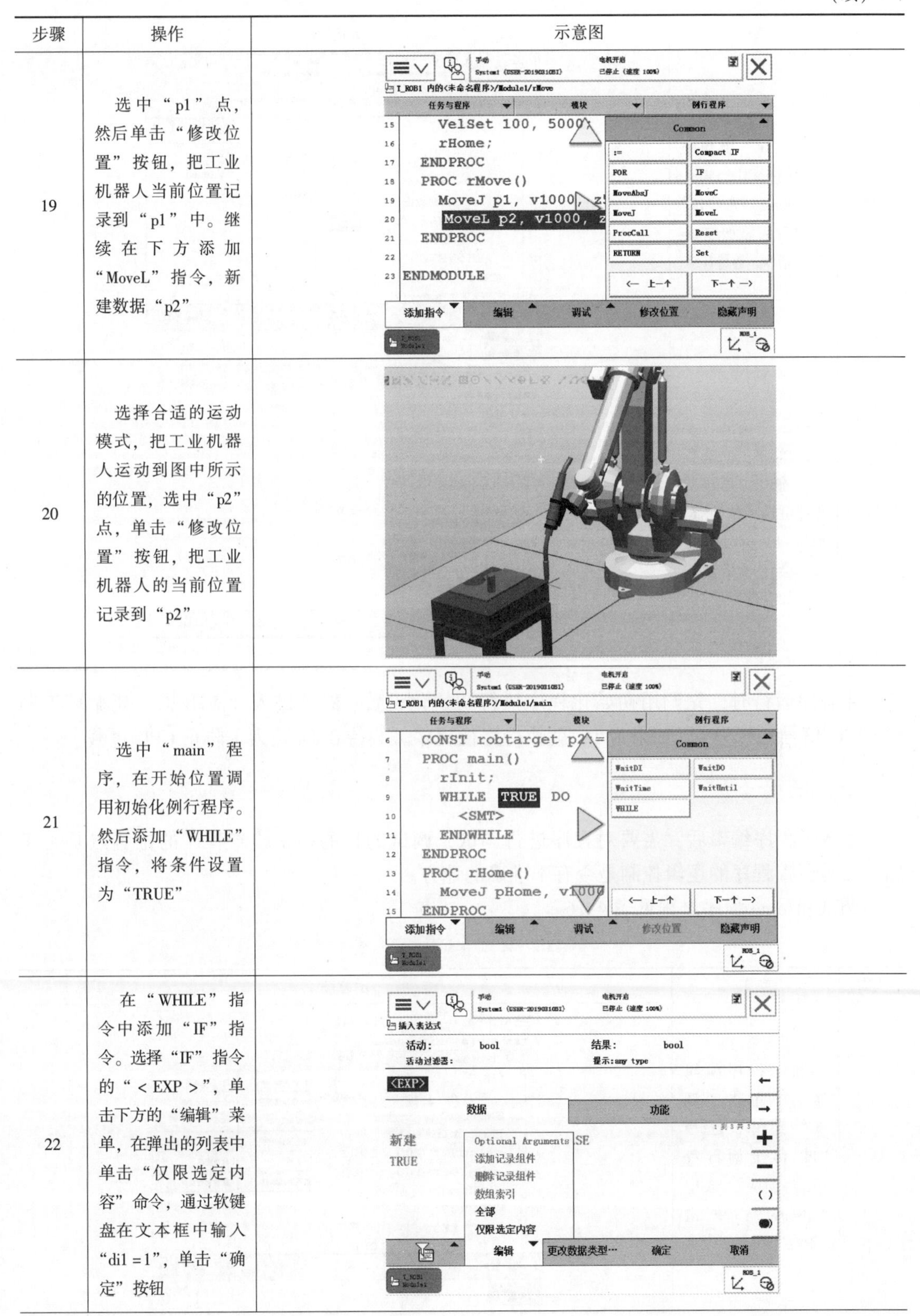

步骤	操作	示意图
19	选中“p1”点，然后单击“修改位置”按钮，把工业机器人当前位置记录到“p1”中。继续在下方添加“MoveL”指令，新建数据“p2”	
20	选择合适的运动模式，把工业机器人运动到图中所示的位置，选中“p2”点，单击“修改位置”按钮，把工业机器人的当前位置记录到“p2”	
21	选中“main”程序，在开始位置调用初始化例行程序。然后添加“WHILE”指令，将条件设置为“TRUE”	
22	在“WHILE”指令中添加“IF”指令。选择“IF”指令的“<EXP>”，单击下方的“编辑”菜单，在弹出的列表中单击“仅限选定内容”命令，通过软键盘在文本框中输入“di1 =1”，单击“确定”按钮	

（续）

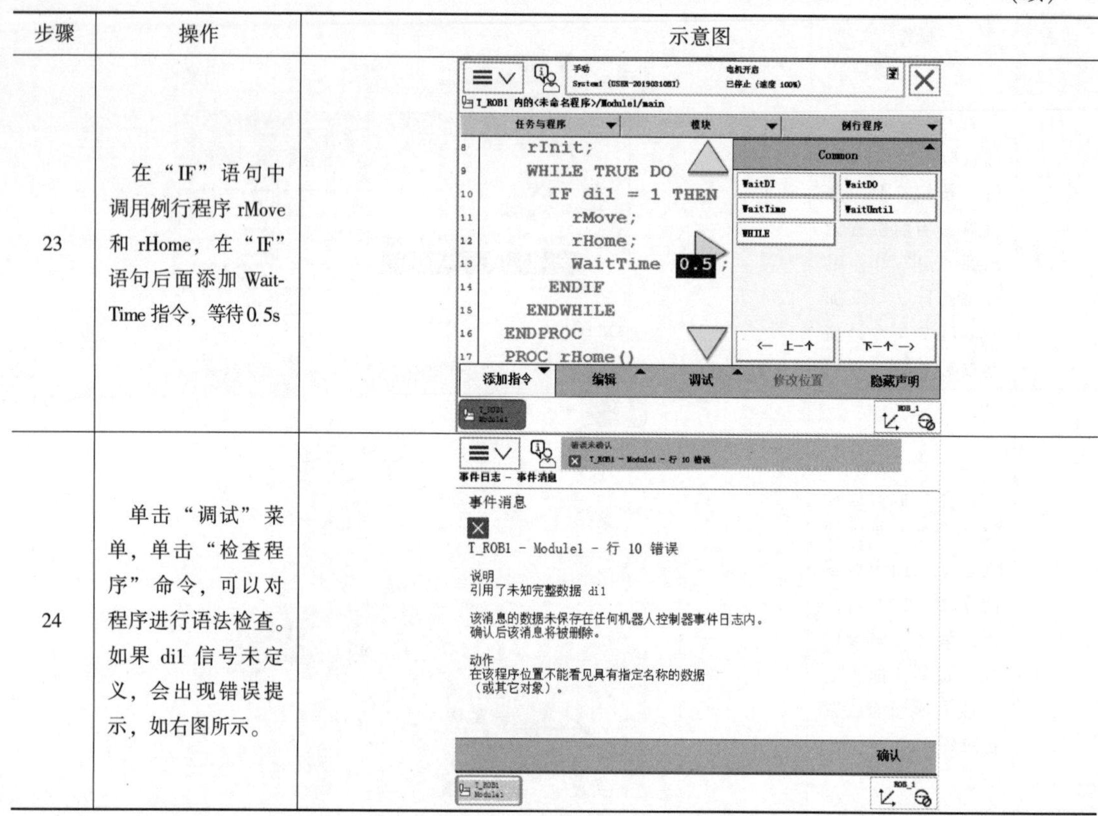

步骤	操作	示意图
23	在“IF”语句中调用例行程序 rMove 和 rHome，在“IF”语句后面添加 WaitTime 指令，等待0.5s	
24	单击“调试”菜单，单击“检查程序”命令，可以对程序进行语法检查。如果 di1 信号未定义，会出现错误提示，如右图所示。	

主程序运行时，先调用初始化程序执行初始化设置；然后进入“WHILE”死循环不断检测 di1 信号是否为1，如果为1，就执行路径程序。等待0.5s是为了防止CPU过载。

4.5.2 调试程序

完成了程序编辑后，需要对程序进行调试，调试的目的一是检查程序的位置点是否正确；二是检查程序的逻辑控制是否有不准确的地方。

调试 pHome 程序过程见表4-16。

表 4-16 调试 pHome 程序过程

步骤	操作	示意图
1	在“程序编辑器”中单击“调试”菜单，选择“PP 移至例行程序…”选项，选中“rHome”，单击“确定”按钮	

（续）

步骤	操作	示意图
2	按下使能键，起动电动机，按一下“单步向前”按键，观察机器人运动情况	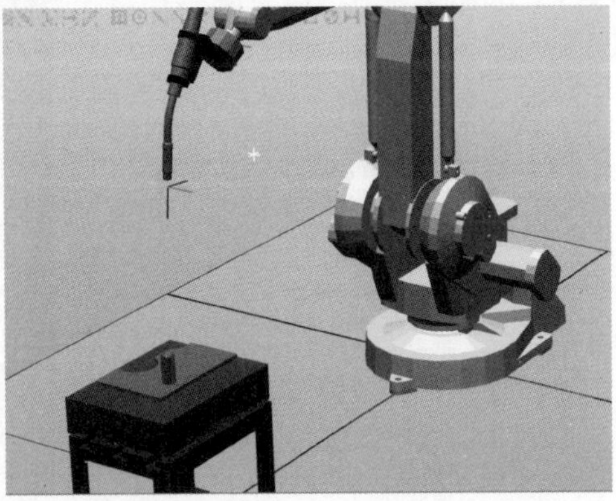
3	当指令左侧的指针由箭头变成工业机器人时，说明已到达 pHome 位置点	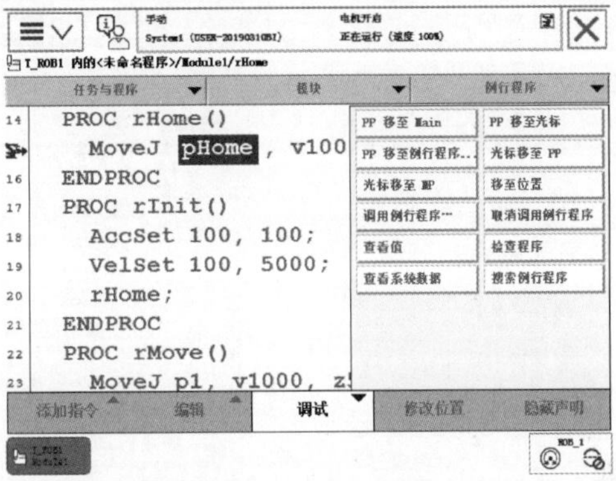 手动 System1 (USER-2019031GBI) 电机开启 正在运行（速度 100%） T_ROB1 内的<未命名程序>/Module1/rHome 任务与程序 模块 例行程序 14 PROC rHome() MoveJ pHome , v100 16 ENDPROC 17 PROC rInit() 18 AccSet 100, 100; 19 VelSet 100, 5000; 20 rHome; 21 ENDPROC 22 PROC rMove() 23 MoveJ p1, v1000, z PP 移至 Main / PP 移至光标 / PP 移至例行程序… / 光标移至 PP / 光标移至 MP / 移至位置 / 调用例行程序… / 取消调用例行程序 / 查看值 / 检查程序 / 查看系统数据 / 搜索例行程序 添加指令 编辑 调试 修改位置 隐藏声明 T_ROB1 Module1 ROB_1
4	单击“程序编辑器”的“调试”菜单，选择“PP 移至例行程序…”选项，选中“rMove”例行程序，然后单步运行程序，观察工业机器人位置是否符合预期设定值	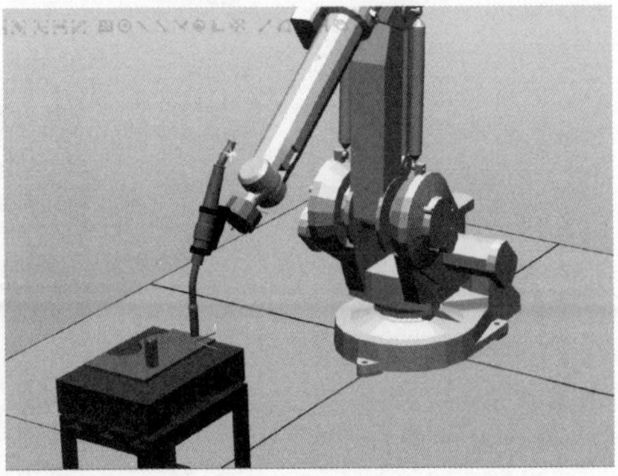

4.5.3 自动运行 RAPID 程序

在手动状态下，程序调试完成后，可以将工业机器人系统投入自动运行状态，见表 4-17。

表 4-17　自动运行 RAPID 程序

步骤	操作	示意图
1	将状态钥匙旋至左侧自动状态	
2	单击“程序编辑器”的“调试”菜单的“PP 移至 Main”选项	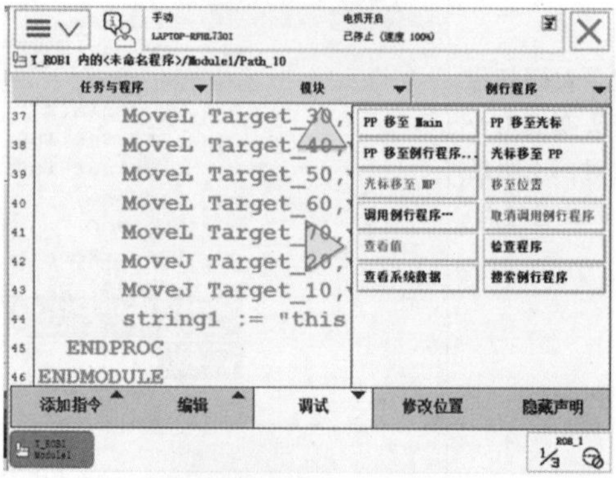
3	按下步骤 1 图中上起第三个白色按钮，起动电动机。然后按下示教器“程序启动”按钮	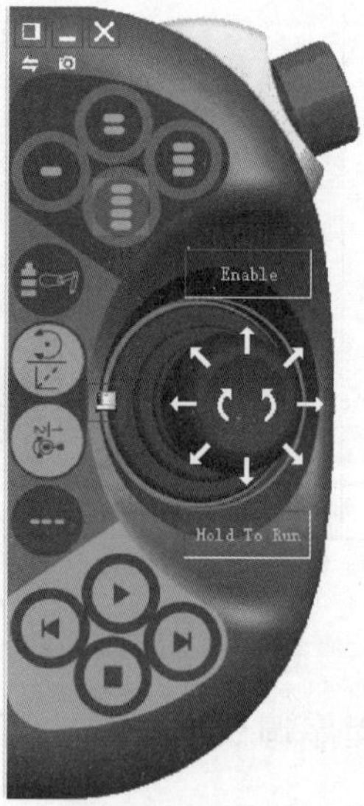

4.5.4 保存 RAPID 程序模块

在程序调试完成且确定自动运行符合设计要求后，可以把写好的程序模块保存到工业机器人的硬盘或外置 U 盘上，见表 4-18。

表 4-18 保存 RAPID 程序

步骤	操作	示意图
1	打开“程序编辑器”选项，单击“模块”标签，选中需要保存的程序模块。单击“文件”菜单，选择“另存模块为...”命令	

4.6 小结

本章主要介绍工业机器人程序基本结构、数据类型及运算符、常用的工业机器人控制指令、程序控制语句等，通过实例展示了程序编辑和调试过程。通过本章学习，学习者应掌握 ABB 工业机器人基本操作和软件指令的应用，通过完成直线、圆弧运动等任务，学会工业机器人基本指令应用，同时，在仿真软件中掌握程序编辑和调试的方法。

练习题

1. 简要说明工业机器人程序基本结构。
2. 工业机器人程序设计的一般步骤是什么？
3. 什么叫 RAPID 语言，它有什么功能？
4. 标识符有什么作用，其命名有何规则？
5. 工业机器人常用的运动控制指令有哪些？各有什么功能？
6. 举例说明 WHILE 循环语句的执行过程。
7. 在仿真软件中练习 4.5 小节中程序的编辑和调试。

第5章 工业机器人编程应用

工业机器人是集机械、电子、控制、计算机、传感器、人工智能等多学科先进技术于一体的现代制造业重要的自动化装备。工业机器人在工业中主要用于搬运、码垛、涂装和装配等复杂作业，并且随着新技术、新工艺的发展，工业机器人的新应用也在不断增加。本章针对工业机器人的典型应用，着重介绍工业机器人的搬运、码垛、机床上下料等工作站的编程方法。

5.1 应用编程的基本步骤

应用编程步骤

从本质上讲，工业机器人在工业中的应用可总结为两个典型：轨迹编程和搬运编程。只要掌握这两种典型应用的编程与调试方法就可以应对千变万化的现场编程调试。

结合工业机器人的典型应用，现场编程步骤可归纳如下。

1. 检查设备连接

工业机器人在实际应用中往往需要配合其他自动化设备进行工作，比如 PLC、变位机、立体仓库等。因此，工业机器人在编程之前需要检查其设备连接，比如与 PLC 的通信连接、I/O 连接、气路连接等。

2. 通电测试

在确认设备硬件连接无误后，进行通电测试，主要测试工业机器人与其他设备的网络通信、气路通断、传感器以及安全防护装置是否正常等。

3. 程序流程图设计

现场编程之前可根据工作站的工艺流程绘制程序流程图，确定工业机器人的各功能模块以及子程序数量。除了工业机器人程序流程图外，往往还需要绘制主控单元（如 PLC）的控制流程图以及其他交互设备的工艺流程图。

4. 列交互信号表

根据流程图，确定工业机器人需要与其他设备交互的信号数量和种类，列出相互之间的交互信号表，并配置工业机器人的 I/O 板。

5. 建立工具坐标系及工件坐标系

在编写程序之前需要设定工业机器人的工具坐标及工件坐标。执行程序时，工业机器人就是将 TCP（工具中心点）移至编程位置，程序中所描述的速度与位置就是 TCP 在对应工件坐标系的速度与位置。

6. 编写工业机器人程序

编写工业机器人程序时，要根据第 3 步的流程图编写相应的功能模块及子程序。要避免使用一个主程序实现所有功能，这样在调试程序的时候很难发现问题。同时，根据第 3 步规划工业机器人的运行轨迹并确定所需的示教点。

7. 手动示教

程序编写完成后，需要手动操作工业机器人示教目标点。在示教目标点时，要注意规避运动奇点，比如工业机器人 4 轴与 5 轴成一条直线的姿态是最常见的一种运动奇点。工业机器人示教操作是工业机器人编程最重要的一环，示教结果的好坏会直接影响程序的运行结果。

8. 程序调试

程序编写完成后，要进行现场调试。为保证安全，第一次调试时，要低速并单步运行程序，单步走完程序无误后，再连续运行程序，确保程序示教点和程序准确无误后，再自动运行程序。

综上所述，工业机器人应用编程归根结底是工业机器人与其外围设备交互的过程，以上 8 个步骤分别对应工业机器人程序编写的前、中、后三个阶段，如图 5-1 所示。

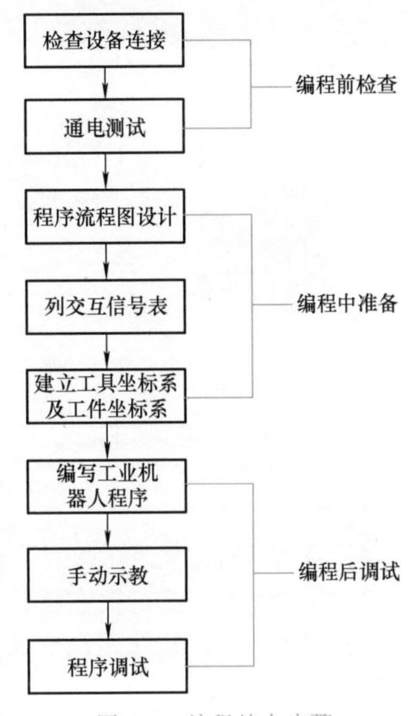

图 5-1　编程基本步骤

5.2　工业机器人基础轨迹程序设计

程序是为了使工业机器人完成某种任务而设置的动作顺序描述。常见的编程方法有两种——示教编程方法和离线编程方法。示教编程方法是由操作者控制工业机器人运动，记录工业机器人作业的目标点，并插入所需的工业机器人指令和函数来完成程序的编写。离线编程方法是操作者不对实际作业的工业机器人直接进行示教，而是在离线编程软件中进行编程和仿真，并生成示教数据，通过计算机间接对工业机器人进行示教。由于示教编程方式实用性强，操作简单，因此大部分工业机器人编程都用这种方法。

轨迹程序编程

5.2.1　轨迹编程工作站

如图 5-2 所示，轨迹编程工作站由优质铝材加工制造，表面阳极经氧化处理，可在平面、曲面上蚀刻不同图形规则的图案，如平行四边形、五角星、椭圆、风车、凹字形等多种不同轨迹图案。该工作站配有 TCP 示教辅助装置（见图 5-3 右上角），可通过焊枪描绘图形，训练工业机器人的示教点。还可以通过 TCP 辅助装置训练创建工业机器人工具坐标。

该工作站可以完成的具体任务包括：

1）焊枪工具坐标的新建、标定和测试。

2）用焊枪完成图 5-3 所示轨迹训练模型的各种图形的示教。

3）在工业机器人示教器上操作完成单步运行程序、连续运行程序、自动运行程序。

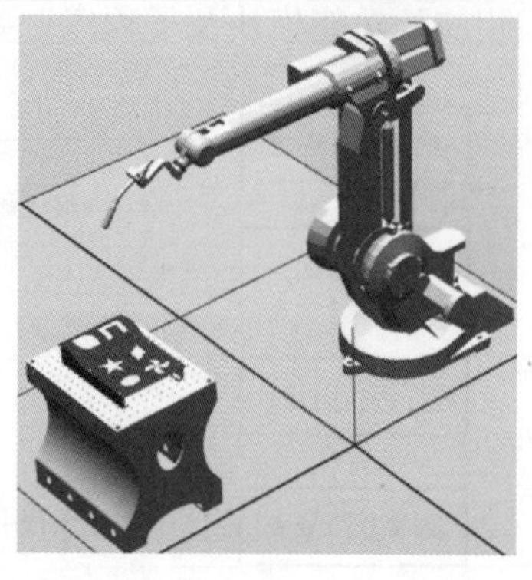

图 5-2　轨迹编程工作站模型

图 5-3　轨迹编程训练模型

5.2.2　程序编写与调试

1. 工艺要求

1）在进行描图轨迹示教时，焊枪姿态尽量垂直于工件表面。

2）工业机器人运行轨迹要平缓流畅。

3）焊丝与图案边缘距离 0.5～1mm，且尽量靠近工件图案边缘，但不能与工件接触，以免刮伤工件表面。

2. 编写轨迹程序

因该工作站涉及目标点较多，轨迹程序可分解为多个子程序，每个子程序包含一个独立的图案程序，在主程序中调用不同图案的子程序即可，使得程序结构清晰，方便查看修改。子程序与对应图案见表 5-1。

表 5-1　子程序与对应图案

序　号	子　程　序	对应图案
1	rIntiAll	初始化
2	Path_20	风车形图案
3	Path_30	椭圆形图案
4	Path_40	平行四边形图案
5	Path_50	五角星图案
6	Path_60	凹字形图案
7	Path_70	枫叶形图案

（1）设计工业机器人程序流程图　根据工作站轨迹模块功能及工艺要求，设计工业机器人程序流程图，如图 5-4 所示。

（2）程序编写　在编写工业机器人轨迹程序之前要确定每个描绘图案所需的示教点，如图 5-5 所示。

确定工业机器人需要示教的示教点后，根据图 5-4 所示的流程图编写工业机器人的主程序（main），主程序如下。

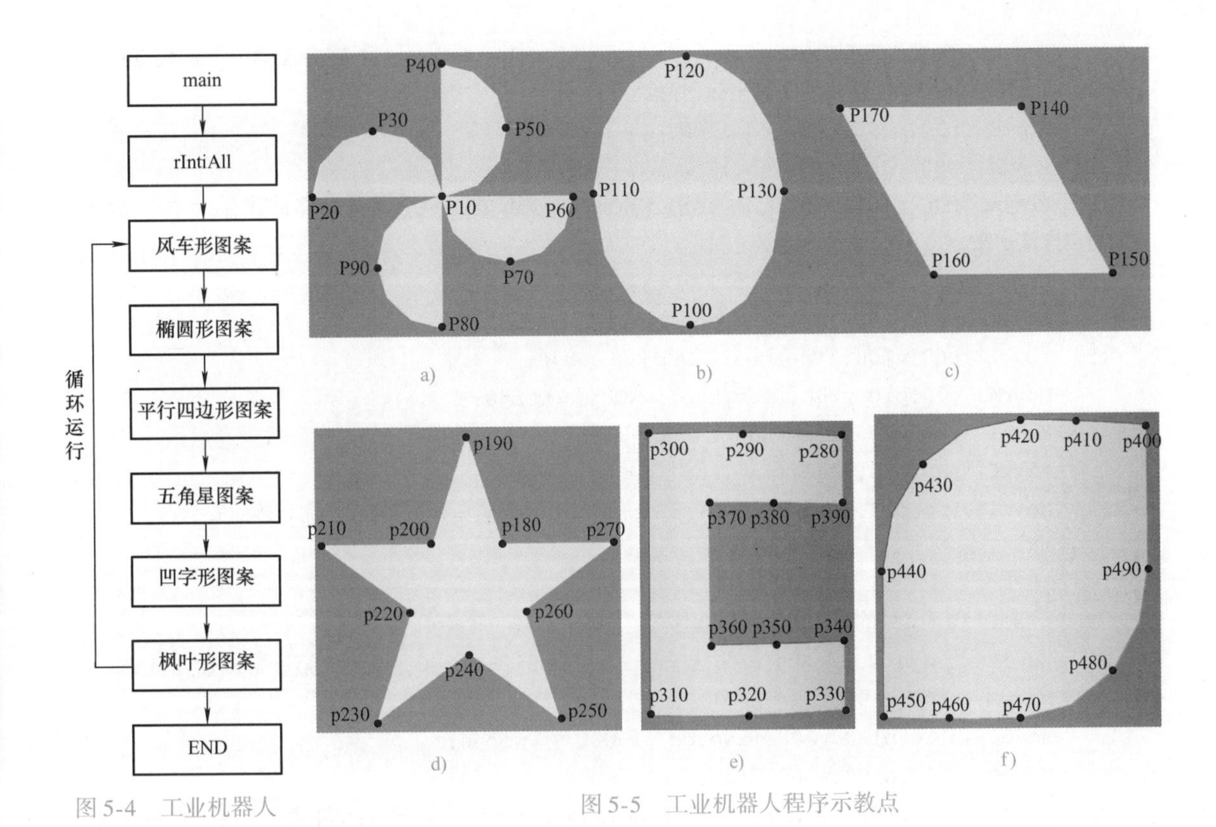

图 5-4 工业机器人程序流程图

图 5-5 工业机器人程序示教点

```
PROC main ( )
    rIntiAll;                    ! 初始化程序
    WHILE TRUE DO                ! 死循环,反复运行机器人图形轨迹程序
        Path_20;
        Path_30;
        Path_40;
        Path_50;
        Path_60;
        Path_70;
        WaitTime 5;              ! 等待 5s
    ENDWHILE
ENDPROC
```

主程序 main( ) 中调用的子程序 Path_20 ~ Path_70 分别对应图 5-5 中 a ~ f 轨迹图案，以下给出初始化子程序以及图 5-5 中 a ~ f 所示图案的程序。

```
PROCrIntiAll( ) ! 初始化程序
    MoveAbsJ Phome \NoEOffs,v50,fine,tool0;! 回原点。Phome 点是整个程序的起始点
ENDPROC

PROC Path_20 ( )! 风车形图案轨迹程序
```

```
        MoveJoffs(p10,0,0,50),v100,fine,tool1 \WObj:=wobj0;! 运行至第一个示教点正上
方 50mm 处,其中 tool1 是新建的工具坐标(焊枪)
        MoveL  p10,v200,fine,tool1 \WObj:=wobj0;
        MoveL  p20,v200,fine,tool1 \WObj:=wobj0;
        MoveC  p30,p10,v200,fine,tool1 \WObj:=wobj0;! 三点确定一条圆弧,p20 为当前位
置,所以应该示教 p30、p10 两个示教点。
        MoveL  p40,v200,fine,tool1 \WObj:=wobj0;
        MoveC  p50,p10,v200,fine,tool1 \WObj:=wobj0;
        MoveL  p60,v200,fine,tool1 \WObj:=wobj0;
        MoveC  p70,p10,v200,fine,tool1 \WObj:=wobj0;
        MoveL  p80,v200,fine,tool1 \WObj:=wobj0;
        MoveC  p90,p10,v200,fine,tool1 \WObj:=wobj0;
        MoveL offs(p10,0,0,50),v100,fine,tool1 \WObj:=wobj0;! 走完轨迹回安全点
    ENDPROC

    PROC Path_30 ( )! 椭圆形图案轨迹程序
        MoveJ offs(p100,0,0,50),v100,fine,tool1 \WObj:=wobj0;! 运行至第一个示教点正上方
        MoveL  p100,v200,fine,tool1 \WObj:=wobj0;
        MoveC  p110,p120,v200,fine,tool1 \WObj:=wobj0;
        MoveC  p130,p100,v200,fine,tool1 \WObj:=wobj0;
        MoveL offs(p100,0,0,50),v100,fine,tool1 \WObj:=wobj0;! 注意一个 MoveC 指令不
能绘制一个完整的圆
    ENDPROC

    PROC Path_40 ( )! 平行四边形图案轨迹程序
        MoveL offs(p140,0,0,50),v100,fine,tool1 \WObj:=wobj0;! 运行至第一个示教点正上方
        MoveL  p140,v200,fine,tool1 \WObj:=wobj0;
        MoveL  p150,v200,fine,tool1 \WObj:=wobj0;
        MoveL  p160,v200,fine,tool1 \WObj:=wobj0;
        MoveL  p170,v200,fine,tool1 \WObj:=wobj0;
        MoveL  p140,v200,fine,tool1 \WObj:=wobj0;
        MoveL offs(p140,0,0,50),v100,fine,tool1 \WObj:=wobj0;
    ENDPROC

    PROC Path_50 ( )! 五角星图案轨迹程序
        MoveL offs(p180,0,0,50),v100,fine,tool1 \WObj:=wobj0;! 运行至第一个示教点正上方
        MoveL  p180,v200,fine,tool1 \WObj:=wobj0;
        MoveL  p190,v200,fine,tool1 \WObj:=wobj0;
        MoveL  p200,v200,fine,tool1 \WObj:=wobj0;
        MoveL  p210,v200,fine,tool1 \WObj:=wobj0;
        MoveL  p220,v200,fine,tool1 \WObj:=wobj0;
        MoveL  p230,v200,fine,tool1 \WObj:=wobj0;
```

```
    MoveL  p240,v200,fine,tool1 \WObj:=wobj0;
    MoveL  p250,v200,fine,tool1 \WObj:=wobj0;
    MoveL  p260,v200,fine,tool1 \WObj:=wobj0;
    MoveL  p270,v200,fine,tool1 \WObj:=wobj0;
    MoveL  p180,v200,fine,tool1 \WObj:=wobj0;
    MoveL offs(p180,0,0,50),v100,fine,tool1 \WObj:=wobj0;
ENDPROC

PROC Path_60 ( )！凹字形图案轨迹程序
    MoveJ offs(p280,0,0,50),v100,fine,tool1 \WObj:=wobj0;！运行至第一个示教点正上方
    MoveL  p280,v200,fine,tool1 \WObj:=wobj0;
    MoveC  p290,p300,v200,fine,tool1 \WObj:=wobj0;！注意区分直线和曲线
    MoveL  p310,v200,fine,tool1 \WObj:=wobj0;
    MoveC  p320,p330,v200,fine,tool1 \WObj:=wobj0;
    MoveL  p340,v200,fine,tool1 \WObj:=wobj0;
    MoveC  p350,p360,v200,fine,tool1 \WObj:=wobj0;
    MoveL  p370,v200,fine,tool1 \WObj:=wobj0;
    MoveC  p380,p390,v200,fine,tool1 \WObj:=wobj0;
    MoveL  p280,v200,fine,tool1 \WObj:=wobj0;
    MoveJ offs(p280,0,0,50),v100,fine,tool1 \WObj:=wobj0;
ENDPROC

PROC Path_70 ( )！枫叶形图案轨迹程序
    MoveJ offs(p400,0,0,50),v100,fine,tool1 \WObj:=wobj0;
    MoveL  p400,v200,fine,tool1 \WObj:=wobj0;
    MoveC  p410,p420,v200,fine,tool1 \WObj:=wobj0;！注意枫叶形图案轨迹处于训练模
型的曲面上
    MoveC  p430,p440,v200,fine,tool1 \WObj:=wobj0;
    MoveL  p450,v200,fine,tool1 \WObj:=wobj0;
    MoveC  p460,p470,v200,fine,tool1 \WObj:=wobj0;
    MoveC  p480,p490,v200,fine,tool1 \WObj:=wobj0;
    MoveL  p400,v200,fine,tool1 \WObj:=wobj0;
    MoveL offs(p400,0,0,50),v100,fine,tool1 \WObj:=wobj0;！走完轨迹回安全点
    MoveAbsJ Phome \NoEOffs,v50,fine,tool0;！执行完所有程序后回到程序的初始位置
ENDPROC
```

(3) 程序调试　程序编写完成后，将工业机器人运行速度百分比调至25%，再依次单步运行程序、连续运行程序、自动运行程序，进行程序调试。

5.3　工业机器人搬运码垛程序设计

码垛就是把工件按照一定的模式码放，将零散物品集成化，这样可以使物品的存放、移

动等物流活动变得简单、易操作，进而提升物流的效率。码垛就是更高级的搬运，搬运码垛编程的关键就是灵活地运用工业机器人的逻辑控制指令，编程方法不唯一。本节将以搬运码垛工作站为基础，结合 FOR、TEST、IF、WHILE 等逻辑控制指令给出几种典型的搬运码垛编程方法。

5.3.1　搬运码垛工作站

搬运程序

工业机器人搬运码垛工作站由一台 IRB1410 工业机器人、搬运工作台、码垛工作台和控制柜四部分组成。搬运工作台和码垛工作台可进行拆卸互换，该工作站控制系统采用西门子 PLC1200 控制，工作站模型如图 5-6 所示。

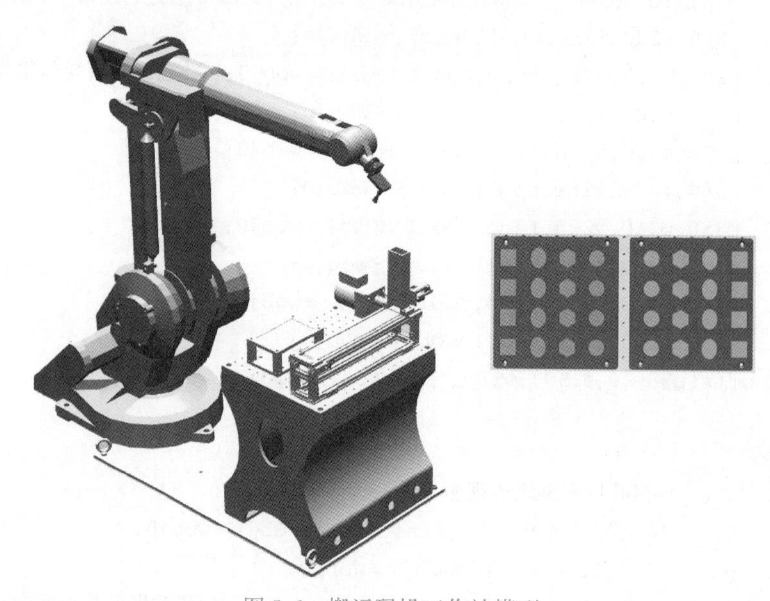

图 5-6　搬运码垛工作站模型

搬运工作台底板外形尺寸为 560mm × 400mm × 8mm，两块底板座分别由四组不同形状的工件组成，有圆形、正方形、六边形等，如图 5-7 所示。工业机器人末端采用真空吸盘对不同形状的物料进行点对点的搬运操作。

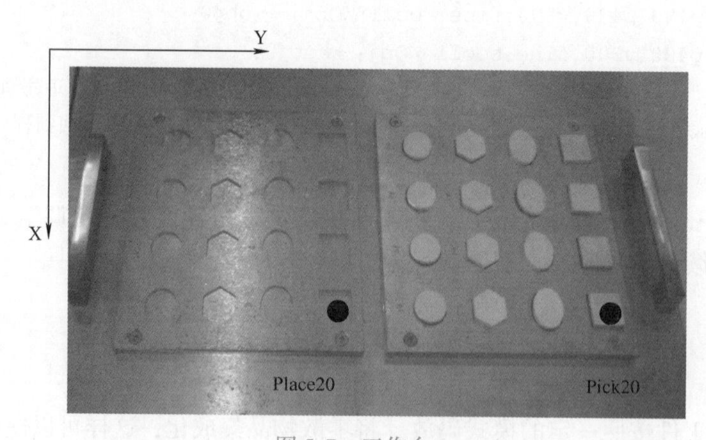

图 5-7　工作台

码垛工作台由供料单元、传送带、检测传感器、三相异步电动机、物料码放区等组成，如图5-8所示。工作时控制系统控制供料单元进行供料、推料至传送带，待物料输送至输送线末端时工业机器人进行物料分拣码垛工作。

码垛工作台与控制柜接线图如图5-9所示，工作台上的传感器、气缸、电磁阀等通过接线盒（工作台下方）和航空插头（-WB3、-WB4）与工作站主控系统连接。

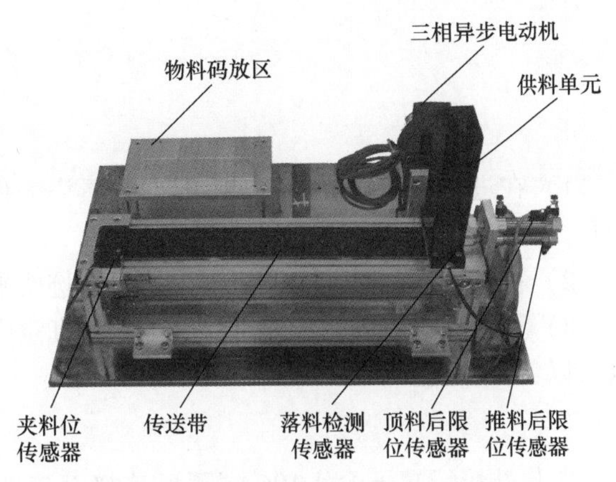

图5-8　码垛工作台

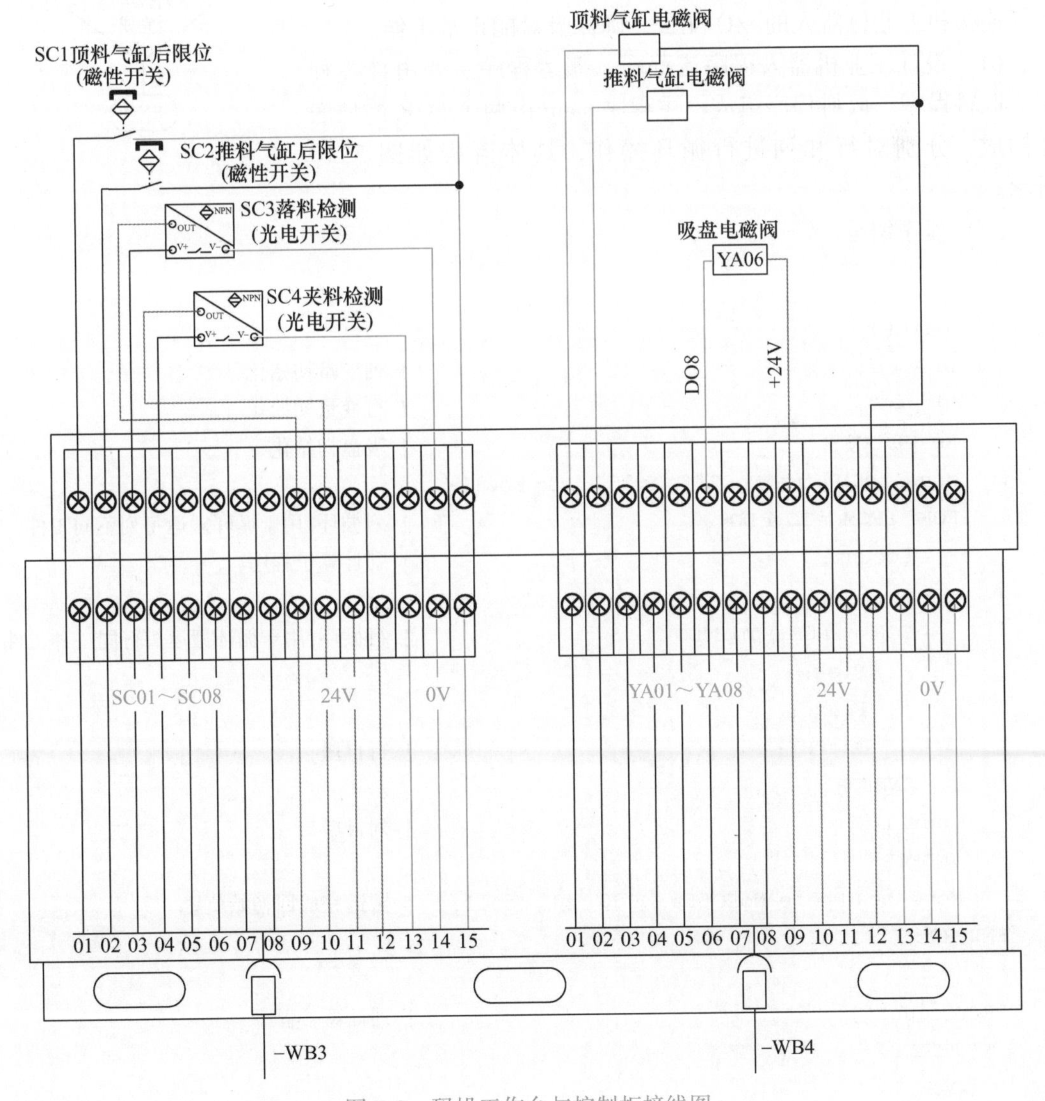

图5-9　码垛工作台与控制柜接线图

5.3.2 物料搬运程序编写与调试

1. 工艺要求

1）在进行搬运轨迹示教时，吸盘夹具姿态保持与工件表面平行。

2）在进行搬运时，工业机器人运行轨迹要平缓流畅。

3）真空吸盘取放物料要平稳，不能让真空吸盘紧贴物料吸取，以免损坏真空吸盘。

2. 程序编写与调试

工作站接线端子盒 YA06 端子已连接至工业机器人 I/O 板 DSQC651 的 DO8 通道，如图 5-9 所示。编程前首先检查工作站电气连接和工业机器人的 I/O 配置，确保吸盘能正常工作。

（1）设计工业机器人程序流程图　搬运程序主要由计算程序、取料程序、放料程序组成，主程序 main 由两个 FOR 循环嵌套构成，分别对行和列进行循环操作，具体流程如图 5-10 所示。

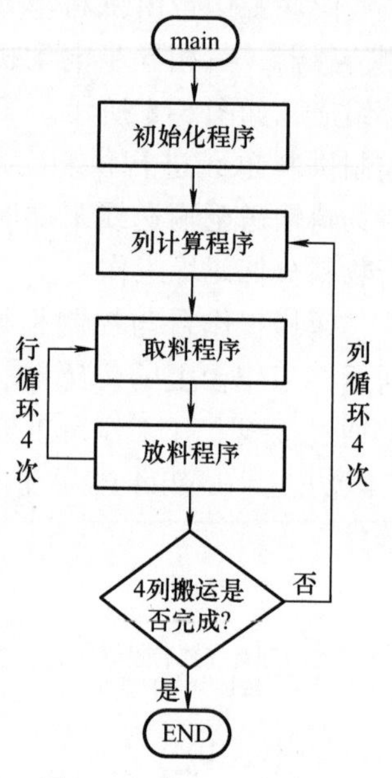

图 5-10　搬运程序流程

（2）程序编写

方法一：

```
PROCmain()
    L1 : = 1;                                        ! 列变量初始化
    H1 : = 0;                                        ! 行变量初始化
    Reset DO8;                                       ! 吸盘初始化
    MoveAbsJ Phome \NoEOffs, v300, z0, tool1;
    FORi FROM 1 TO 4 DO                              ! 列循环,用于循环搬运每列不同工件
        Lcount;                                      ! 列计算子程序
        H1: = 0;
        FOR j FROM 0 TO 3 DO                         ! 行循环,用于循环搬运每行同一种工件
            Pick;
            Place;
            IncrH1;                                  ! 行自增
        ENDFOR
    IncrL1;                                          ! 列自增
    ENDFOR
    MoveAbsJ Phome \NoEOffs, v300, z0, tool1;        ! 搬运完成回初始位置
ENDPROC

PROCLcount()                                         ! 列计算子程序
    TEST L1
    CASE 1:
```

```
    Place10 := Place20;
    Pick10 := Pick20;! Place20、Pick20 分别为示教的放料示教点和取料示教点
    CASE 2:
    Place10 := Offs(Place20,0,-53,0);
    Pick10 := Offs(Pick20,0,-53,0);! 对示教的 Place20、Pick20 点进行列偏移,以下说
明同上
    CASE 3:
    Place10 := Offs(Place20,0,-53 * 2,0);
    Pick10 := Offs(Pick20,0,-53 * 2,0);
    CASE 4:
    Place10 := Offs(Place20,0,-53 * 3,0);
    Pick10 := Offs(Pick20,0,-53 * 3,0);
    ENDTEST
  ENDPROC

  PROC Pick()
    MoveJ Offs (Pick10, H1 * (-53),0,40), v100, z0, tool1; ! 抓取示教点正上方过
渡点
    MoveL Offs(Pick10,H1 * (-53),0,0), v20, fine, tool1;! 慢速移至抓取示教点
    Set DO8;
    WaitTime 1;
    MoveL Offs (Pick10, H1 * (-53),0,40), v100, z0, tool1;
  ENDPROC

  PROC Place ()
    MoveJ Offs (Place10, -H1 * 53,0,40), v100, z0, tool1;
    MoveL Offs(Place10, -H1 * 53,0,2), v20, fine, tool1;! 注意放料时 Z 方向要留间隙
    Reset DO8;
    WaitTime 1;
    MoveL Offs (Place10, -H1 * 53,0,40), v100, z0, tool1;
  ENDPROC
```

方法二：

```
  PROC main ()
    MoveAbsJ Phome \NoEOffs, v200, z50, tool0;
    FORi FROM 0 TO 3 DO
        FOR j FROM 0 TO 3 DO
            MoveJ Offs (Pick20, -j * 53, -i * 53,40), v100, z0, tool1; ! 注意 Z0
和 fine 的区别
            MoveL Offs (Pick20, -j * 53, -i * 53,0), v20, fine, tool1;
            Set DO8;
            WaitTime 1;
```

```
                MoveL Offs (Pick20, -j * 53, -i * 53,40), v20, z0, tool1;
                MoveJ Offs (Place20, -j * 53, -i * 53,40), v100, z0, tool1;
                MoveL Offs (Place20, -j * 53, -i * 53,2), v20, fine, tool1;
                Reset DO8;
                WaitTime 1;
                MoveL Offs (Place20, -j * 53, -i * 53,40), v20, z0, tool1;
            ENDFOR
        ENDFOR
            MoveAbsJ Phome \NoEOffs, v200, z50, tool1;
    ENDPROC
```

(3) 程序调试　程序编写完成后，将工业机器人运行速度百分比调至25%，再依次单步运行程序、连续运行程序、自动运行程序测试。

5.3.3　物料码垛程序编写与调试

1. 工艺要求

1）在进行搬运时，工业机器人运行轨迹要求平缓流畅。

2）气缸动作要平缓流畅，不能太猛或太慢。

3）传送带运行要平稳。

4）工件要码放整齐。

2. PLC程序设计

(1) PLC程序流程　PLC程序流程如图5-11所示，供料单元在送料时应遵循先顶料后推料的原则，复位时正好相反。PLC通过控制变频器来控制电动机的起动，当工件传送到末端时电动机停止，工业机器人再抓取工件至码放区进行码垛。如此循环，直到工业机器人搬完所有工件。

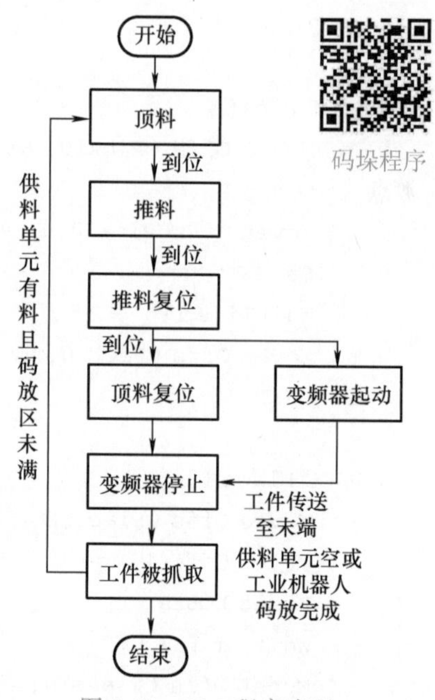

图5-11　PLC程序流程

(2) PLC交互信号表　根据码垛工作台的控制流程，给出PLC编程所需的输入/输出信号，PLC交互信号表见表5-2。

表5-2　PLC交互信号表

PLC输入信号				
序　号	PLC地址	符　　号	注　　释	信号连接设备
1	I0.0	起动按钮		PLC控制柜面板
2	I0.1	暂停按钮		
3	I0.5	光幕常闭信号		

（续）

PLC 输入信号				
序　号	PLC 地址	符　　号	注　　释	信号连接设备
4	I0.6	SC1 顶料气缸后限位	落料机构传感器信号	集成接线端子盒（位于工业机器人工作台侧面）
5	I0.7	SC2 推料气缸后限位		
6	I1.0	SC3 落料检测		
7	I1.1	SC4 夹料位检测		
PLC 输出信号				
序　号	PLC 地址	符　　号	注　　释	信号连接设备
1	Q0.3	STF		集成接线端子盒（位于工业机器人工作台侧面）
2	Q2.2	YA01 顶料气缸电磁阀	落料机构气缸电磁阀信号	
3	Q2.3	YA02 推料气缸电磁阀		
4	Q3.1	（DI2）工业机器人程序启动		
5	Q3.4	（DI5）工业机器人停止		
6	Q3.5	（DI6）夹料位置信号		

（3）PLC 程序设计　工作站采用西门子公司的博图 V15 软件进行 PLC 编程，根据表 5-2 分配的 I/O 信号编写的 PLC 控制程序如图 5-12 所示。

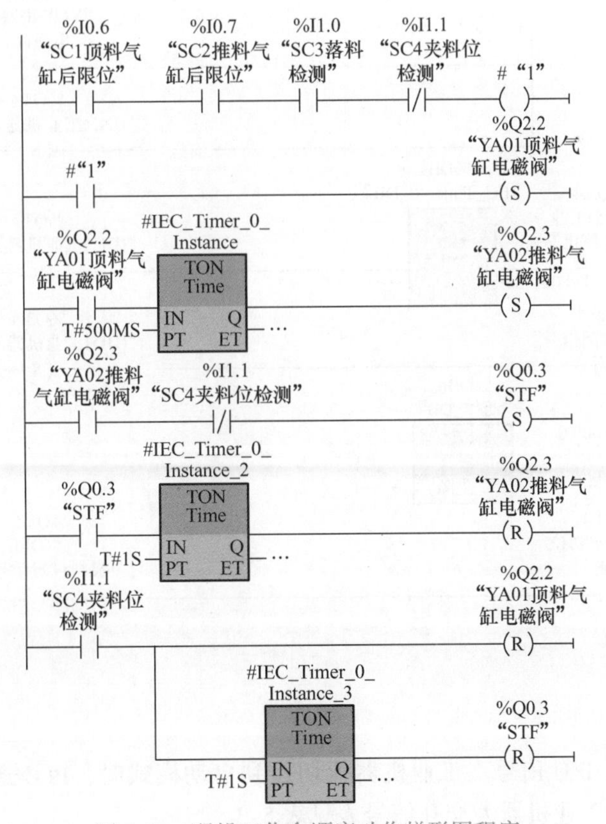

图 5-12　码垛工作台顺序动作梯形图程序

如图 5-13 所示，PLC 主程序主要实现工作站的起动、暂停、工业机器人紧急停止。其中，PLC 与工业机器人进行 I/O 通信。按下起动按钮后，工作台供料单元顶料气缸顶住上层工件，延时 0.5s 后，推料气缸推出下层工件，并起动电动机正转（STF），延时 1s，复位推料气缸，当工件传送至末端时，夹料位传感器 SC4 复位顶料气缸和 STF。与此同时，工业机器人收到夹料位置信号，启动程序进行抓料码放操作。至此便完成了一个工件的码放。程序循环执行直至完成所有工件的码放。

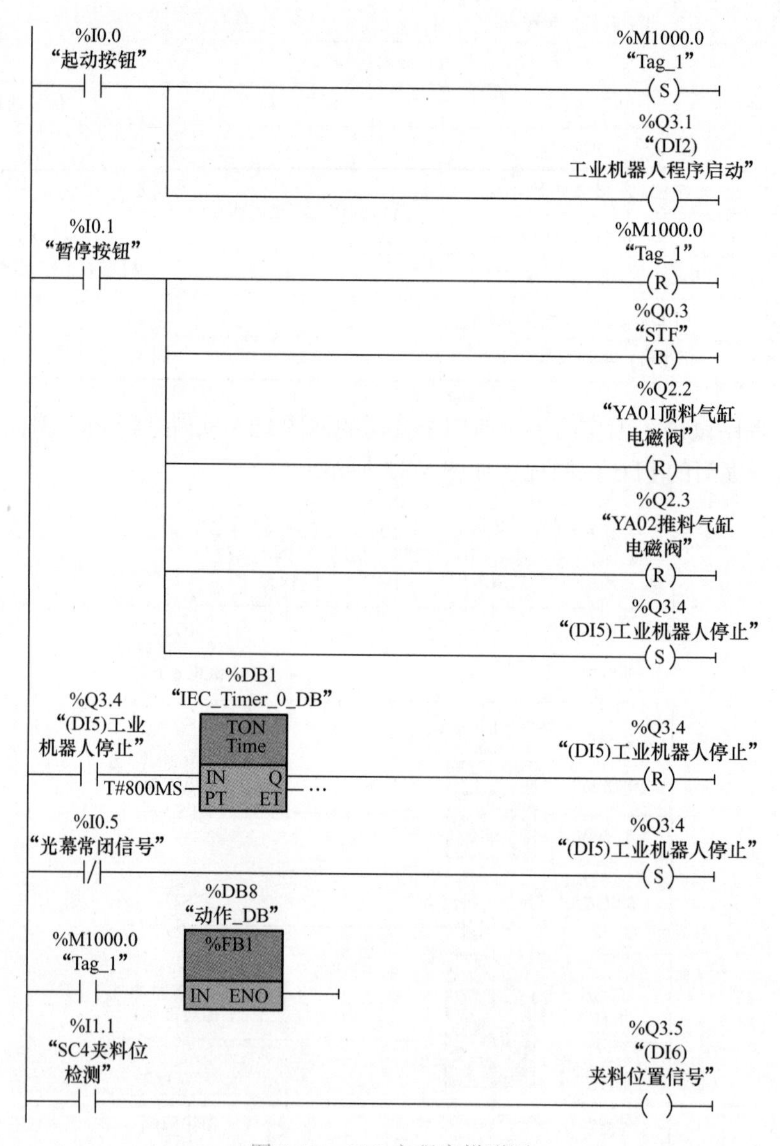

图 5-13　PLC 主程序梯形图

3. 工业机器人程序设计

（1）工业机器人 I/O 信号　工业机器人切换到自动模式时，PLC 通过 I/O 信号控制工业机器人程序运行，工业机器人交互信号表见表 5-3。

表 5-3　工业机器人交互信号表

工业机器人输入信号				
序号	I/O 地址	符号	注释	信号连接设备
1	DI2	工业机器人程序启动	Q3. 1	PLC
2	DI5	工业机器人停止	Q3. 4	
3	DI6	夹料位置信号	Q3. 5	
工业机器人输出信号				
序号	I/O 地址	符号	注释	信号连接设备
1	DO8	吸盘夹具	吸盘电磁阀信号	YA06 电磁阀

（2）设计工业机器人程序流程图　根据 PLC 的控制流程，结合 PLC 与工业机器人交互信号表设计工业机器人程序流程图，如图 5-14 所示。

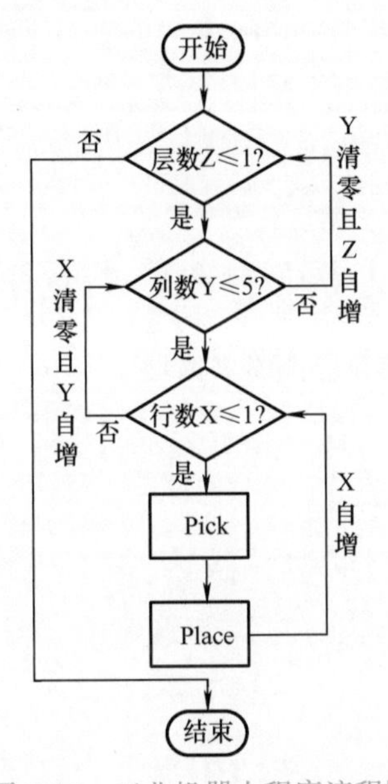

图 5-14　工业机器人程序流程图

（3）程序编写　根据图 5-14 所示工业机器人程序流程图，采用逻辑控制指令 FOR 进行程序循环嵌套实现码垛功能。

```
PROC main ()
    Reset DO8;
    MoveAbsJ Phome \NoEOffs, v300, z0, tool1;
    FOR z FROM 0 TO 1 DO                        ！层循环
        FOR y FROM 0 TO 5 DO                    ！列循环
            FOR x FROM 0 TO 1 DO                ！行循环
                pick;
                place;
```

```
            ENDFOR
        ENDFOR
    ENDFOR
    MoveAbsJ Phome \NoEOffs, v300, z0, tool1;
ENDPROC

PROC pick ()
    MoveJ pick1, v200, fine, tool1;                    ! 抓取准备位置
    WaitDI DI6_Robot_start, 1;
    MoveL pick11, v50, fine, tool1;                    ! 抓取位置正上方
    MoveL pick21, v20, fine, tool1;                    ! 慢速下降到抓取位置
    Set DO8;
    WaitTime 1;
    MoveL pick11, v50, fine, tool1;
ENDPROC

PROC place ()
    MoveL place1, v100, z0, tool1;
    MoveL Offs(place10,(x * 45.5) + 5,(y * ( -25)) - 5,(z * 15.5) + 5), v50,
fine,tool1;! place10 为放料示教点,注意 5mm 的偏移是考虑到工业机器人直接放料时难免会有偏
差,预留 5mm 的间隙是为了进行二次定位,消除放料偏差
    MoveL Offs (place10, x * 45.5, -y * 25, z * 15.5), v10, fine, tool1;
    Reset DO8;
    WaitTime 1;
    MoveL Offs (place10, x * 45.5, -y * 25, (z * 15.5) + 15), v10, fine, tool1;
    MoveL place1, v100, z0, tool1;
ENDPROC
```

5.4 工业机器人机床上下料程序设计

机床上下料工业机器人可在数控机床上下料环节取代人工完成工件的自动装卸。选用工业机器人给机床上下料具有速度快、柔性高、效能高、精度高等优点，主要应用于大批量重复性或者是工件质量较大以及工作环境恶劣等情况下的机床上下料。在中国制造转型升级的大背景下，在机床加工中机器人自动上下料将具有广阔的发展前景。

上、下料程序

5.4.1 机床上下料工作站

机床上下料工作站由 IRB1410 工业机器人、供料机构、双工位自定心卡盘（模拟机床上下料）、立体仓库、双手爪等组成，如图 5-15 所示。工业机器人按照机床的工艺要求、加工时间和周期的不同，进行有效的协调。

该套件引入工业机器人典型的上下料工作任务，可对工业机器人系统、PLC 控制系统、

传感器、气缸等集成控制进行学习，同时该套件采用双手爪工具，在上料的同时进行下料工作，提高了工作效率，保证了加工的工作节拍。

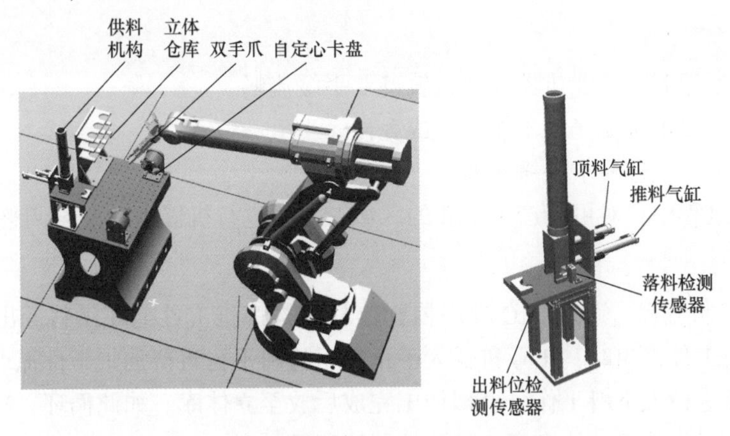

图 5-15　机床上下料工作站示意图

机床上下料工作站控制系统为西门子 PLC1200，PLC 控制供料单元进行供料、推料，工作台上的传感器、气缸、电磁阀等通过接线盒（工作台下方）和航空插头（－WB3、－WB4）与工作站主控系统连接，如图 5-16 所示。

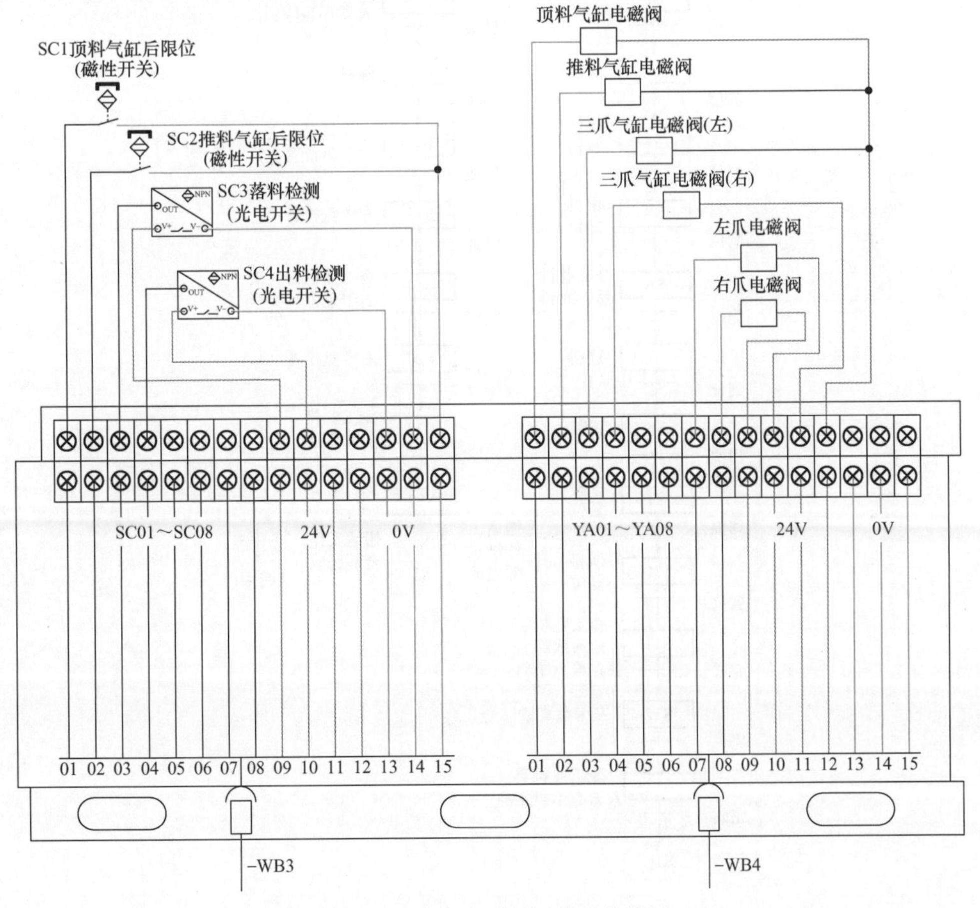

图 5-16　机床上下料工作站接线图

5.4.2 机床上下料程序的编写与调试

1. 工艺要求

1）在进行搬运时，工业机器人运行轨迹要平缓流畅。

2）气缸动作要平缓流畅，不能太猛或太慢。

3）机器人运行轨迹要求平缓流畅。

4）在搬运过程中，对可能产生干涉的区域，需要进行机器人的姿态调整。

2. PLC 程序设计

（1）PLC 控制流程　通过 PLC 程序控制落料机构进行工件毛坯供料。出料位检测传感器检测到有供料工件推出时，工业机器人手爪移至检料平台将待加工工件抓取至模拟机床的气动自定心卡盘进行上下料工作，模拟加工完成后放至立体库。如此循环，直至工业机器人将所有加工完成工件放至立体仓库。具体控制流程图如图 5-17 所示。

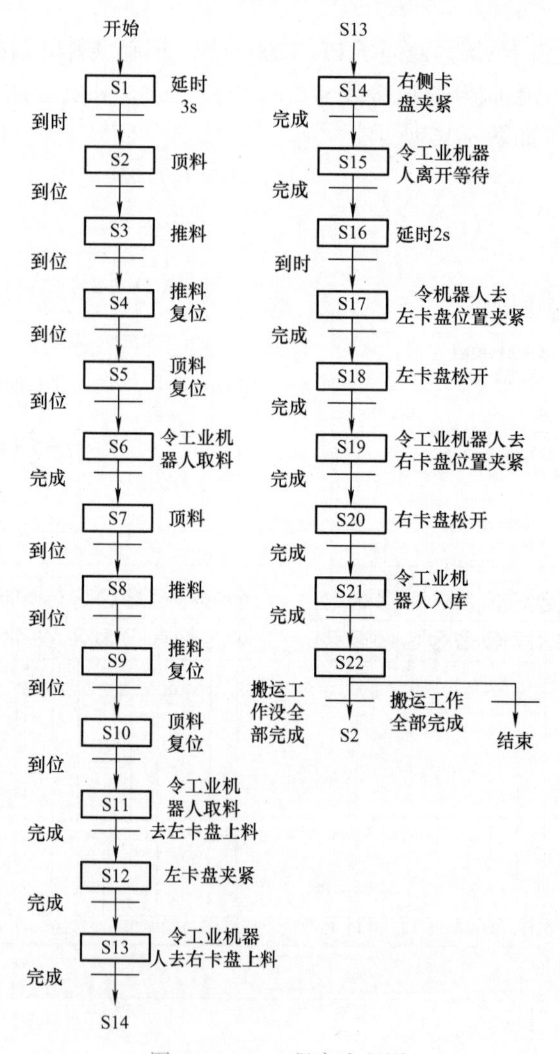

图 5-17　PLC 程序流程图

（2）PLC交互信号表　根据机床上下料工作站的控制流程，给出PLC编程所需的输入/输出信号，PLC交互信号表见表5-4。

表5-4　PLC交互信号表

PLC输入信号				
序号	PLC地址	符号	注释	信号连接设备
1	I0.0	起动按钮		PLC控制柜面板
2	I0.1	暂停按钮		
3	I0.2	复位按钮		
4	I0.5	光幕常闭信号		
5	I1.0	SC3落料检测	落料机构气缸电磁阀信号	集成接线端子盒（位于工业机器人工作台侧面）
6	I1.1	SC4出料位检测		
PLC输出信号				
序号	PLC地址	符号	注释	信号连接设备
1	Q2.2	YA01顶料气缸电磁阀	落料机构气缸电磁阀信号	集成接线端子盒（位于工业机器人工作台侧面）
2	Q2.3	YA02推料气缸电磁阀		
3	Q2.4	YA03左侧自定心卡盘电磁阀		
4	Q2.5	YA04右侧自定心卡盘电磁阀		

（3）PLC程序设计　工作站采用西门子公司的博图V15软件进行PLC编程，根据表5-4分配的I/O信号编写的PLC控制程序如图5-18所示。

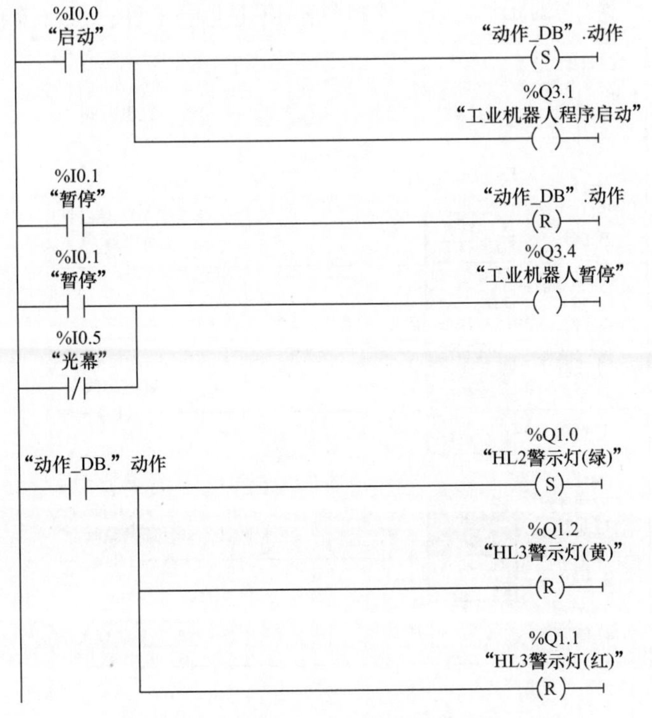

图5-18　PLC主程序梯形图

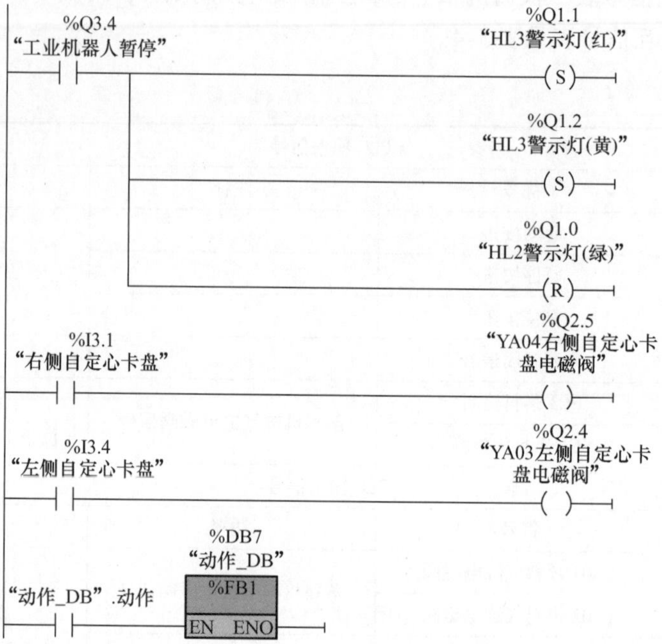

%Q3.4
“工业机器人暂停”
%Q1.1
“HL3警示灯(红)”
S
%Q1.2
“HL3警示灯(黄)”
S
%Q1.0
“HL2警示灯(绿)”
R
%I3.1
“右侧自定心卡盘”
%Q2.5
“YA04右侧自定心卡盘电磁阀”
%I3.4
“左侧自定心卡盘”
%Q2.4
“YA03左侧自定心卡盘电磁阀”
%DB7
“动作_DB”
“动作_DB”.动作
%FB1
EN ENO

图 5-18 PLC 主程序梯形图（续）

PLC 主程序主要实现工作站的起动、暂停、工业机器人紧急停止、动作模块的调用以及与工业机器人的信号传输。其中，I3. 1、I3. 4 是工业机器人输出给 PLC 的信号，作用是使工业机器人可以控制两侧的自定心卡盘。

如图 5-19 所示，按下起动按钮后，顶料气缸顶住上层工件，SC3 落料检测传感器检测

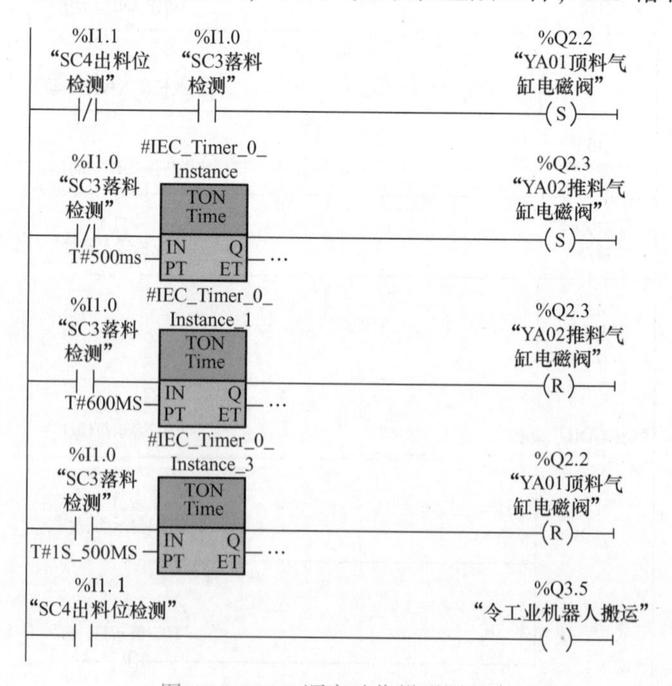

图 5-19 PLC 顺序动作梯形图程序

到工件后延时0.5s，推料气缸推出下层工件，此时SC4出料位检测传感器检测到工件，并发送信号给工业机器人进行取料。与此同时，推料气缸推出工件0.1s后复位，推料气缸复位后顶料气缸再复位，从而让上层工件继续掉落。程序循环执行，直至工业机器人完成所有工件的抓取动作。

3. 工业机器人程序设计

（1）工业机器人I/O信号　工业机器人切换到自动模式时，PLC通过I/O信号控制工业机器人程序运行，工业机器人交互信号表见表5-5。

表5-5　工业机器人交互信号表

PLC地址	PLC符号	信　号	类　型
Q3.5	令工业机器人搬运	DI6（输入通道6）	
Q3.6	备用	DI7（输入通道7）	
Q3.7	备用	DI8（输入通道8）	
I3.1	右侧自定心卡盘	DO1（输出通道1）	
I3.4	左侧自定心卡盘	DO2（输出通道2）	
电控柜内X1接线端子	X1-1-22	DO7（输出通道7）	YA05（左爪）
	X1-1-23	DO9（输出通道9）	YA06（右爪）

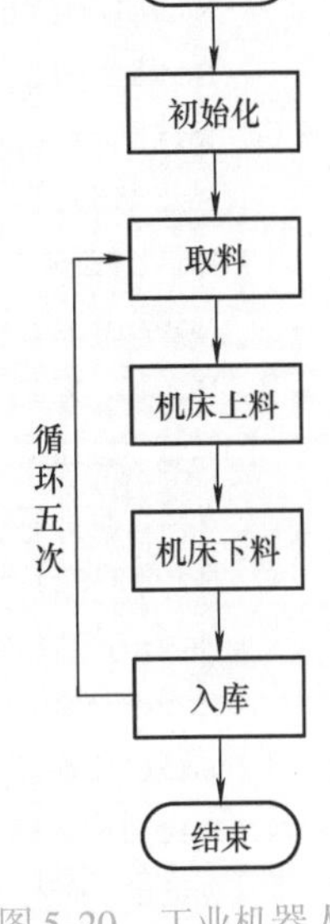

图5-20　工业机器人程序流程图

（2）设计工业机器人程序流程图　根据PLC的控制流程，结合PLC与工业机器人交互信号表设计工业机器人程序流程图，如图5-20所示。

工业机器人选用双手爪对工件进行抓取，模拟上下料操作及入库，本工作站立体仓库有3×3个存储位。因此，编写工业机器人入库程序时，立体仓库第三行需单独考虑。

（3）程序编写　根据图5-20所示工业机器人程序流程图编写程序，采用逻辑控制指令FOR进行主程序循环，具体程序如下。

```
PROC main()！主程序
   rIntiAll;
   FORi FROM 1 TO 5 DO
   Pick;                    ！工业机器人取料程序
   SL;                      ！工业机器人模拟机床上料程序
   XL;                      ！工业机器人模拟机床下料程序
   Ruku;                    ！工件入库程序
   ENDFOR
ENDPROC

PROCrIntiAll()              ！初始化程序
   Reset do2;
   Reset do1;
   Reset do7;
```

```
    Reset do9;
    py := 0;
  ENDPROC

  PROC Pick()
    WaitDI DI6, 1;                          ! 等待出料位有料
    MoveAbsJ Phome, v200, z50, tool1;
    MoveJ Offs (p10, -100,0,100), v100, fine, tool1;
    MoveL Offs(p10,0,0,100), v100, fine, tool1;
    MoveL p10, v20, fine, tool1;
    WaitTime 1;
    Set do9;                                ! 工业机器人右侧夹爪
    WaitTime 1;
    MoveL Offs(p10,0,0,100), v50, fine, tool1;
    MoveL Offs (p10, -100,0,100), v50, fine, tool1;
    WaitTime 1;
    Wait DI DI6, 1;                         ! 等待出料位有料
    MoveJ Offs (p20, -100,0,100), v100, fine, tool1;
    MoveL Offs(p20,0,0,100), v100, fine, tool1;
    MoveL p20, v20, fine, tool1;
    WaitTime 1;
    Set do7;                                ! 工业机器人左侧夹爪
    WaitTime 1;
    MoveL Offs(p20,0,0,100), v50, fine, tool1;
    MoveL Offs (p20, -100,0,100), v50, fine, tool1;
    MoveAbsJPhome, v200, z50, tool1;
  ENDPROC                                   ! 完成双手爪取料

  PROC SL()                                 ! 上料程序
    MoveAbsJPhome, v200, z50, tool1;
    IF do7 = 1 THEN                         ! 如果左夹爪有料,则给左侧自定心卡盘上料
    MoveJ Offs (p30,0, -100,100), v100, z50, tool1;
    MoveL Offs(p30,0,-100,0), v100, fine, tool1;
    MoveL p30, v20, fine, tool1;
    WaitTime 1;
    Set do1;                                ! 工业机器人左侧自定心卡盘夹紧
    WaitTime 0.5;
    Reset do7;
    WaitTime 1;
    MoveL Offs (p30,0, -100,0), v100, fine, tool1;
    MoveJ Offs (p30,0, -100,100), v100, z50, tool1;
    ENDIF
```

```
    IF do9  = 1 THEN                          ! 如果右夹爪有料,则给右侧自定心卡盘上料
    MoveJ Offs(p40,0,100,100), v100, z50, tool1;
    MoveL Offs(p40,0,100,0), v100, fine, tool1;
    MoveL p40, v20, fine, tool1;
    WaitTime 1;
    Set do2;
    WaitTime 0.5;
    Reset do9;
    WaitTime 1;
    MoveL Offs(p40,0,100,0), v100, fine, tool1;
    MoveJ Offs(p40,0,100,100), v100, z50, tool1;
    ENDIF
    MoveAbsJPhome, v200, z50, tool1;
ENDPROC

PROC XL()                                     ! 下料程序
MoveAbs JPhome, v200, z50, tool1;
      IF do1  = 1 THEN                        ! 左侧自定心卡盘下料
        MoveJ Offs (p30,0, -100,100), v100, z50, tool0;
        MoveL Offs (p30,0, -100,0), v100, fine, tool0;
        MoveL p30, v20, fine, tool0;
        WaitTime 1;
        Set do7;
        WaitTime 0.5;
        Reset do1;
        WaitTime 1;
        MoveL Offs (p30,0, -100,0), v100, fine, tool1;
        MoveJ Offs (p30,0, -100,100), v100, z50, tool1;
      ENDIF
      IF do2  = 1 THEN                        ! 右侧自定心卡盘下料
        MoveJ Offs(p40,0,100,100), v100, z50, tool1;
        MoveL Offs(p40,0,100,0), v100, fine, tool1;
        MoveL p40, v20, fine, tool1;
        WaitTime 1;
        Set do9;
        WaitTime 0.5;
        Reset do2;
        WaitTime 1;
        MoveL Offs(p40,0,100,0), v100, fine, tool1;
        MoveJ Offs(p40,0,100,100), v100, z50, tool1;
      ENDIF
    MoveAbsJ Phome, v200, z50, tool0;
```

```
ENDPROC

PROCruku ()
    MoveAbsJ Phome, v200, fine, tool0;
     IFpy < 3 THEN                                    ! 料库前两行放料
      IF do7  = 1 THEN
      MoveJ Offs (f10, -100, -py * 63,0), v100, fine, tool1;
      MoveL Offs (f10,0, -py * 63,0), v20, fine, tool1;
      WaitTime 2;
      Reset do7;
      WaitTime 1;
      MoveL Offs (f10, -100, -py * 63,0), v20, fine, tool0;
      ENDIF
      IF do9  = 1 THEN
      MoveJ Offs (f20, -100, -py * 63,0), v200, fine, tool0;
      MoveL Offs (f20,0, -py * 63,0), v20, fine, tool0;
      WaitTime 2;
      Reset do9;
      WaitTime 1;
      MoveL Offs (f20, -100, -py * 63,0), v20, fine, tool0;
      ENDIF
     ELSE
      IF py  = 3 THEN                                 ! 单独考虑第三行前两个仓位放料
        IF do7  = 1 THEN
        MoveJ Offs (f10, -100, 0, -116), v100, fine, tool1;
        MoveL Offs (f10,0,0, -116), v20, fine, tool1;
        WaitTime 2;
        Reset do7;
        WaitTime 1;
        MoveL Offs (f10, -100, 0, -116), v20, fine, tool0;
        ENDIF
        IF do9  = 1 THEN
          MoveJ Offs (f20, -100, -63, -58), v200, fine, tool0;
            MoveL Offs (f20,0, -63, -58), v20, fine, tool0;
            WaitTime 2;
              Reset do9;
            WaitTime 1;
            MoveL Offs (f20, -100, -63, -58), v20, fine, tool0;
          ENDIF
        ELSEIF py  = 4 THEN                           ! 第三行最后一个仓位放料
          IF do9  = 1 THEN
            MoveJ Offs (f20, -100, -126, -58), v200, fine, tool0;
```

```
            MoveL Offs (f20,0, -126, -58), v20, fine, tool0;
            WaitTime 2;
              Reset do9;
            WaitTime 1;
            MoveL Offs (f20, -100, -126, -58), v20, fine, tool0;
         ENDIF
       ENDIF
     ENDIF
   Incrpy;
   MoveAbsJ Phome, v200, fine, tool0;
     IFpy > 4 THEN                          ! 变量 py 清零
       py := 0;
     ENDIF
ENDPROC
```

5.5 小结

本章主要介绍了工业机器人应用编程的基本步骤，以典型的基础轨迹运动、搬运码垛工作站、机床上下料工作站为例，详细介绍了工业机器人编程技术的应用。在编写工业机器人程序时，应综合考虑现场编程的工艺要求，选择合适的编程方法，在满足工艺和功能要求的前提下，程序越精简越好。

练习题

1. 工业机器人应用编程的基本步骤有哪些？
2. 工业机器人有哪几种常见的编程方法？
3. 工业机器人需要完成以下运动轨迹，如图5-21所示，请完善以下工业机器人程序。

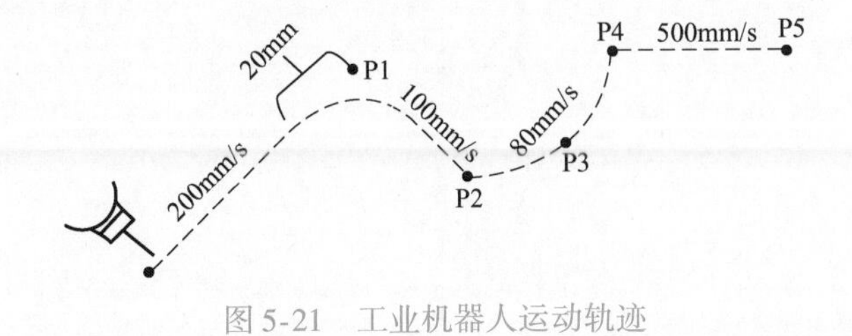

图5-21 工业机器人运动轨迹

```
MoveL P1,v200,_______,tool1;
MoveL _______,v100,_______,tool1;
_______ P3,_______,_______,fine,_______;
_______ P5,v500,fine,tool1;
```

4. 试改用 TEST 指令完成如下程序。

```
IF reg2 =1 THEN
  routine1;
ELSEIF reg2 =2 THEN
  routine2;
ELSEIF reg2 =3 THEN
  routine3;
ELSEIF reg2 =4 OR reg2 =5 THEN
  routine4;
ELSE
  Error;
ENDIF
```

5. 试用 FOR 循环指令完成数组 nCount{i, j} 中所有元素的清零，其中 nCount{i, j} 为 2 行 4 列数组。

6. 在图 5-8 所示的码垛工作台上编写工业机器人“三花垛”码放程序和 PLC 程序。

第6章 工业机器人离线编程

工业机器人编程主要分为示教编程和离线编程。示教编程存在生产效率低、安全性差以及柔性差等缺点，为了克服示教编程的不足，提出了离线编程。离线编程充分利用了计算机的功能，可以降低生产成本，提高生产效率。本章主要介绍工业机器人离线编程技术，包括离线编程的概念和组成、RobotStudio 仿真软件的操作方法、使用仿真软件构建工业机器人工作站及工业机器人离线轨迹编程等。

6.1 工业机器人的离线编程技术

6.1.1 离线编程的概念及组成

1. 离线编程的概念

基于 CAD/CAM 的工业机器人离线编程示教，是利用计算机图形学理论建立工业机器人及其工作环境的模型，并结合某种工业机器人编程语言，通过对图形的操作和控制，离线计算并规划出工业机器人的作业轨迹，然后对编程的结果进行三维图形仿真，以检验编程的正确性。最后确认仿真结果无误后，生成工业机器人可执行代码，下载到工业机器人控制器中，用于控制工业机器人作业。

2. 离线编程系统的组成

离线编程系统主要由用户接口、机器人系统的三维模型建立、动力学仿真、三维图形动态仿真、通信接口和误差校正等部分组成。其相互关系如图 6-1 所示。

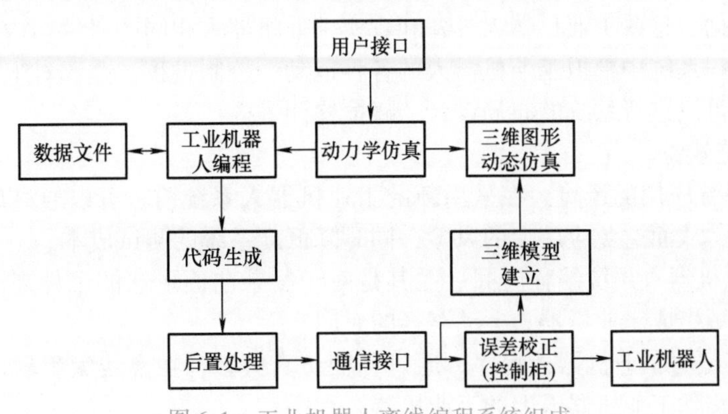

图 6-1 工业机器人离线编程系统组成

（1）用户接口　工业机器人一般提供两个用户接口，一个用于示教编程，另一个用于语言编程。示教编程可以用示教器直接编制工业机器人程序。语言编程则是在计算机上用工业机器人语言编制程序，使工业机器人完成给定的任务。

（2）三维图形建模　离线编程系统中的一个基本功能是采用图形描述对工业机器人单元的仿真，这就要求对工作单元中工业机器人所有的夹具、零件和工具等进行三维实体几何构型。目前，用于工业机器人系统三维图形建模的主要方法有以下三种：结构的立体几何表示、扫描变换表示和边界表示。

（3）动力学仿真　动力学仿真就是利用动力学方法在给出工业机器人运动参数和关节变量的情况下，计算出工业机器人的末端位姿，或者是在给定末端位姿的情况下，计算出工业机器人的关节变量值。在离线编程系统中，除需要对工业机器人的静态位置进行动力学计算之外，还需要对工业机器人的空间运动轨迹进行仿真。

（4）三维图形动态仿真　工业机器人动态仿真是离线编程系统的重要组成部分，它能逼真地模拟出工业机器人的实际工作过程，为编程者提供直观的可视图形，进而可以验证编程的正确性和合理性。

（5）通信接口　在离线编程系统中，通信接口起着连接软件系统和工业机器人控制柜的桥梁作用。

（6）误差校正　离线编程系统中的仿真模型和实际的工业机器人之间存在误差。产生误差的原因主要包括工业机器人本身结构上的误差、工作空间内难以准确确定物体（机器人、工件等）的相对位置和离线编程系统的数字精度误差等。

6.1.2　离线编程的特点

1）离线编程系统具有强大的兼容性，可输入多种不同类型的三维信息，包括 CAD 模型、三维扫描仪扫描数据、便携式 CMM 数据以及 CNC 路径等。

2）多种工业机器人路径生成方式相结合，用鼠标在三维模型上选点，自动在曲面上产生 UV 曲线、边缘曲线、特征曲线等，曲面与曲面的相交线，曲线的分割、整合等，机器人路径的批量产生等。

3）通过设置加工过程参数，在工业机器人加工路径的基础上，可自动生成完整的工业机器人加工程序。生成的程序可直接应用到实际工业机器人上，进行生产加工。

4）离线编程系统基于 ABB 虚拟控制器技术，可以向系统中导入各种类型的工业机器人和外部轴设备数据，这些工业机器人具备和真实工业机器人相同的机械结构和控制软件，因此可以在离线编程系统中模拟工业机器人的各种运动、控制过程，全程对生产过程及周期进行准确测算，还可以进行系统的布局设计、碰撞检测等。

5）提高系统效益。

① 降低新系统应用的风险。在采用新的工业机器人系统前，可以通过离线编程平台进行新系统的测试，从而避免应用上的风险，同时降低新系统的测试成本。

② 缩短工业机器人系统编程时间。尤其是对于复杂曲面形状的工件来说，采用离线编程软件可显著缩短生成工业机器人运动路径的时间。

③ 无须手工编写工业机器人程序。通过各种仿真模型，在离线编程软件中可以自动生成完整的可用于实际工业机器人上的工业机器人程序。

④ 缩短新产品的投产时间。

⑤ 虚拟仿真技术的应用提高了工业机器人系统的安全性。

6.2　ABB RobotStudio 软件基本操作

6.2.1　ABB RobotStudio 软件主要功能界面

1. RobotStudio 软件界面介绍

（1）“文件”菜单　“文件”菜单包含创建新工作站、创建新机器人系统、连接到控制器等功能，如图 6-2 所示。

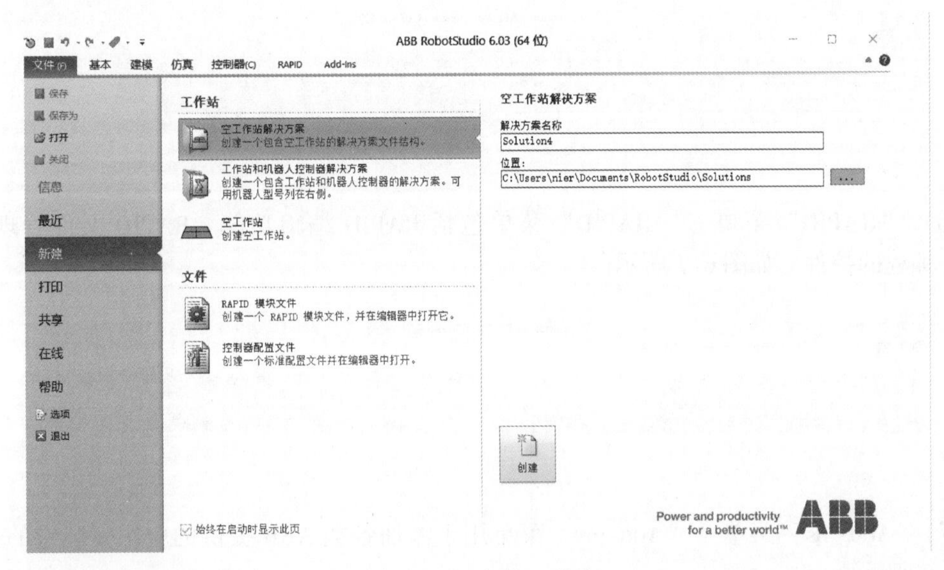

图 6-2　“文件”菜单

（2）“基本”菜单　“基本”菜单包含建立工作站、路径编程、坐标设置、控制器及 Freehand 手动操作工具栏等，如图 6-3 所示。

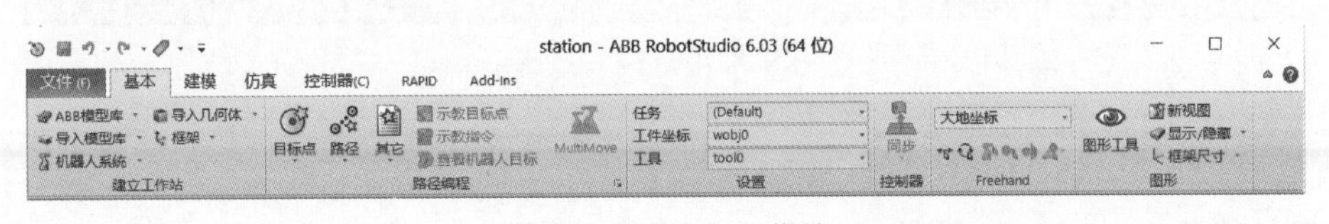

图 6-3　“基本”菜单

（3）“建模”菜单　“建模”菜单包含创建、CAD 操作、测量以及其他建模操作所需控件，如图 6-4 所示。

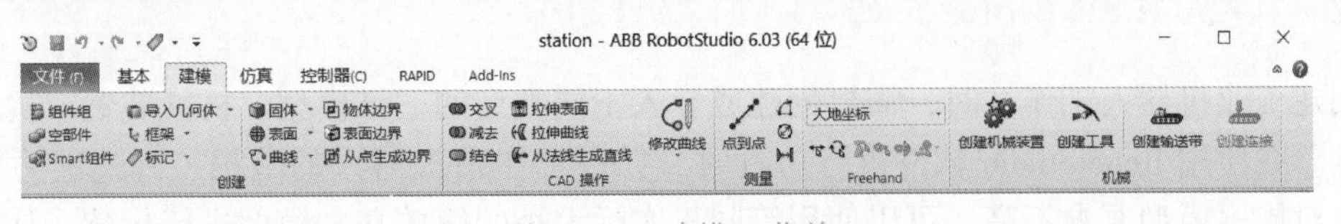

图 6-4　“建模”菜单

(4)“仿真”菜单　“仿真”菜单包括仿真设定、仿真控制、监控、记录所需的控件，如图6-5所示。

图6-5　“仿真”菜单

(5)“控制器”菜单　“控制器”菜单包括用于虚拟控制器的操作、配置、同步的各类控件以及用于管理真实示教器功能的控件，如图6-6所示。

图6-6　“控制器”菜单

(6)“RAPID”菜单　“RAPID”菜单包括RAPID编辑功能、RAPID文件管理以及RAPID编程的控件，如图6-7所示。

图6-7　“RAPID”菜单

(7)“Add-ins”菜单　“Add-ins”菜单用于添加各类ABB提供的应用安装包的安装，如图6-8所示。

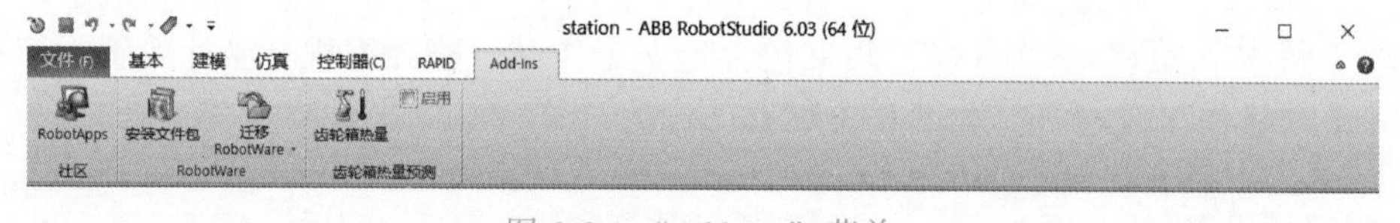

图6-8　“Add-ins”菜单

2. 恢复默认RobotStudio界面的操作

刚开始操作RobotStudio软件时，常常会遇到操作窗口被意外关闭的情况，从而无法找到对应的操作对象来查看相关信息，如图6-9所示。可使用如图6-10所示的2种操作方法来恢复默认RobotStudio界面。

6.2.2　ABB RobotStudio软件中的建模功能

创建工业机器人工作站时，需要创建或导入不同类型的三维模型、机械装置或机器人末端工具。在使用RobotStudio软件进行仿真时，如果工作站机器人的节拍、到达能力或碰撞检测等对周边模型要求不高，可以使用等同于实际大小的简单基本模型进行代替，从而达到

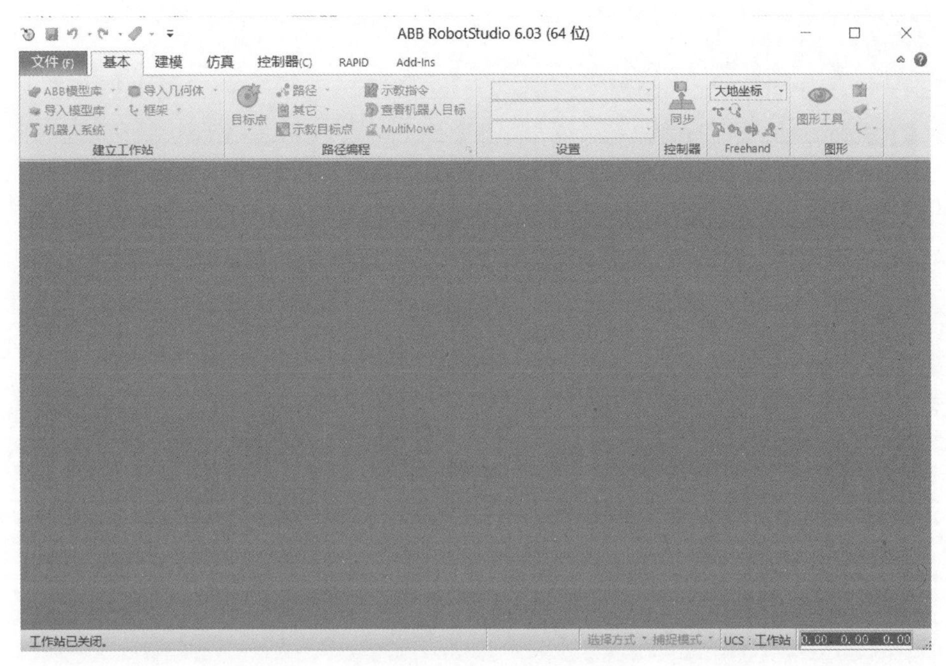

图 6-9　界面窗口意外关闭

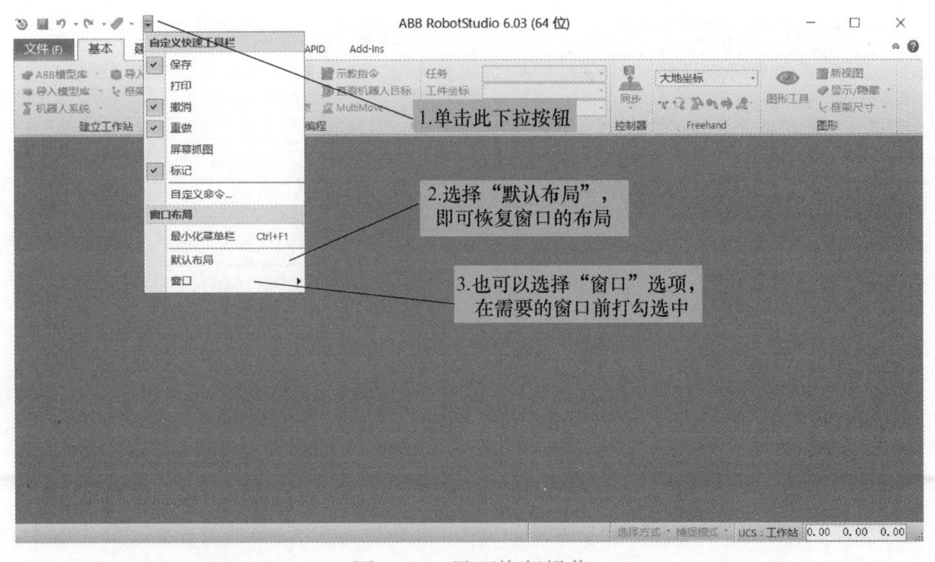

图 6-10　界面恢复操作

节省仿真验证时间、提高工作效率的目的。但在实际情况下，若 RobotStudio 软件自带的模型无法满足需求，可以使用 RobotStudio 软件的建模功能，创建工作站所需的三维模型，也可以借助第三方 CAD 软件进行 3D 模型建立（图 6-11），并通过 *. sat 格式导入到 RobotStudio 软件仿真工作站中来完成布局。

1. RobotStudio 建模

1）建立空工作站。打开 RobotStudio 软件，首先建立一个空工作站，如图 6-12 所示。

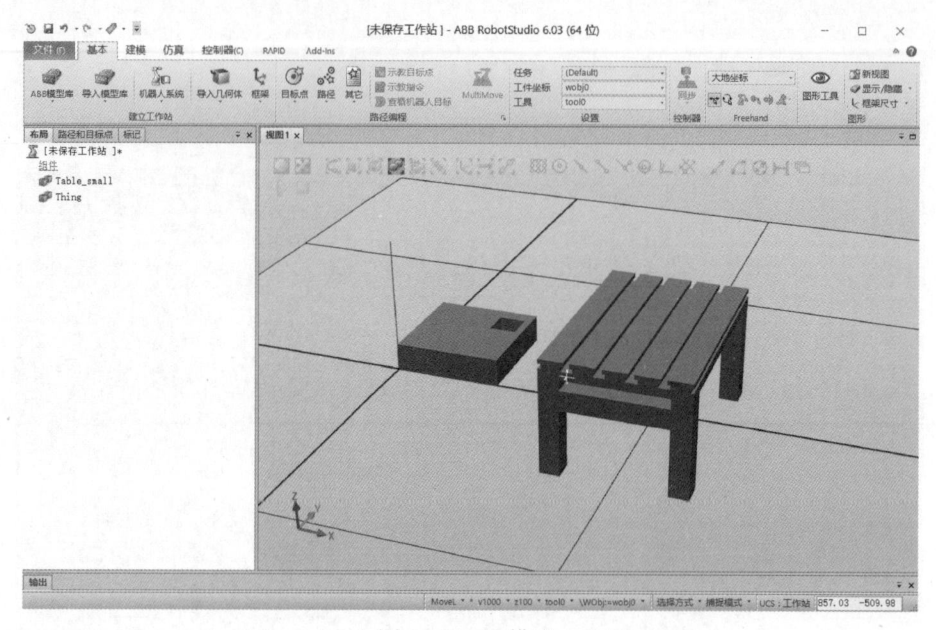

图 6-11　3D 模型

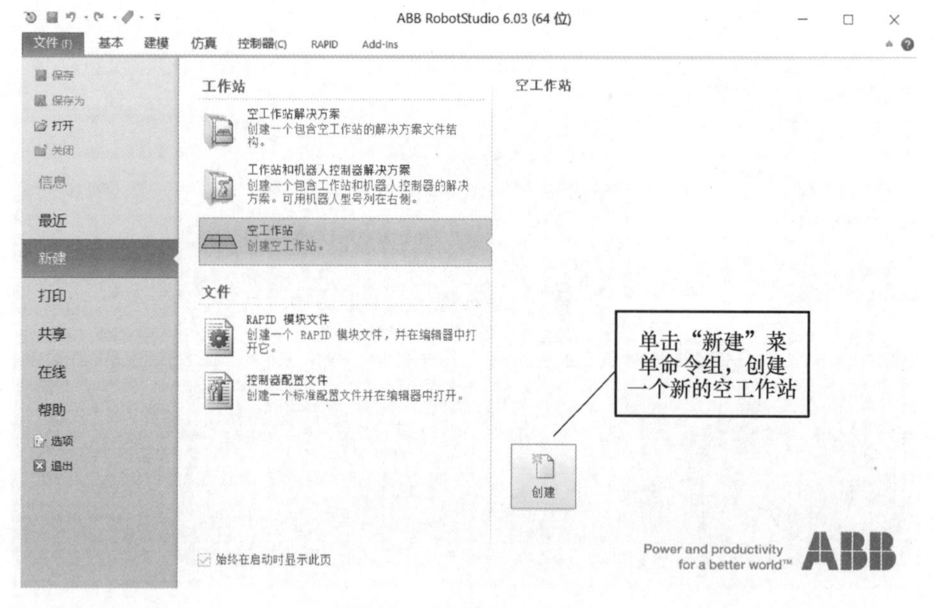

图 6-12　新建空工作站

2）建立模型。单击“建模”菜单→“固体”→“矩形体”选项，如图 6-13 所示。依据实际需要可选择其他模型，后续操作均以矩形体为例。

在弹出的“创建方体”对话框中，设置矩形体的参数，如图 6-14 所示。其中，“角点”参数可以确定矩形体放置的位置，“长度”“宽度”“高度”参数确定矩形体的大小。单击“创建”按钮后，创建的矩形体如图 6-15 所示。创建的矩形体默认名称为“部件_1”，如图 6-16 所示。

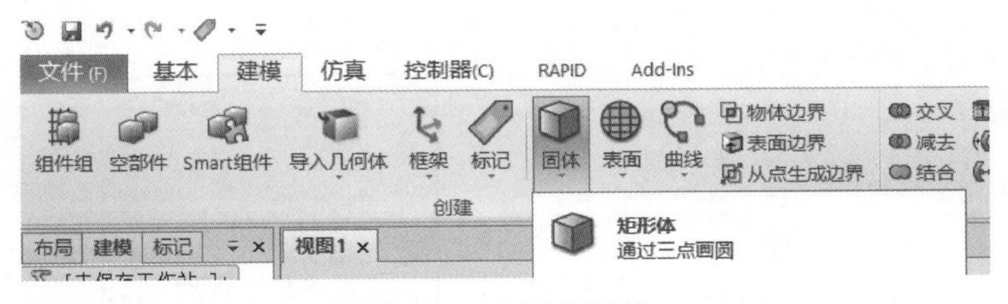

图6-13　创建矩形体

模型的建立-导出-导入

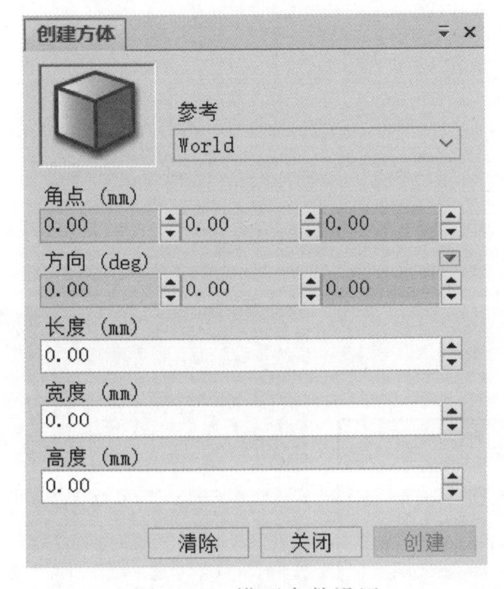

图6-14　模型参数设置

图6-15　矩形体模型

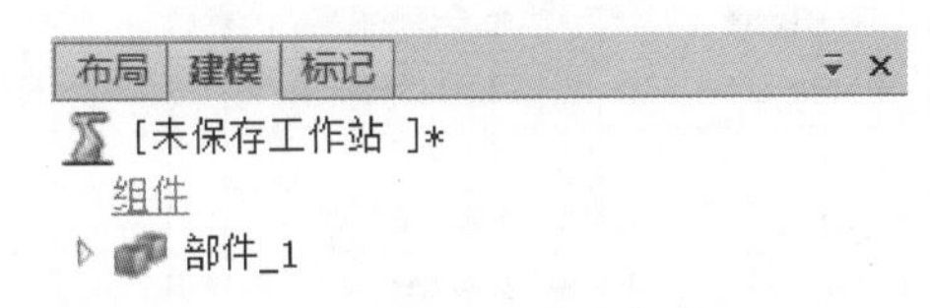

图6-16　默认名称为部件_1

2. 对3D模型进行相关设置

（1）3D模型基本设置　在已创建的对象上或在图6-16所示的“部件_1”上单击右键，弹出快捷菜单，如图6-17所示。在菜单中可进行位置、设置、方向、修改等相关设定，如图6-18～图6-21所示。

（2）3D模型的导出　在对象设置完成后，单击图6-17所示快捷菜单栏中的“导出几何体...”选项，就可以将对象进行保存。再对“格式”和“版本”进行设置，一般为默认设置，单击“导出...”按钮，如图6-22所示。在弹出的“另存为”对话框中，如图6-23所示，设置“文件名”“保存类型”及保存路径后，单击“保存”按钮即可完成几何体模型的导出。在文件名及保存路径设置时最好采用全英文命名。

（3）3D模型的导入　当需要将自定义模型导入工作站中时，单击“基本”菜单→“导入几何体”→“浏览几何体...”选项，如图6-24所示。在弹出的“浏览几何体...”窗口中单击需要导入的文件“部件_1”，然后，再单击“打开”按钮打开，或直接双击文件打开，如图6-25所示。

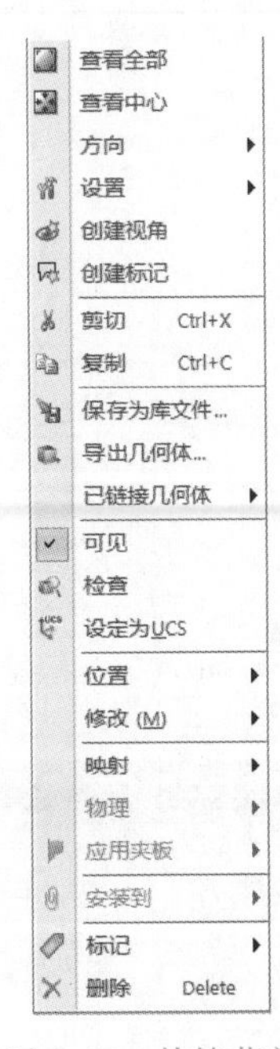

图6-17　快捷菜单

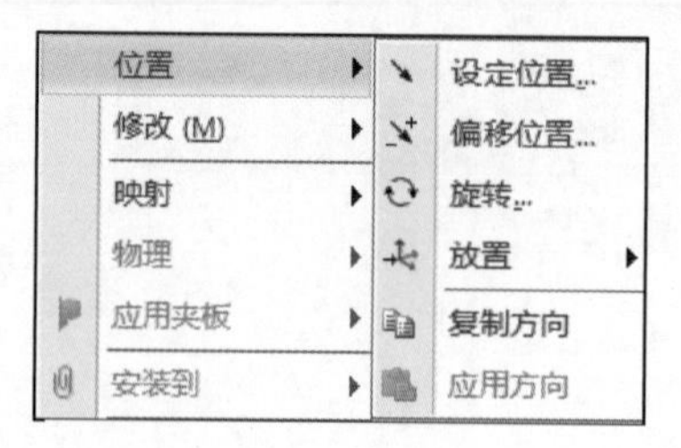

图 6-18 “位置”菜单

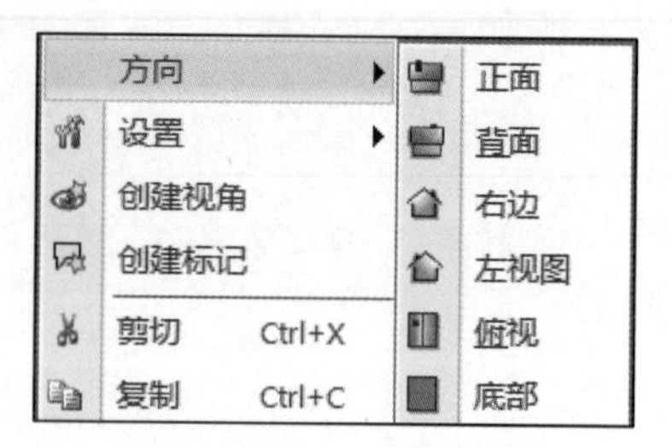

图 6-19 “方向”菜单

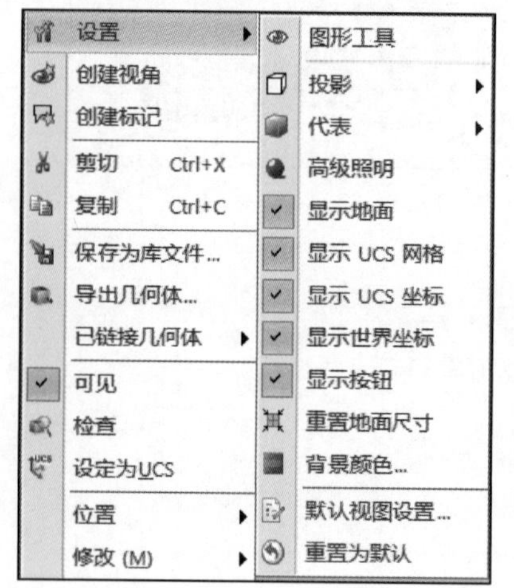

图 6-20 “设置”菜单

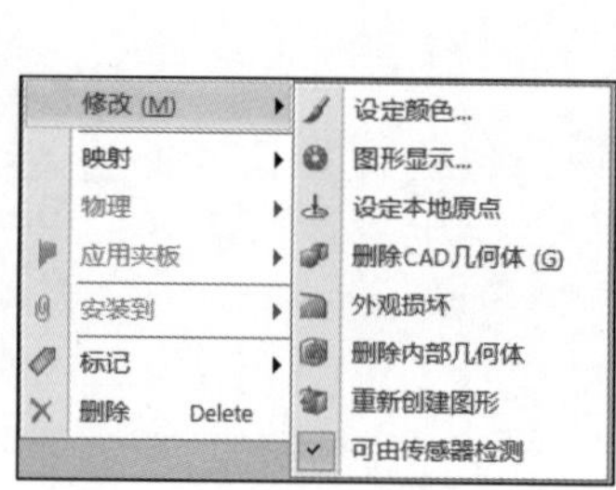

图 6-21 “修改”菜单

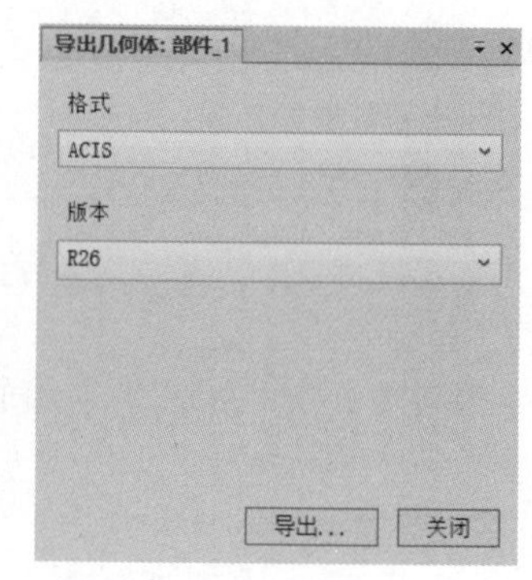

图 6-22 导出几何体

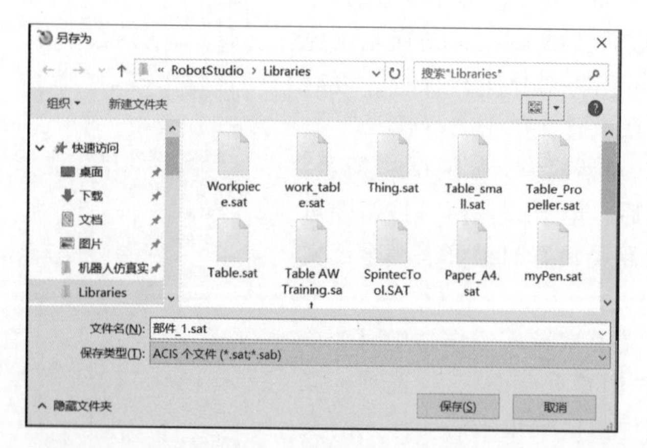

图 6-23 “另存为”窗口

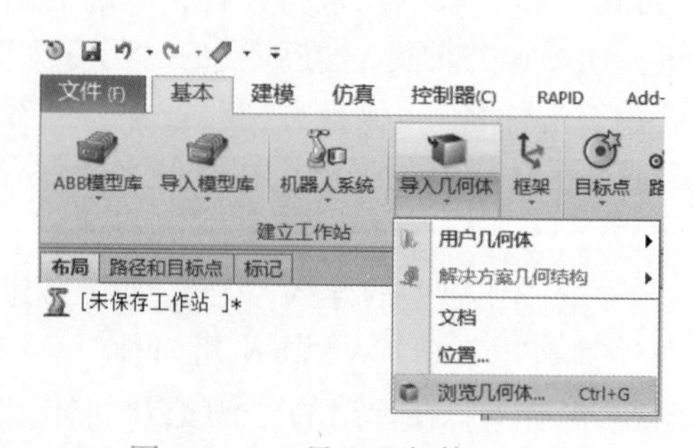

图 6-24 “导入几何体”选项

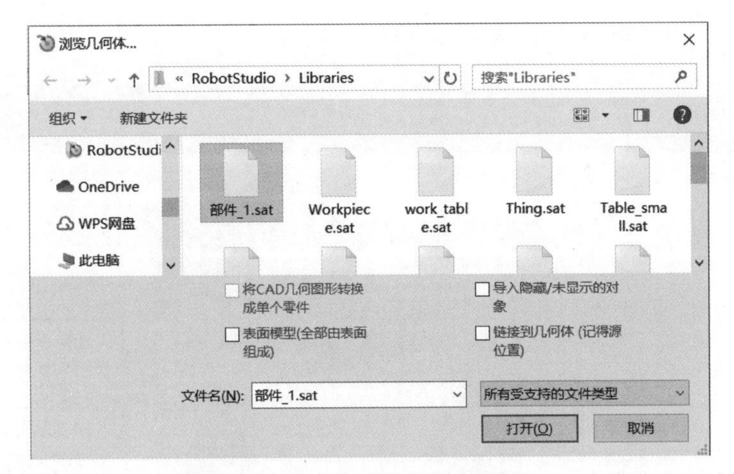

图 6-25　“浏览几何体”窗口

6.2.3　ABB RobotStudio 软件中工具的使用

1. Freehand 工具的使用

Freehand 工具可供移动模型使用，如图 6-26 所示，包括移动（图 6-27）、旋转（图 6-28）、手动关节、手动线性、手动重定位及多个机器人手动操作。其中手动关节运动、手动线性运动、手动重定位及多个机器人手动操作需要建立机器人系统后才可使用。

图 6-26　Freehand 工具

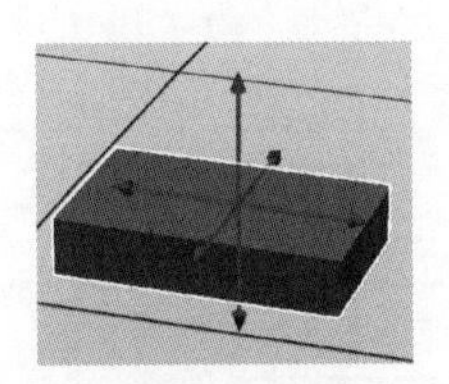

图 6-27　移动模型

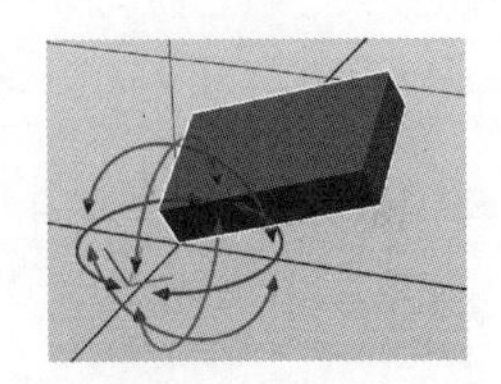

图 6-28　旋转模型

2. 测量工具的使用

RobotStudio 软件还提供了测量功能，主要有以下几种方式：点到点、直径、角度、最短距离。在测量时，要合理选用测量方式并充分利用视窗上提供的各种快捷按钮，如图 6-29 所示，主要包括查看方式、选择部件方式、捕捉模式、测量方式等。

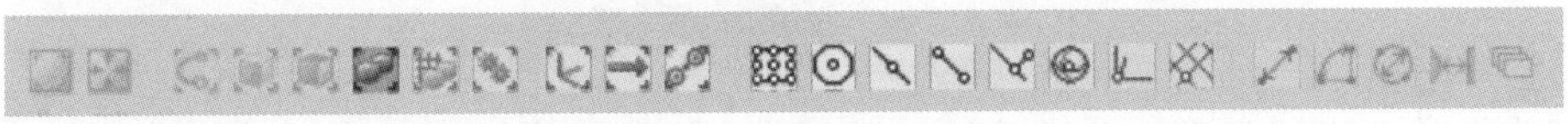

图 6-29　各种快捷按钮

（1）测量两点之间的距离　测量两点之间距离的方法如图 6-30 所示。单击“测量”按钮后，“输出”窗口也会出现提示信息来指导操作。在操作过程中，按照操作步骤完成两个点捕捉后，这两点的距离测量值就会显示出来。

（2）直径测量　直径的测量方法如图 6-31 所示。在操作过程中，需要捕捉圆周上不重合的任意 3 个点，3 点捕捉完成后，直径测量值就会显示出来，也可在输出窗口查看测量结果。

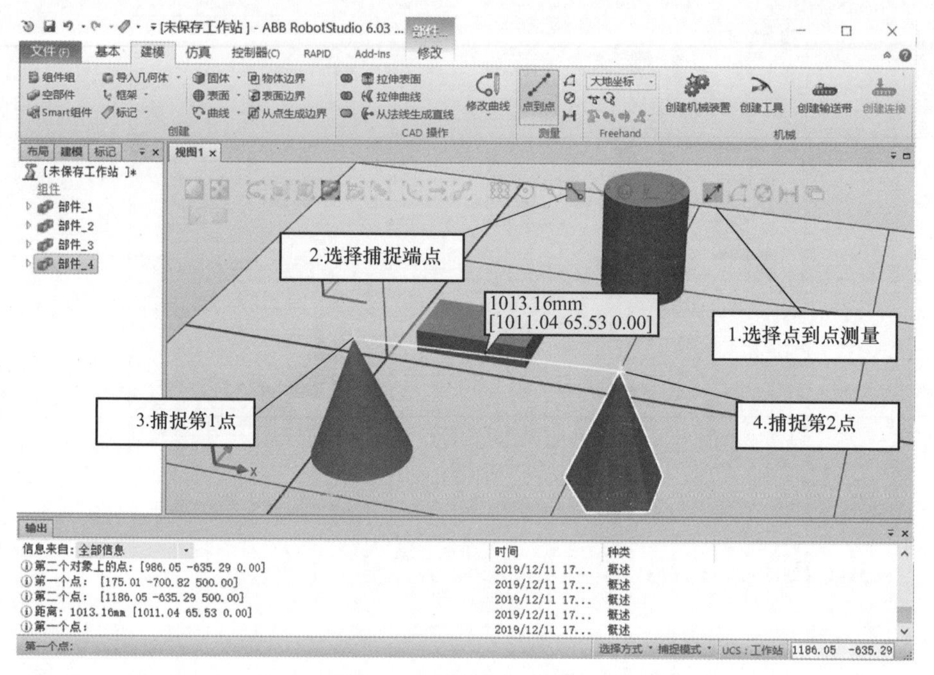

图 6-30　点到点距离测量

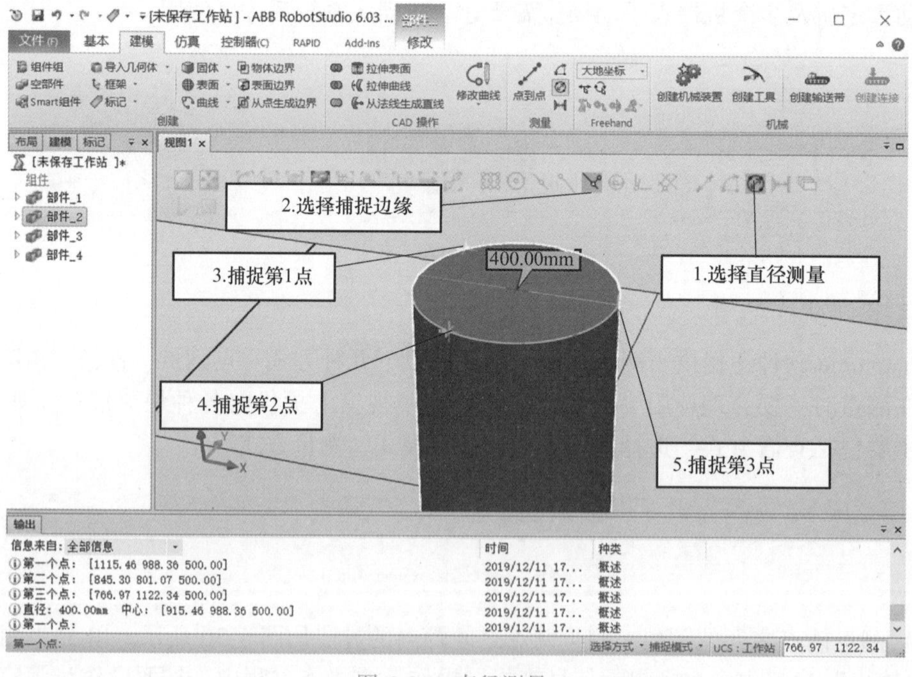

图 6-31　直径测量

（3）角度测量　角度测量方法如图 6-32 所示。在操作中，需要捕捉 3 个点，测量的角度是第 1 点、第 2 点连线与第 1 点、第 3 点连线的夹角。3 点捕捉完成后，角度测量值就会显示出来。测量某点的角度时就将该点作为第 1 个测量点。

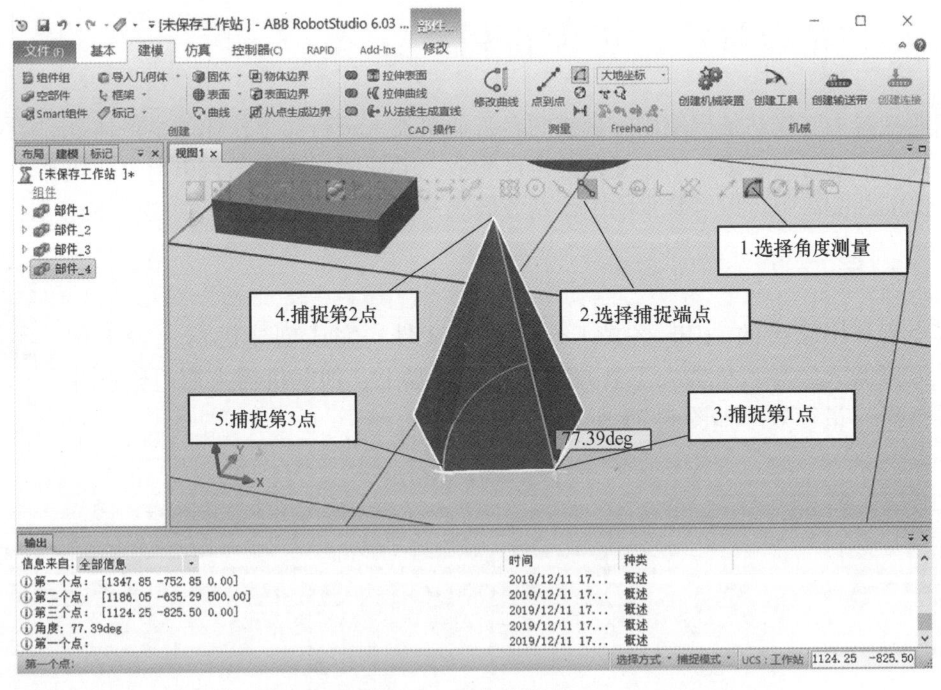

图 6-32　角度测量

（4）物体间最短距离测量　物体间最短距离测量方法如图 6-33 所示。在操作过程中，需要捕捉 2 个物体，2 个物体捕捉完成后，其最短距离测量值就显示出来。

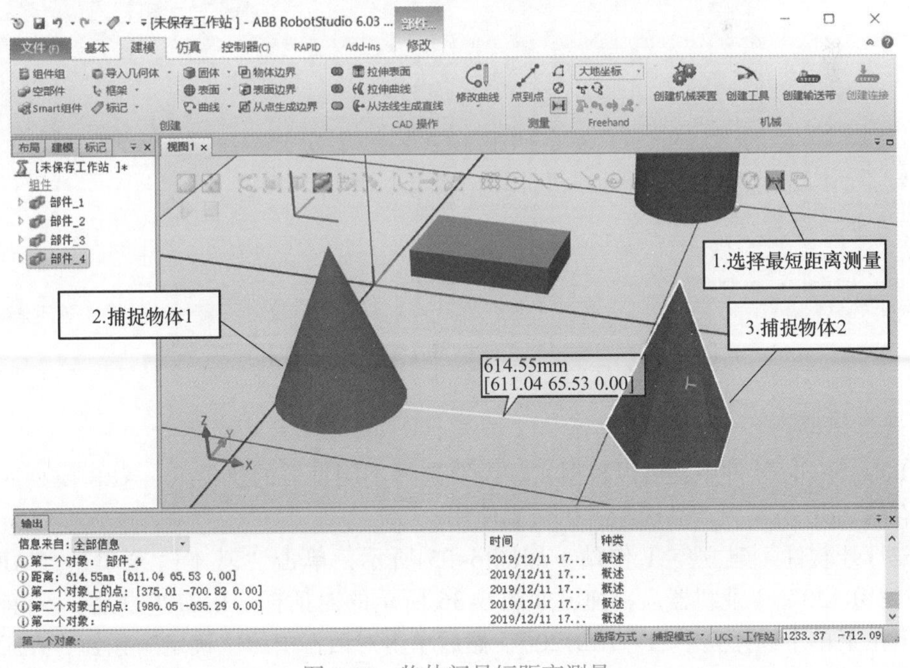

图 6-33　物体间最短距离测量

6.3 构建工业机器人基本工作站

工业机器人工作站是指使用一台或两台工业机器人进行简单作业的生产体系。工业机器人生产线是指进行内容多、工序复杂的生产作业，并同时使用了两台以上工业机器人的生产体系。RobotStudio 中可以对基本的工作站或者生产线进行仿真布局。

6.3.1 布局工业机器人基本工作站

工作站布局

本小节利用已给的 . rslib 格式工作站模型文件，完成创建机器人空工作站、导入机器人、导入机器人工具并安装在法兰盘上、加载机器人周边模型并布局等工作。最终效果如图 6-34 所示。

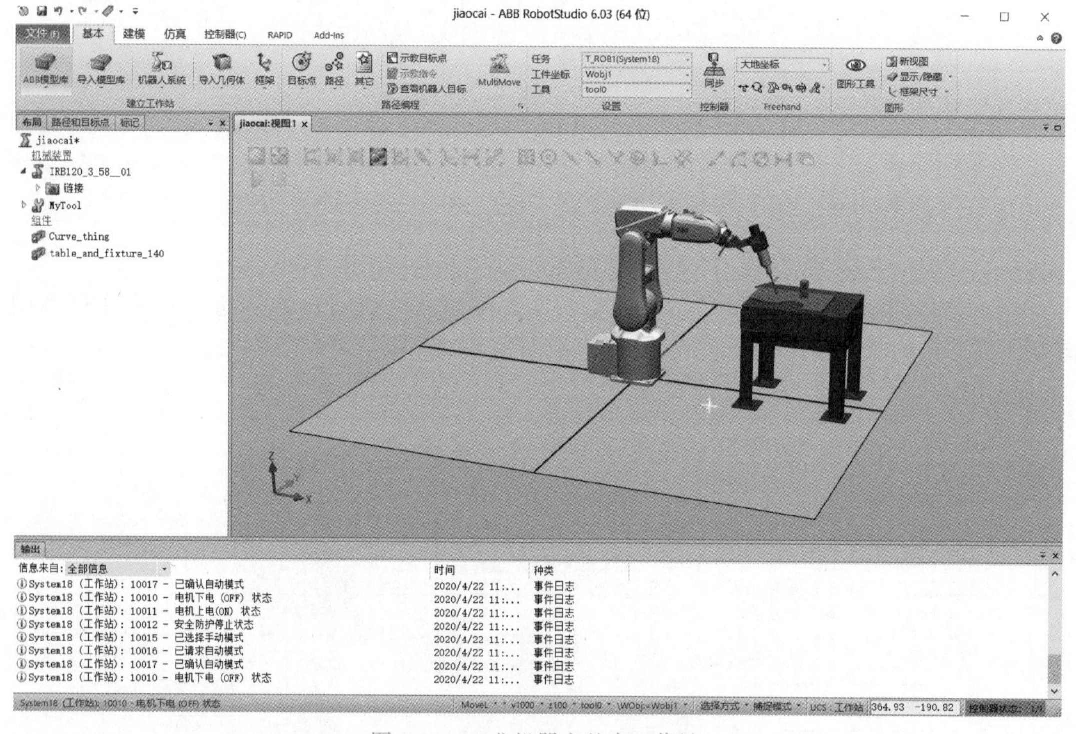

图 6-34　工业机器人基本工作站

1. 导入机器人

在 RobotStudio 软件中，可以根据实际需要选择不同型号的机器人，ABB 模型库提供了几乎所有的 ABB 机器人产品模型，供仿真使用。

首先打开软件，建立空工作站。如图 6-35 所示，单击“基本”菜单→“ABB 模型库”→“IBR120”工业机器人，弹出如图 6-36 所示的对话框。IRB120 机器人共有 3 个型号，从下拉菜单中选择其中的“IRB120”，然后单击对话框中的“确定”按钮，在工作站中便出现了 IRB120 机器人模型，如图 6-37 所示。

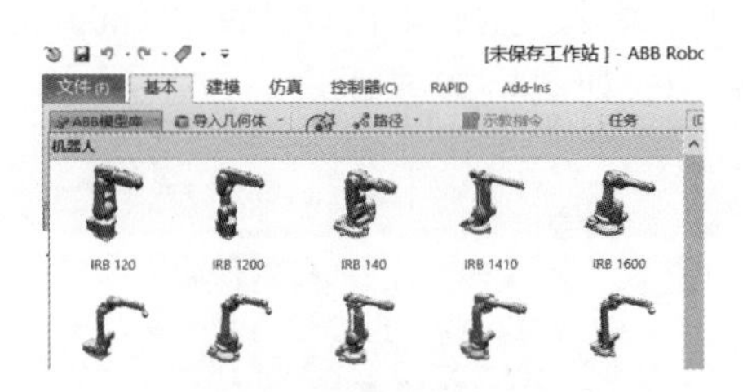

图 6-35　ABB 模型库

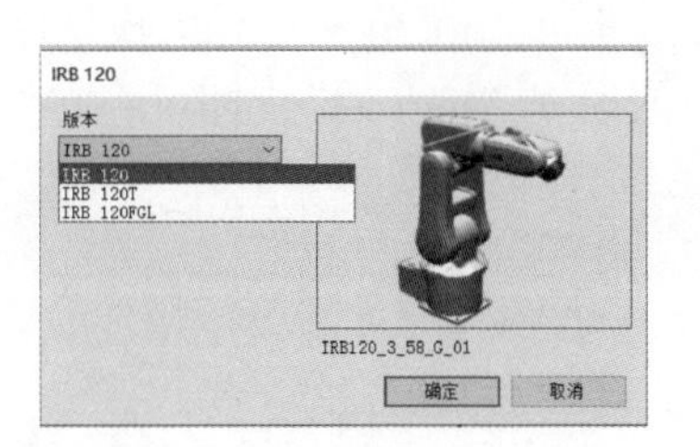

图 6-36　选择 IRB120 机器人模型

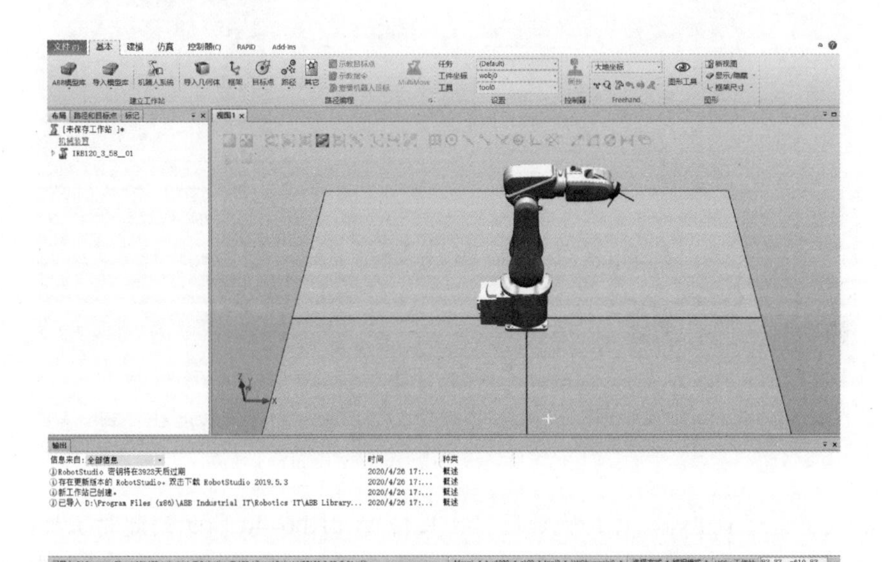

图 6-37　添加 IRB120 机器人

2. 导入机器人工具并安装到法兰盘

RobotStudio 软件中的设备库提供了常用的标准机器人工具设备，包括 IRC 控制柜、弧焊设备、输送链、其他工具及 Training Objects 大类，如图 6-38 所示。

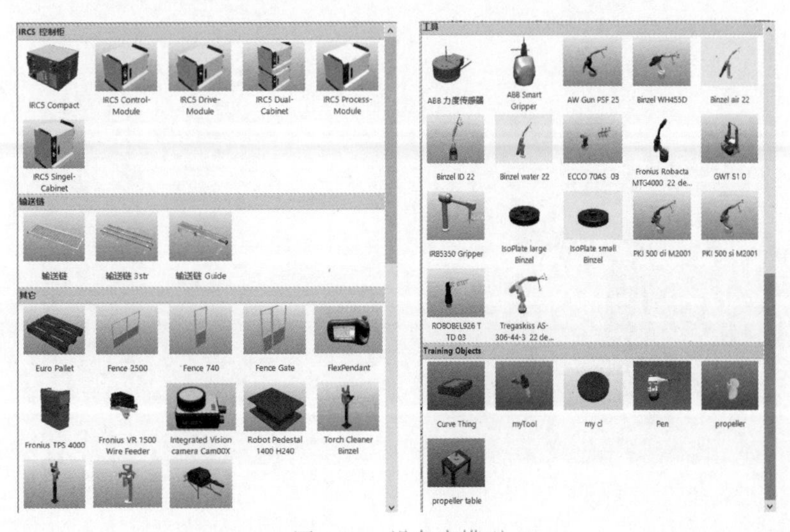

图 6-38　设备库模型

单击“基本”菜单→“导入模型库”→“设备”菜单，然后单击设备库“Training Objects”中的模型“myTool”，即可将它放置到工作站中，如图6-39所示。

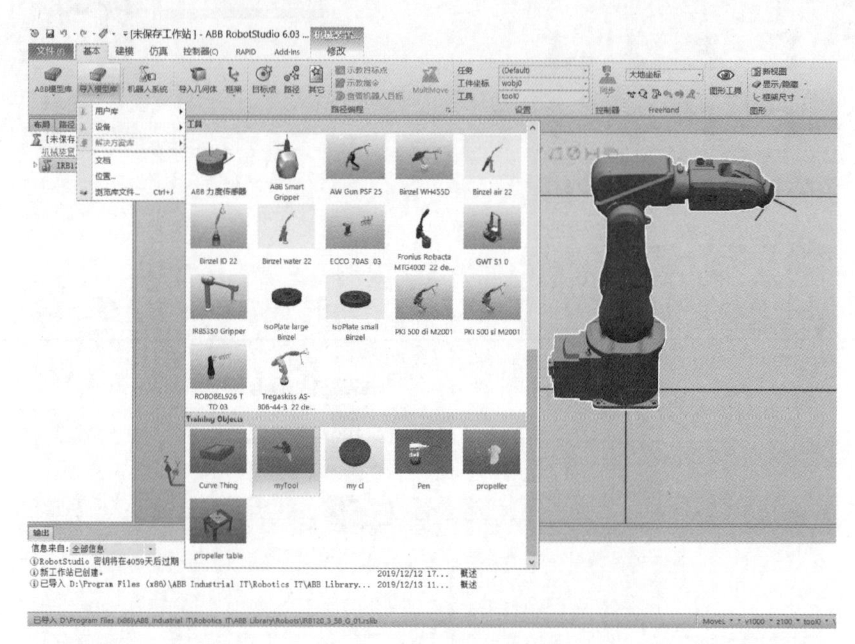

图6-39 选择ABB模型库设备

当机器人工具“myTool”添加完成后，工具位置如图6-40所示。此时工具没有安装在机器人法兰盘上，而是在基坐标原点位置。左键单击“布局”菜单，在其窗口中选中“myTool”图标，右键选择“安装到”→“IRB120”，如图6-41所示。在弹出的“更新位置”对话框中单击“是”按钮，如图6-42所示。工具“myTool”就成功安装到了机器人法兰盘上，如图6-43所示。

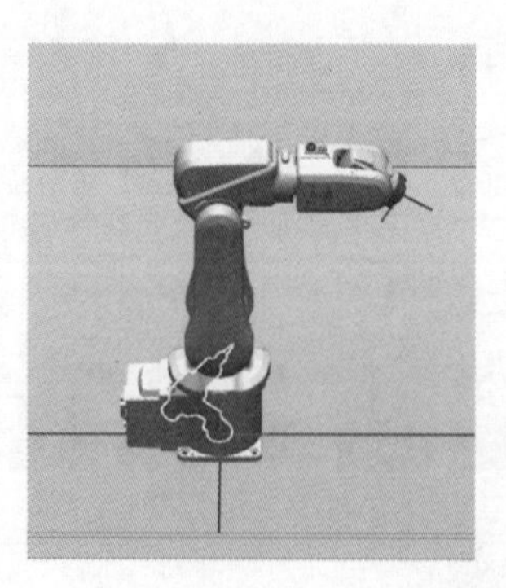

图6-40 添加工具“myTool”

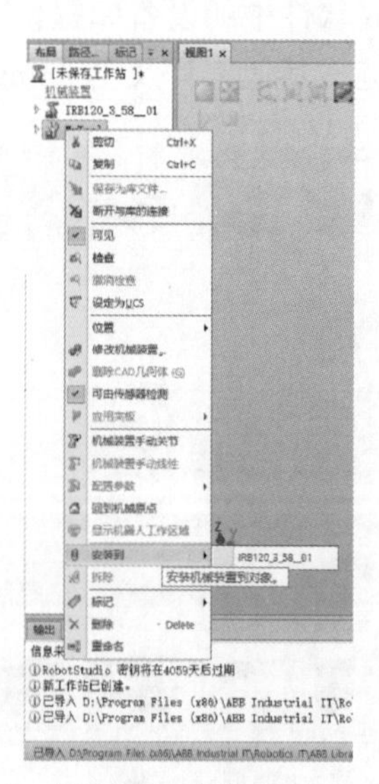

图6-41 安装工具

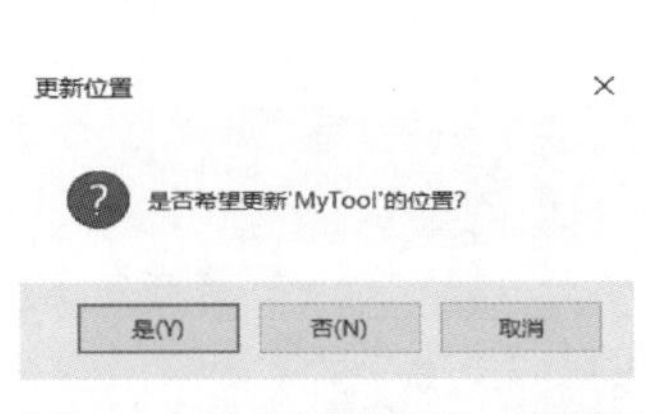

图 6-42 “更新位置”对话框

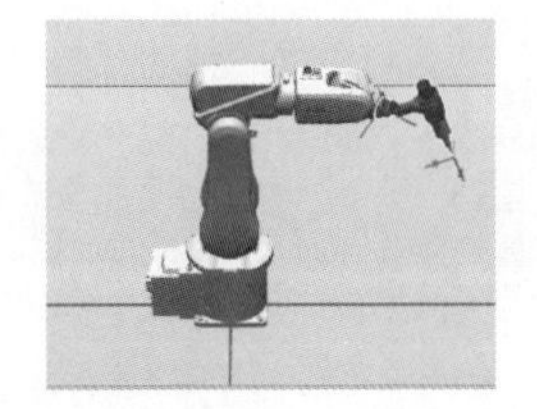

图 6-43 工具“myTool”安装到法兰盘上

3. 加载机器人周边模型并布局

周边模型可选项较多，在“设备”菜单中除了工具之外，均为周边模型。单击“基本”菜单→“导入模型库”→“设备”→单击“propeller table”和“Curve_thing”模型，即可导入工作台模型和工件模型，如图 6-44 所示。

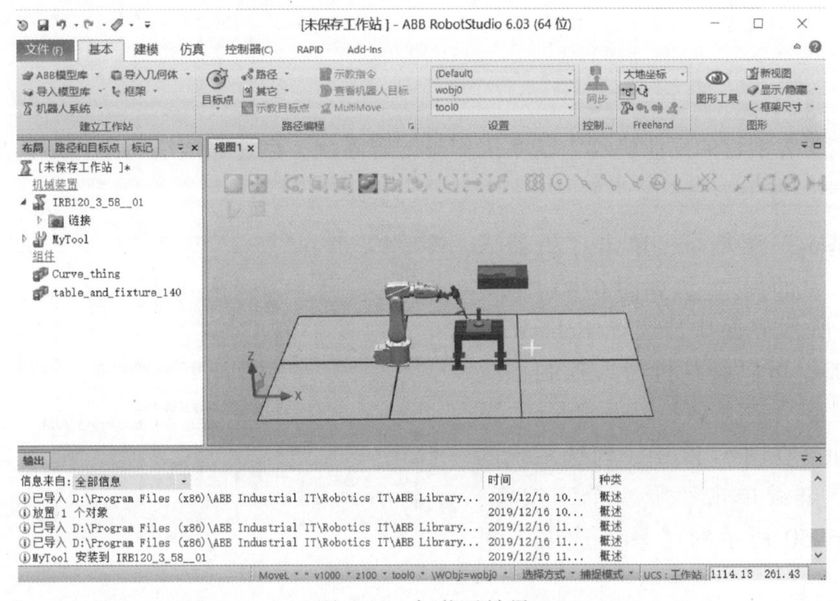

图 6-44 加载后效果

周边模型在工作站中位置的布局主要通过在“布局”窗口中右键单击该模型，然后单击“位置”选项中的其中一种方式进行位置设定，如图 6-45 所示。

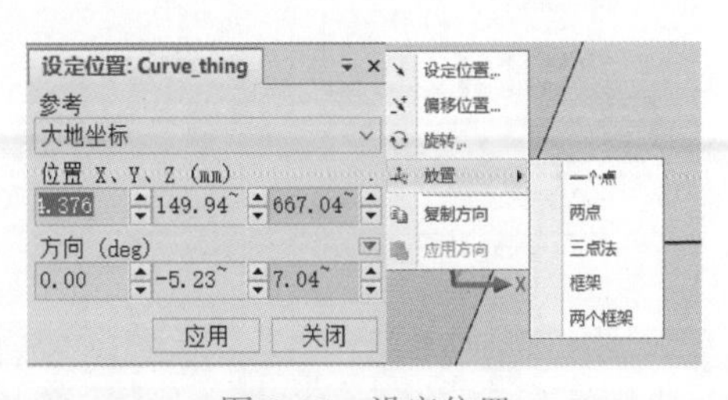

图 6-45 设定位置

在“设定位置”“偏移位置”和“旋转…”位置时要注意所选的“参考”是“本地”“大地坐标”还是其他。“放置”方式也有 5 种：一个点、两点、三点法、框架和两个框架。此处选用三点法，布局后的机器人基本工作站如图 6-46 所示。在布局时，需要旋转视图来确定点的位置，可同时长按“Ctrl + shift + 鼠标左键”，移动鼠标，可旋转布局到任意位置。同时长按“Ctrl + 鼠标左键”，移动鼠标，视图界面可线性移动。滚动鼠标滚轮可对视图进行缩放操作。

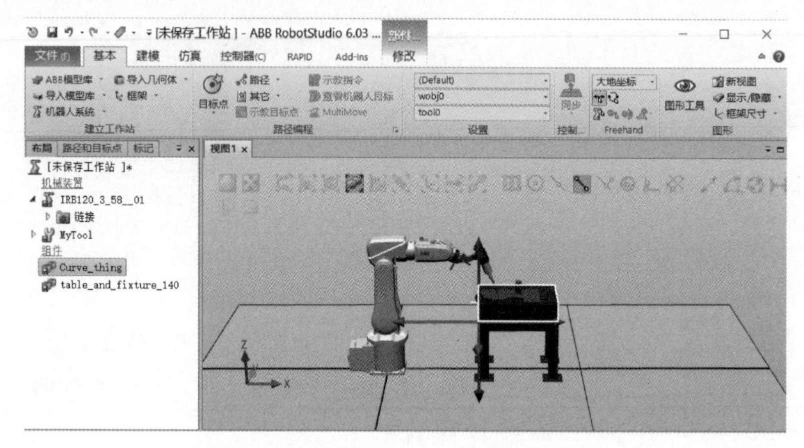

图6-46 机器人基本工作站布局完成

6.3.2 配置工业机器人工作站系统

本节主要为创建的工业机器人基本工作站配置系统，创建完成后将工作站共享打包。

1. 创建机器人系统

在“基本”菜单下，单击“机器人系统”→“从布局...”，如图6-47所示。在图6-48所示界面中，选择RobotWare版本为6.03，可以修改机器人控制系统的名称，设定保存位置，然后单击“下一个”按钮。在图6-49中，勾选系统的机械装置，继续单击“下一个”按钮，出现如图6-50所示的“系统选项”对话框。

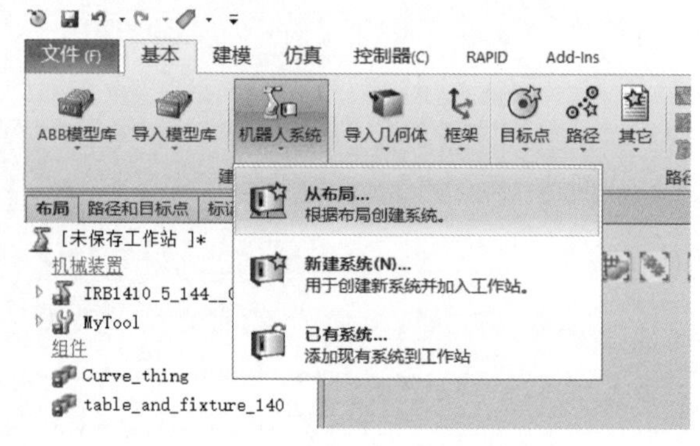

图6-47 选择“从布局...”创建系统

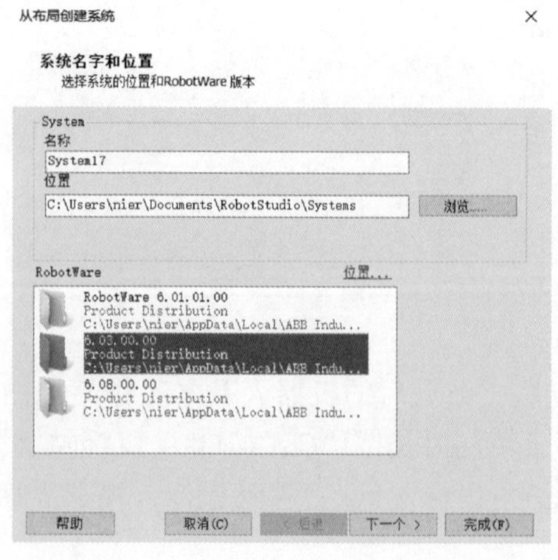

图6-48 设置系统名字和位置

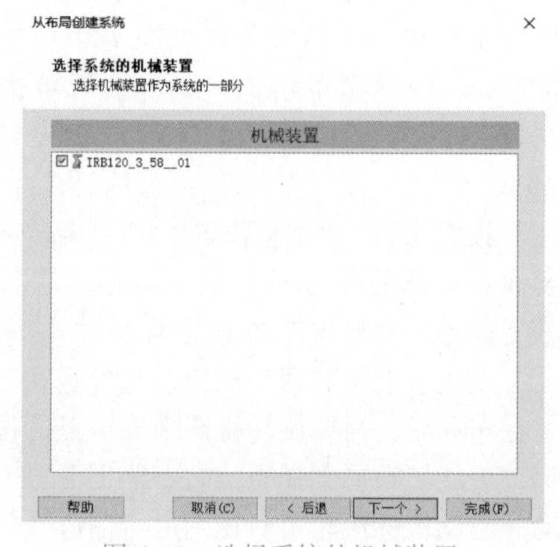

图6-49 选择系统的机械装置

在图6-50中，单击“选项...”按钮，出现如图6-51所示的“更改选项”界面。选中左侧“类别”下的“Default Language”选项，将默认的语言“English”前的“√”去除，然后勾选“Chinese”选项，将机器人默认语言改为中文。

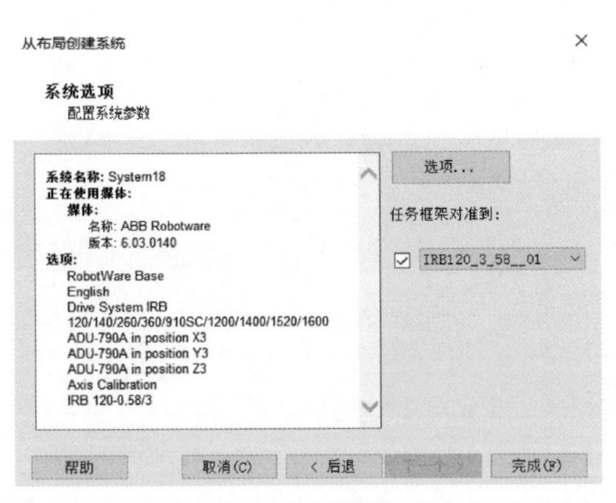

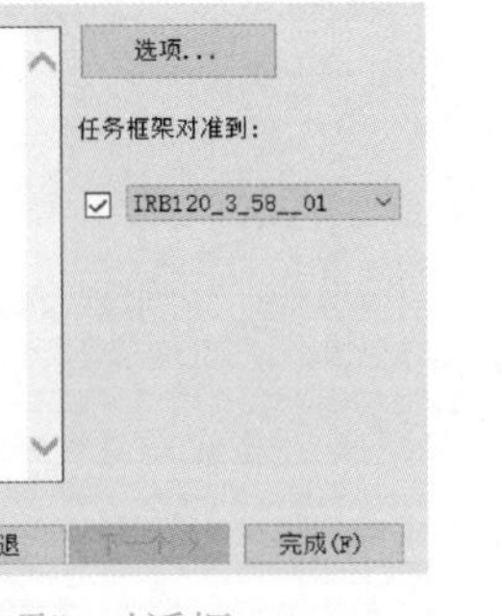

图6-50　“系统选项”对话框

图6-51　设置语言

单击“类别”→“Industrial Networks”选项，勾选“709-1 DeviceNet Master/Slave”作为工业网络，如图6-52所示。

单击“概况”→“Anybus Adapters”选项，勾选“840-2 PROFIBUS Anybus Device”作为通信协议，如图6-53所示。

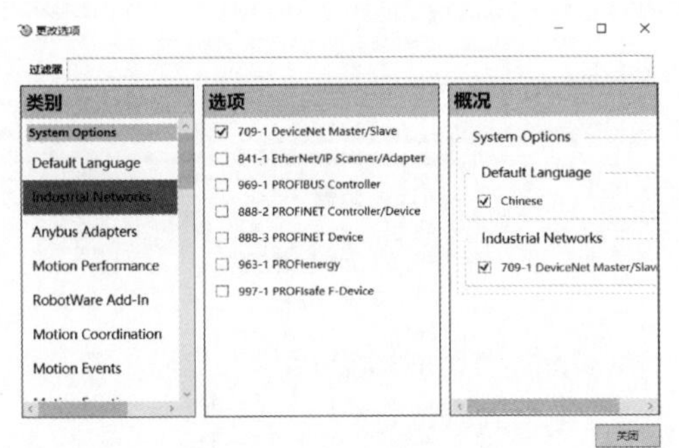

图6-52　设置工业网络

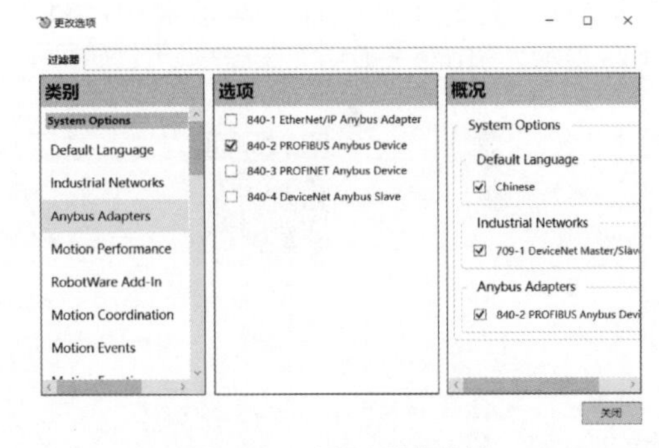

图6-53　设置通信协议

完成选择后，单击“关闭”按钮，回到如图6-50所示的对话框，单击“完成”按钮，可以看到右下角“控制器状态”为红色，如图6-54所示，表示系统正在创建中。等待“控制器状态”变成绿色时，表示机器人系统已创建完成。

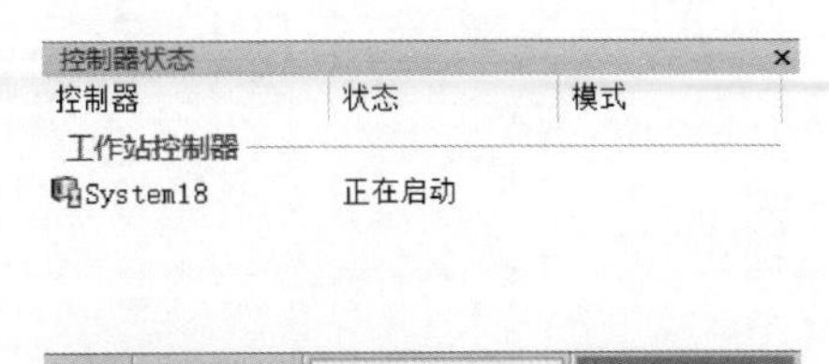

图6-54　控制器状态为红色

2. 工作站打包

如果工作站需要在其他计算机上使用，还可以将工作站、控制系统等文件打包。单击图6-55中的“共享”选项，选择“打包”，出现对话框，如图6-56所示。选择需要保存的路径，单击“确定”按钮即可将工作站打包成功。

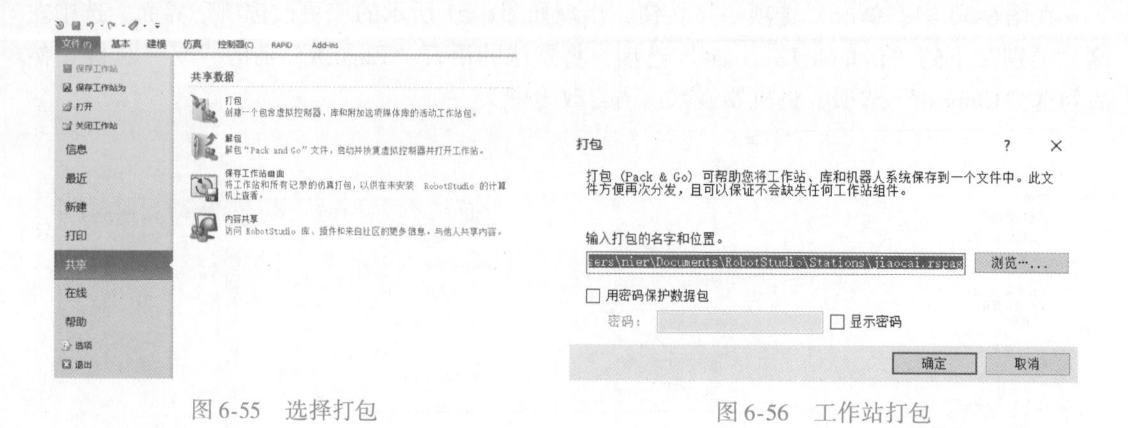

图 6-55　选择打包　　　　图 6-56　工作站打包

6.3.3　创建运行轨迹程序并仿真运行

1. 创建工件坐标系

为方便后续修改机器人路径和编写离线程序，在创建机器人自动路径前，通常需要先创建工件坐标系。利用模型的三维数据，选取模型中的三点作为创建工件坐标系的数据，创建完成后可通过同步的方法将其同步到控制器中。

创建工件坐标系的步骤如下：

1）单击“基本”菜单→“其它”按钮→“创建工件坐标”，如图 6-57 所示。

2）在“创建工件坐标”对话框中，将工件坐标系名称命名为“Wobj1”，并单击“工件坐标框架”中的“取点创建框架”，如图 6-58 所示。

工件坐标系设置

图 6-57　创建工件坐标

创建工件坐标

Misc 数据	
名称	Wobj1
机器人握住工件	False
被机械单元移动	
编程	True
用户坐标框架	
位置 X、Y、Z	Values...
旋转 rx、ry、r	Values...
取点创建框架	...
工件坐标框架	
位置 X、Y、Z	Values...
旋转 rx、ry、r	Values...
取点创建框架	...
同步属性	
存储类型	TASK PERS
任务	T_ROB1 (System18)
模块名称	CalibData

创建　关闭

图 6-58　更改工件坐标系名称

3）在弹出的图 6-59 所示对话框中，选择“三点”单选按钮，选中快捷工具栏“捕捉对象”功能键，依次捕捉 X 轴上的第一个点 X1，X 轴正方向上的第二点 X2，Y 轴上的任意点 Y1，完成后单击“Accept”按钮。

4）在图6-58所示的“创建工件坐标”对话框中单击“创建”按钮，完成工件坐标系创建。创建完成后，在“路径和目标点”窗口中可以看到“Wobj1”，在工件上也显示了该工件坐标系，如图6-60所示。

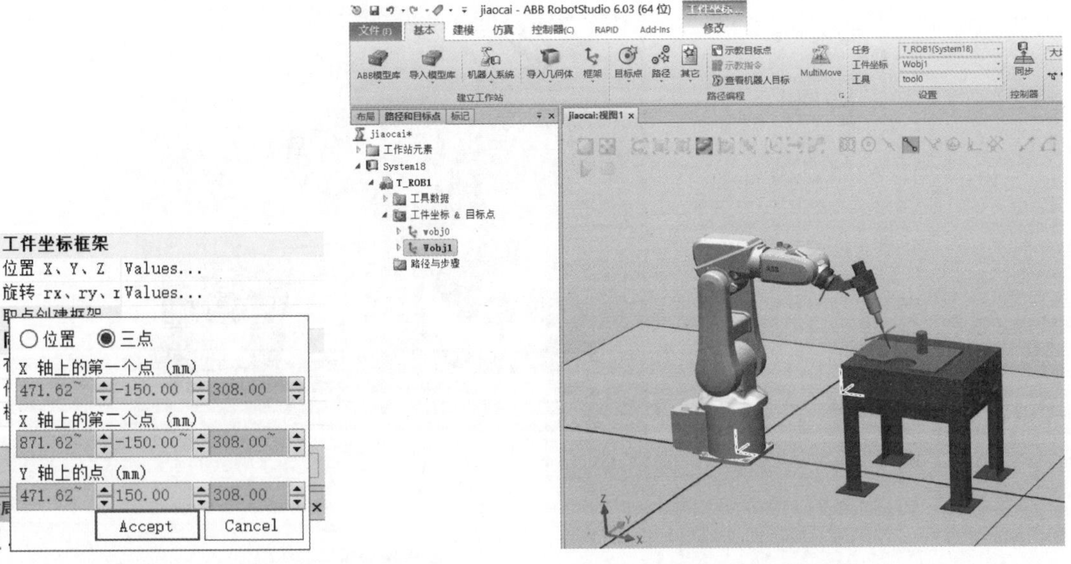

图6-59　三点法确定工件坐标框架　　　图6-60　工件坐标系创建完成

2. 创建运行轨迹程序

1）依次单击“基本”菜单→“路径”按钮→“空路径”，创建的空路径“Path_10”，如图6-61所示。

2）在创建示教指令之前对运动参数进行设置，如图6-62所示。参数设置完成后单击如图6-63所示的“示教指令”选项，并将机器人的机械原点设为轨迹的第一个示教指令。接着将工具沿工件的四个顶点依次逆时针示教目标点，最后回到机械原点。机器人轨迹设定结束后如图6-64所示。

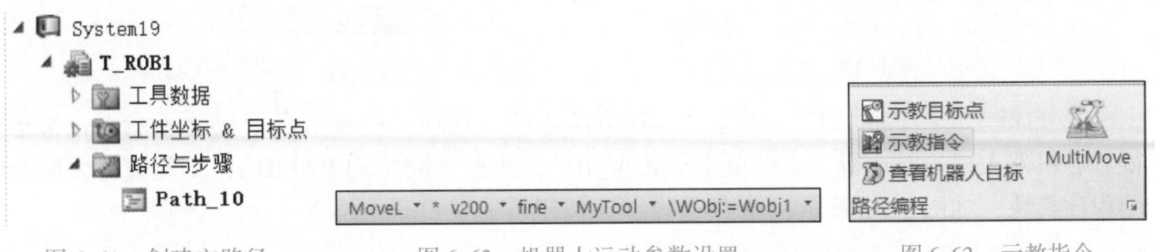

图6-61　创建空路径　　　图6-62　机器人运动参数设置　　　图6-63　示教指令

3）仿真运行。

① 在仿真运行前须检查机器人能否到达所有路径中的点，右键单击“Path_10”，选择“到达能力”，在图6-65所示的对话框中所有的点都出现对勾时，说明所有的点均可到达。

② 右键单击“Path_10”，选择“配置参数”→“自动配置”，在图6-66所示的对话框中勾选“包含转数”，选择合适的一组机器人轴配置参数后单击“应用”按钮。

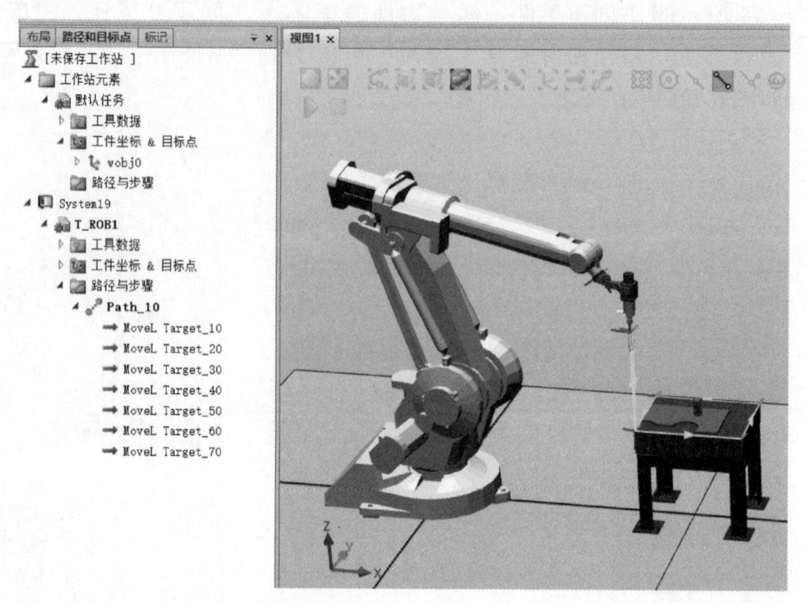

图 6-64　机器人运动轨迹示教

图 6-65　到达能力检测

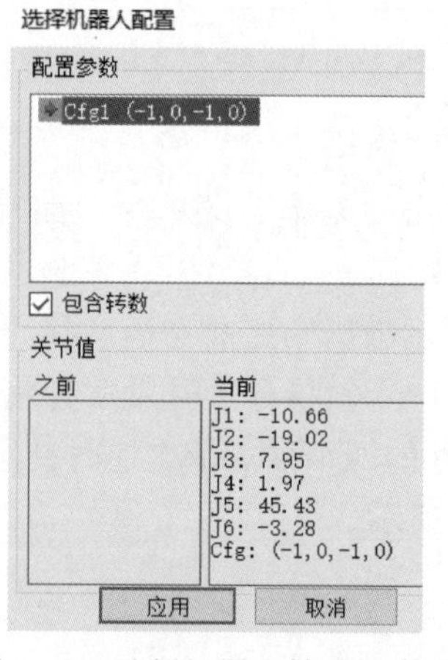

图 6-66　选择机器人轴配置参数

③ 右键单击“Path_10”，选择“沿着路径运动”选项，检查所设示教路径能否正常运行。若机器人可正常运行，右键单击“Path_10”，选择“同步到 RAPID...”，勾选需要同步的程序模块，如图 6-67 所示，单击“确定”按钮。

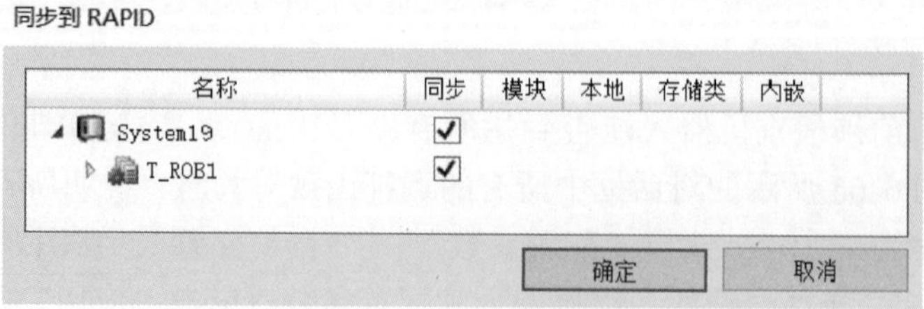

同步到 RAPID

名称	同步	模块	本地	存储类	内嵌
System19	✓				
T_ROB1	✓				

确定　取消

图 6-67　同步到 RAPID

④ 单击“仿真”菜单，单击“仿真设定”按钮，弹出如图 6-68 所示的对话框，单击“T_ROB1”，选择进入点为“Path_10”。完成机器人仿真配置后，单击“播放”按钮，机器人即可按照之前示教的轨迹运行。

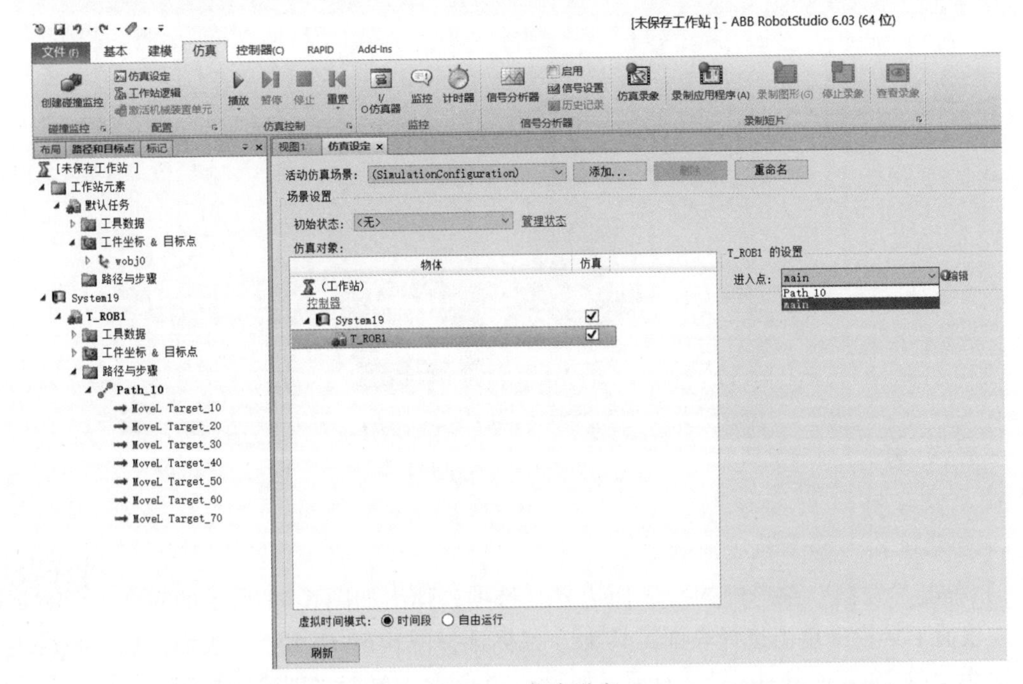

图 6-68　仿真设定

6.4　工业机器人离线轨迹编程

在工业机器人轨迹应用过程中，如切割、涂胶、焊接、喷绘等，经常会需要处理一些不规则曲线。通常的做法是采用描点法，即根据工艺精度要求去示教相应数量的目标点，从而生成机器人的运动轨迹，但此方法难以保证工业现场的工艺精度要求。为了满足精度要求，多采用自动生成机器人运动轨迹的方法保证轨迹精度，即 RobotStudio 软件根据三维模型曲线特征，利用自动路径功能自动生成机器人的运行轨迹路径。

6.4.1　创建工业机器人离线轨迹曲线及路径

本节以焊接工作站模型为例，讲解机器人离线轨迹曲线的创建过程。首先建立工作站，如图 6-69 所示。其中，IRB2600_12_165__01 为机器人型号，LaserGun 为激光枪，Fixture 为固定装置，Workpiece 为工件。

1. 创建工件坐标系

为方便后续修改机器人路径和编写离线程序，在创建机器人自动路径前，通常需要先创建工件坐标系。创建工件坐标系的方法和步骤见 6.3.3 小节。创建后的机器人工件坐标系 Wobj1 如图 6-70 所示。

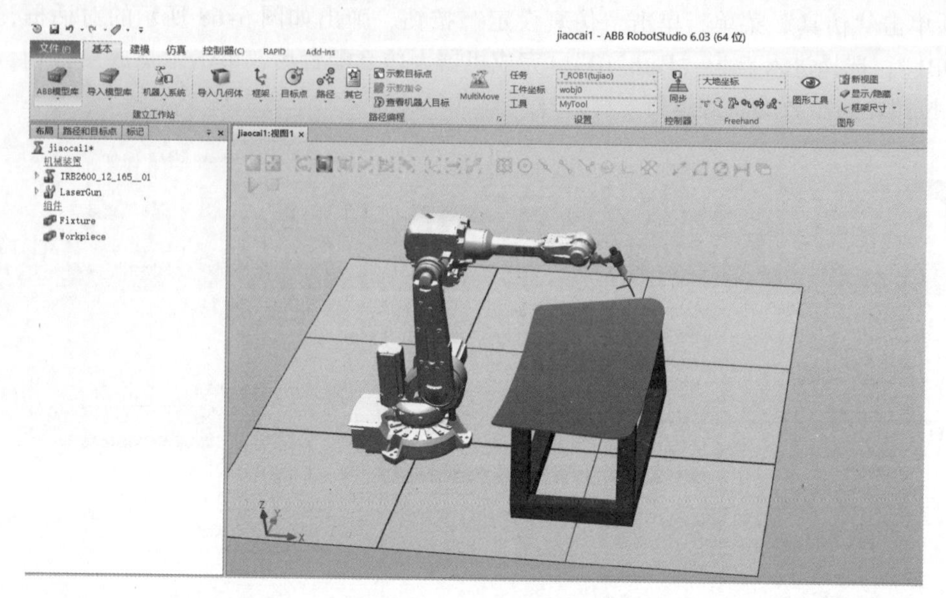

图 6-69 焊接工作站模型

2. 创建机器人焊接轨迹曲线

工业机器人离线轨迹编程

1）单击“建模”菜单中的“表面边界”选项，弹出如图 6-71 所示的对话框，在快捷工具栏中单击选择表面工具，鼠标选择图 6-69 所示工件表面，选择表面为“(Face)-Workpiece”，对话框如图 6-72 所示。单击“创建”按钮，生成名为“部件_1”的曲线模型。

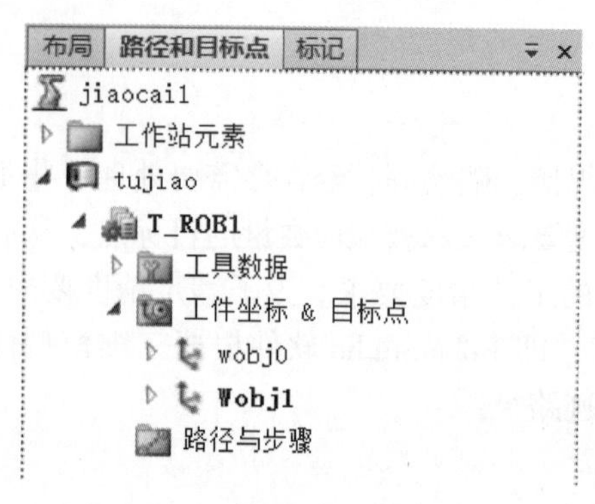

图 6-70 “路径和目标点”对话框

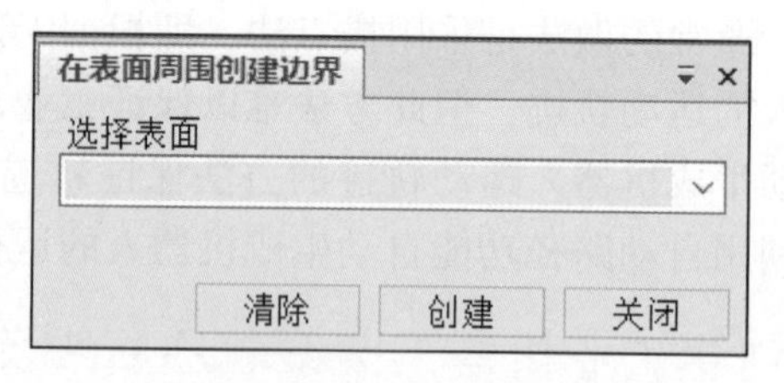

图 6-71 创建边界对话框

2）生成机器人焊接路径。首先单击快捷工具栏上的工具，选择上一步中创建的“部件_1”曲线模型，单击“基本”菜单→“路径”选项，选择“自动路径”，弹出如图 6-73 所示的对话框。其中，参照面选择 Workpiece 模型表面，其他参数设定如图 6-73 所示，设定完成后单击“创建”按钮，得到机器人路径“Path_10”，如图 6-74 所示。

“自动路径”对话框中各参数功能如下：

① 反转：轨迹运动方向反转，默认为顺时针运行，反转后为逆时针运行。

② 参照面：生成目标点的 Z 轴方向与选定表面处于垂直状态。

③ 线性：为每个目标点生成线性指令，圆弧作为分段线性处理。

图 6-72　选择表面

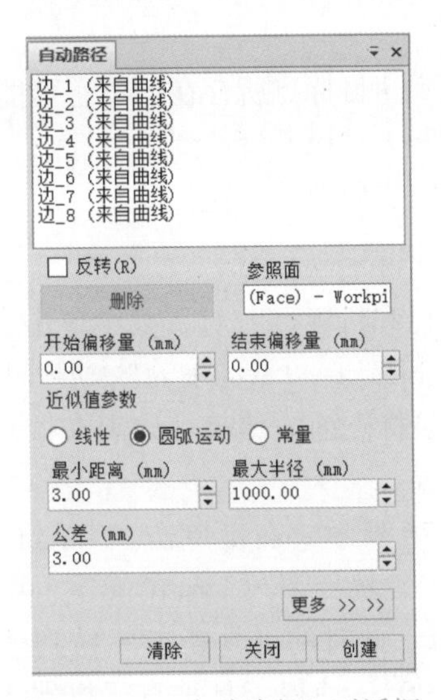

图 6-73　“自动路径”对话框

④ 圆弧运动：在圆弧特征处生成圆弧指令，在线性特征处生成线性指令。

⑤ 常量：生成具有恒定间距的点。

⑥ 最小距离：设置生成点之间的最小距离。

⑦ 最大半径：将圆周视为直线前确定圆的半径大小，即可将直线视为半径无限大的圆。

⑧ 弧差：设置生成点所允许的几何描述的最大偏差。

在实际任务中，需要根据具体情况，选择合适的近似值参数，一般选择“圆弧运动”，这样无论圆弧、直线，还是不规则曲线，都可以执行自己相应的运动；而“线性运动”和“常量”都是固定模式，使用不当会导致路径精度不能满足工艺要求。

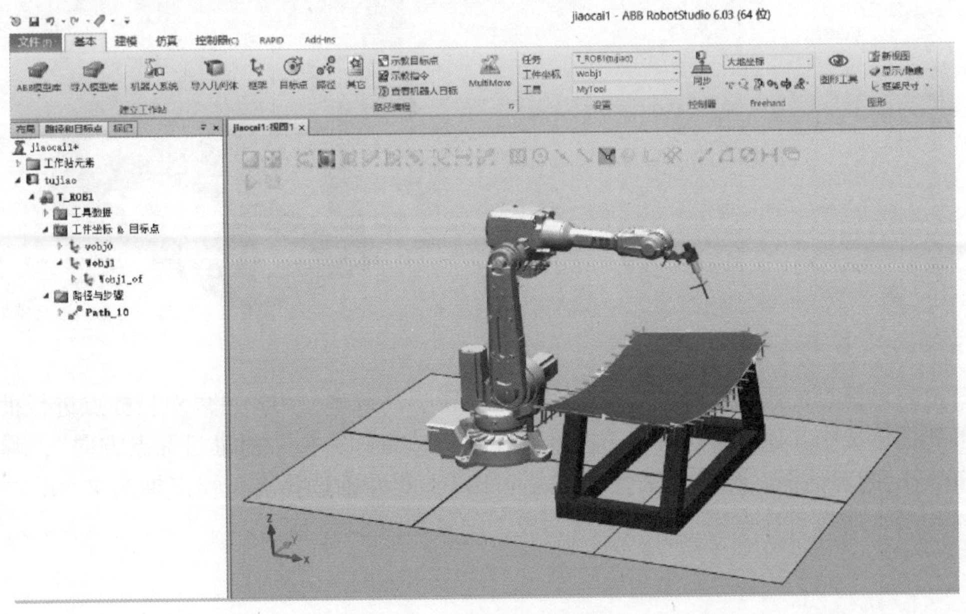

图 6-74　自动路径创建完成

6.4.2 工业机器人目标点调整及仿真

机器人到达目标点所存在的姿态可能有好几种，用户需要通过目标点的调整以及轴参数配置，让机器人平稳顺滑地到达目标点，完成轨迹路径的运行及仿真播放。用户通过下面的操作步骤可完成参数的设置。

1. 机器人目标点调整

在“路径和目标点”对话框中单击“工件坐标和目标点”→“Wobj1”→“Wobj1_of”，展开目标点，如图6-75所示。每个目标点前的感叹号代表在该点处的机器人轴参数未进行配置。

图6-75 工件坐标和目标点

如图6-76所示，右键单击“Target_10”→“查看目标处工具”，勾选工具“LaserGun”，可看到此处工具如图6-77所示。此时的工具姿态不易到达，因此用户需旋转目标工具90°，使得工具垂直于机器人方向，且工具安装点面向机器人一侧。右键单击“Target_10”→“修改目标”→“旋转”，弹出如图6-78所示的对话框，参考坐标选“本地”，选中Z轴，旋转-90°，即绕着Z轴逆时针旋转90°。若为90°，则为顺时针旋转。旋转后的工具姿态如图6-79所示。

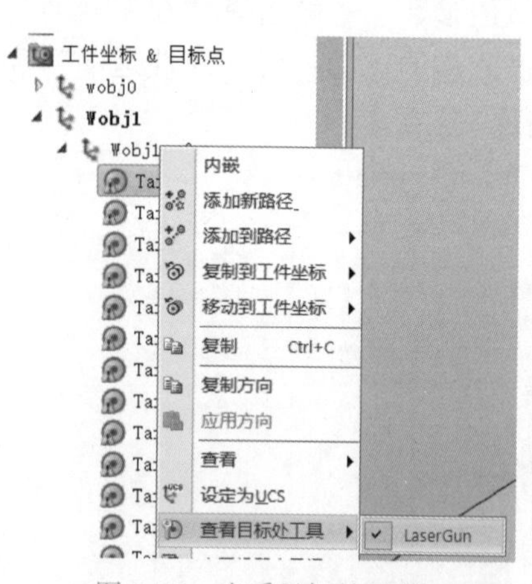

图6-76 查看目标处工具

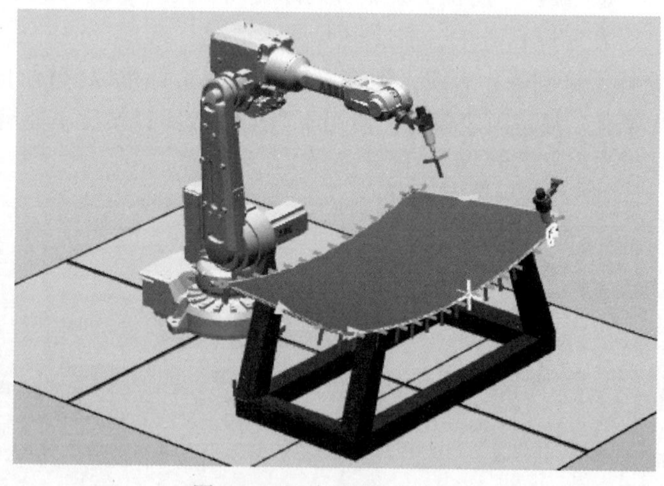

图6-77 目标处的工具显示

其他的目标点按照同样的方法修改姿态，为了提高效率，用户可以对目标点进行批量修改。首先批量选中其他所有点，单击右键选择“修改目标”→“对准目标点方向”，弹出如图6-80所示的对话框。参考点选择“Target_10”，对准轴选择X，锁定轴为Z，单击“应用”按钮后，所有目标点的工具均调整完成，结果如图6-81所示。

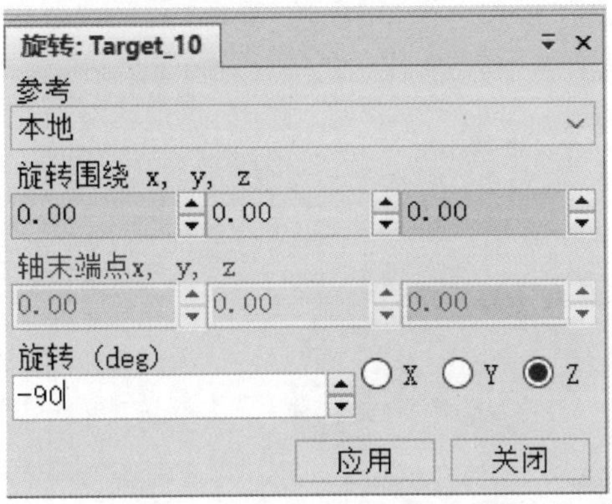

旋转: Target_10
参考
本地
旋转围绕 x, y, z
0.00　0.00　0.00
轴末端点x, y, z
0.00　0.00　0.00
旋转 (deg)
-90　○X　○Y　◉Z
应用　关闭

图 6-78　旋转目标处工具

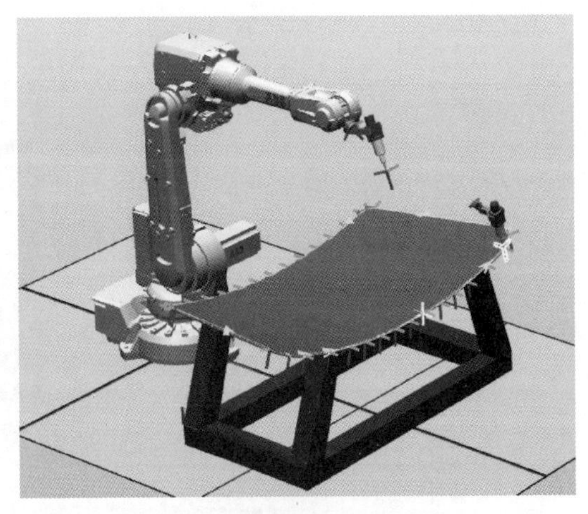

图 6-79　目标处工具旋转完成后

对准目标点: (多种选择)
参考:
T_ROB1/Target_10
对准轴:
X
☑ 锁定轴:
Z
清除　关闭　应用

图 6-80　“对准目标点: (多种选择)”对话框

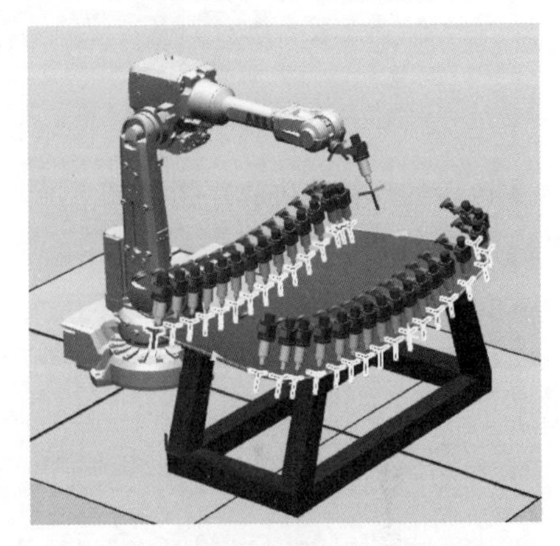

图 6-81　批量调整目标点处工具

2. 进行轴配置参数调整

在参数配置前，需检查每个目标点的到达能力。当所有点均可到达时，则能够进行参数配置。单击“路径与步骤”→“Path_10”，单击右键选择“配置参数”→“自动配置”，弹出如图 6-82 的对话框，勾选“包含转数”，选择机器人每个轴的角度相差最小的一组，单击“应用”按钮。

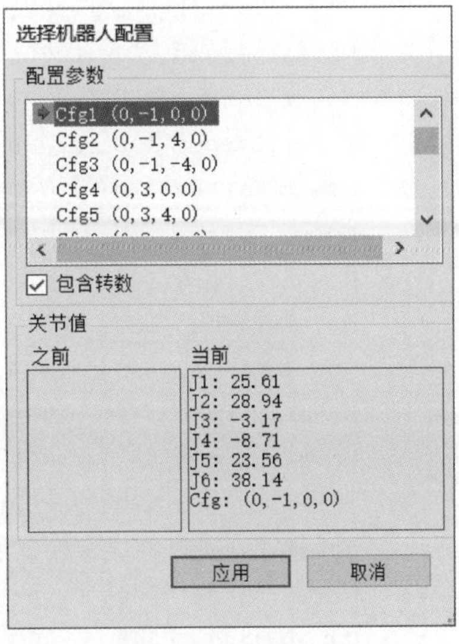

选择机器人配置
配置参数
Cfg1 (0, -1, 0, 0)
Cfg2 (0, -1, 4, 0)
Cfg3 (0, -1, -4, 0)
Cfg4 (0, 3, 0, 0)
Cfg5 (0, 3, 4, 0)
☑ 包含转数
关节值
之前
当前
J1: 25.61
J2: 28.94
J3: -3.17
J4: -8.71
J5: 23.56
J6: 38.14
Cfg: (0, -1, 0, 0)
应用　取消

图 6-82　轴参数配置

3. 完善程序并仿真运行

目标轨迹完成后需要对目标辅助点进行添加，如轨迹起始接近点（start 点）、轨迹结束点（end 点）以及安全位置 HOME 点。操作机器人回到机械原点，将此点示教为 HOME 点，同时作为程序起始点和结束点。添加目标点完成后，在路径“Path_10”中添加相应的路径，如图 6-83 所示。

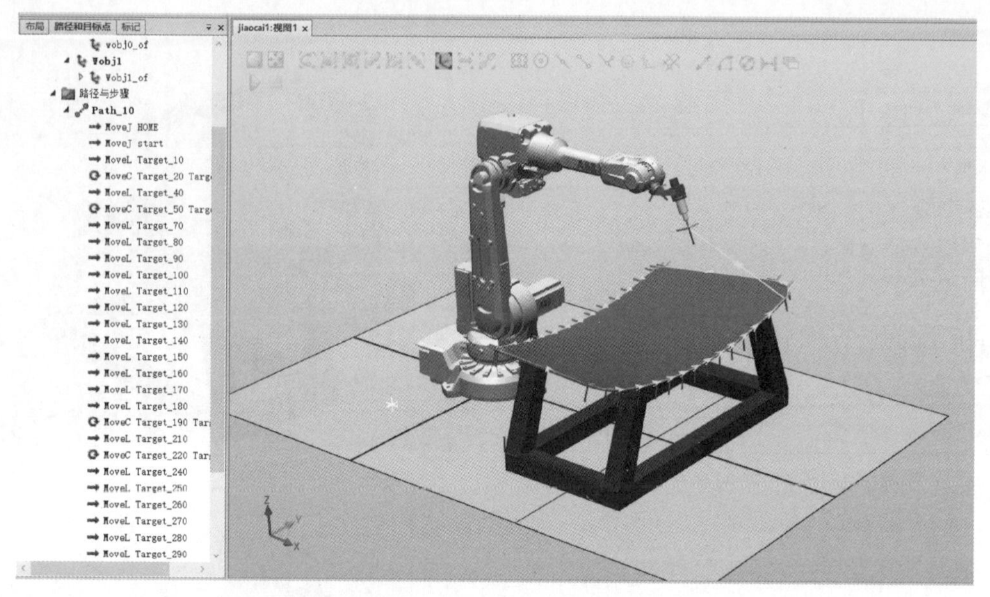

图 6-83　完善焊接轨迹并仿真运行

更改后的焊接轨迹程序指令如下所示：

```
PROC Path_10()
    MoveJ HOME, v1000, z100, MyTool \WObj: =Wobj1;
    MoveJ start, v1000, z100, MyTool \WObj: =Wobj1;
    MoveL Target_10, v1000, fine, MyTool \WObj: =Wobj1;
    MoveC Target_20, Target_30, v1000, z100, MyTool \WObj: =Wobj1;
    MoveL Target_40, v1000, z100, MyTool \WObj: =Wobj1;
    MoveC Target_50, Target_60, v1000, z100, MyTool \WObj: =Wobj1;
    MoveL Target_70, v1000, z100, MyTool \WObj: =Wobj1;
    MoveL Target_80, v1000, z100, MyTool \WObj: =Wobj1;
    MoveL Target_90, v1000, z100, MyTool \WObj: =Wobj1;
    MoveL Target_100, v1000, z100, MyTool \WObj: =Wobj1;
    MoveL Target_110, v1000, z100, MyTool \WObj: =Wobj1;
    MoveL Target_120, v1000, z100, MyTool \WObj: =Wobj1;
    MoveL Target_130, v1000, z100, MyTool \WObj: =Wobj1;
    MoveL Target_140, v1000, z100, MyTool \WObj: =Wobj1;
    MoveL Target_150, v1000, z100, MyTool \WObj: =Wobj1;
    MoveL Target_160, v1000, z100, MyTool \WObj: =Wobj1;
    MoveL Target_170, v1000, z100, MyTool \WObj: =Wobj1;
    MoveL Target_180, v1000, z100, MyTool \WObj: =Wobj1;
    MoveC Target_190, Target_200, v1000, z100, MyTool \WObj: =Wobj1;
    MoveL Target_210, v1000, z100, MyTool \WObj: =Wobj1;
    MoveC Target_220, Target_230, v1000, z100, MyTool \WObj: =Wobj1;
    MoveL Target_240, v1000, z100, MyTool \WObj: =Wobj1;
```

```
    MoveL Target_250, v1000, z100, MyTool \WObj: =Wobj1;
    MoveL Target_260, v1000, z100, MyTool \WObj: =Wobj1;
    MoveL Target_270, v1000, z100, MyTool \WObj: =Wobj1;
    MoveL Target_280, v1000, z100, MyTool \WObj: =Wobj1;
    MoveL Target_290, v1000, z100, MyTool \WObj: =Wobj1;
    MoveL Target_300, v1000, z100, MyTool \WObj: =Wobj1;
    MoveL Target_310, v1000, z100, MyTool \WObj: =Wobj1;
    MoveL Target_320, v1000, z100, MyTool \WObj: =Wobj1;
    MoveL Target_330, v1000, z100, MyTool \WObj: =Wobj1;
    MoveL Target_340, v1000, z100, MyTool \WObj: =Wobj1;
    MoveL Target_350, v1000, z100, MyTool \WObj: =Wobj1;
    MoveJ end, v1000, z100, MyTool \WObj: =Wobj1;
ENDPROC
```

本节中采用了自动路径的方法来创建焊接运动轨迹，这就是所谓的离线编程，其中手动添加的路径称为手动编程。

6.5　小结

本章详细介绍了工业机器人离线编程及 RobotStudio 仿真软件的操作。读者可以在仿真软件中模拟工业机器人的使用环境、掌握仿真软件的基本操作及离线轨迹编程等内容。离线编程系统正朝着智能化、专用化的方向发展，用户操作越来越简单，并且能够快速生成控制程序。

工业机器人离线编程技术对工业机器人的推广应用及其工作效率的提高有着重要意义，离线编程可大幅节省制造时间，实现计算机实时仿真，为机器人编程和调试提供安全灵活的环境，是机器人开发应用的研究方向。

练习题

1. 简要说明离线编程的概念。
2. 简述离线编程的优点。
3. 离线编程系统的组成一般有哪些？各有什么功能？
4. 简述建立工业机器人新工作站的步骤。
5. 简述如何批量调整机器人目标点。
6. 在 RobotStudio 软件中练习 6.4 小节中焊接工作站离线编程并进行合适目标点调整。

参考文献

[1] 杨杰忠，邹火军．工业机器人操作与编程［M］．北京：机械工业出版社，2017.
[2] 叶晖．工业机器人实操与应用技巧［M］．北京：机械工业出版社，2017.
[3] 李艳侠，李彬．工业机器人应用技术［M］．哈尔滨：哈尔滨工业大学出版社，2018.
[4] 佘明洪，余永洪．工业机器人操作与编程［M］．北京：机械工业出版社，2018.